页岩气开发基础理论与工程技术丛书

页岩气多尺度复杂缝网优化控制技术

蒋廷学　周　健　李双明等　著

科 学 出 版 社

北 京

内 容 简 介

本书详细阐述了在非常规页岩气储层压裂过程中的多尺度复杂缝网控制的有关理论和工艺问题。从宏观的角度介绍了页岩气复杂缝网压裂的内涵、主控因素、现场主体技术及今后的发展趋势。对北美典型页岩气区块，包括 Barnett、Haynesville、Marcellus 等核心页岩气田的压裂概况和北美页岩气压裂技术的发展趋势进行了介绍。在工程地质一体化的基础上，对多尺度复杂缝网控制的技术方法进行了介绍，如提高裂缝导流能力的综合方法、多尺度造缝技术、多尺度裂缝分级支撑技术及工艺参数优化、多尺度复杂缝网实施控制技术等，并介绍了一些实施井案例。

本书适合从事非常规页岩气储层压裂的工程技术人员使用。

图书在版编目(CIP)数据

页岩气多尺度复杂缝网优化控制技术/ 蒋廷学等著. —北京：科学出版社，2019.10

（页岩气开发基础理论与工程技术丛书）

ISBN 978-7-03-062409-3

Ⅰ. ①页… Ⅱ. ①蒋… Ⅲ. ①油页岩–裂缝性油气藏–压裂–研究
Ⅳ. ①TE344

中国版本图书馆 CIP 数据核字(2019)第 210750 号

责任编辑：吴凡洁 冯晓利 / 责任校对：王萌萌
责任印制：师艳茹 / 封面设计：蓝正设计

科 学 出 版 社 出版

北京东黄城根北街 16 号
邮政编码：100717
http://www.sciencep.com

北京汇瑞嘉合文化发展有限公司 印刷

科学出版社发行　各地新华书店经销

*

2019 年 10 月第 一 版　开本：787×1092　1/16
2019 年 10 月第一次印刷　印张：18 3/4
字数：415 000

定价：248.00 元

（如有印装质量问题，我社负责调换）

作 者 简 介

蒋廷学 博士，教授级高工。2007 年中国科学院流体力学专业博士毕业。1991 年 8 月~2009 年 12 月，就职于中国石油勘探开发研究院廊坊分院；2010 年 1 月至今，工作于中国石油化工集团公司石油工程技术研究院，所长。中国石化集团公司高级专家，享受国务院政府特殊津贴。《石油钻探技术》及《油气井测试》编委，采油采气行业专业标准化委员会委员。

曾经承担"十二五"国家科技重大专项"海相碳酸盐岩储层改造"专题 1 项，目前承担"十三五"国家科技重大专项"彭水地区高效钻井及压裂工程工艺优化技术"课题 1 项、页岩油气国家自然科学基金重大项目子课题 1 项。共发表储层改造相关国内外论文 210 篇，著有第一作者或独著专著 3 部，获得省部级以上科技成果奖励 17 项，授权专利 52 件。

周健 博士，高级工程师。2003 年 6 月，江苏工业学院过程装备与控制工程本科毕业；2008 年 6 月，中国石油大学(北京)油气井工程专业博士毕业；2010 年 8 月，荷兰代尔夫特理工大学地球科学石油工程系博士后出站。2010 年 9 月至今，工作于中国石油化工集团公司石油工程技术研究院，历任工程师、高级工程师。长期担任 *Journal of Petroleum Science of Engineering*（JPSE）、*International Journal of Rock Mechanics Mining Science*（IJRMMS）等 5 个国际期刊审稿专家，2018 年获 JPSE 和 IJRMMS 杰出审稿专家。

参与页岩油气国家自然基金重大项目子课题 1 项，承担干热岩热储建造国家重点研发计划子课题 1 项。共发表国内外论文 24 篇，其中第一作者或通讯作者 18 篇，SCI 收录 4 篇，EI 收录 10 篇，SCI 引用 595 次，其中一篇 SCI 论文是 ESI 高被引论文，单篇被引用 305 次，是国内外水力压裂领域被引用最多的几篇文章之一。获得省部级一等奖 1 项，授权专利 5 件，参与编写专著 3 部。

李双明 硕士，工程师。2008 年 6 月，中国石油大学(北京)石油工程本科毕业；2011 年 6 月，中国石油大学(北京)油气田开发工程专业硕士毕业。2011 年 7 月至今，工作于中国石油化工集团公司石油工程技术研究院。

共发表国内文章 7 篇，获得省部级特等奖 1 项，其他省部级奖 2 项，授权专利 8 件，参与编写专著 4 部。

丛书编委会

丛 书 序

作为一个石油人，常常遇到为人类未来担心的人忧心忡忡地问：石油还能用多久？关于石油枯竭的担忧早已有之。1914年，美国矿务局预测，美国的石油储量只能用10年；1939年，美国内政部说石油能用13年；20世纪70年代，美国的卡特总统说：下一个10年结束的时候，我们会把全世界所有探明的石油储量用完。事实上，石油不但没有枯竭，而且在过去的几十年里，世界石油储量和产量一直保持增长，这是科技进步使然。

回顾石油的历史，公元前10世纪古巴比伦城墙和塔楼的建造中就使用了天然沥青，石油伴随人类已经有3000年的历史。近代以来，在许多重大的政治经济社会事件中总会嗅到石油的气息：第一次世界大战，1917年英军不惜代价攻占石油重镇巴格达；第二次世界大战，盟军控制巴库和中东的石油供应，为最终胜利发挥了巨大作用；1956年，发生控制石油运输通道的苏伊士危机；1973年，阿拉伯国家针对美国开始石油禁运，油价高涨4倍；1990年，石油争端引发海湾战争；2008年7月11日，国际原油价格创下每桶147.27美元的历史新高；2012年，由于页岩气产量的增长，北美天然气价格降至21世纪以来的最低水平，使美国能源格局产生根本性的变化，被称为页岩气革命。

页岩气革命是21世纪最伟大的一次能源革命，其成功的因素是多方面的，无疑，水平井技术和分段水力压裂技术做出了最突出的贡献。可是，页岩气的开采早已有之。早在1821年在美国纽约弗雷多尼亚就有了第一次商业性页岩气开采，1865年美国退伍军人罗伯茨就申请了第一个压裂专利，1960年美国工程师切林顿提出了水平井钻井方案，直到1997年，美国米切尔能源公司进行了第一次滑溜水压裂，实现了页岩气盈利性大规模商业开采，页岩气革命的引信被无声地点燃。

为什么早年的页岩气开采、水平井技术、压裂技术没有引发页岩气革命？我以为偶然的发现和片段的奇想固然可喜，但唯有构建完整的科学理论体系和普适的技术规范才使得大规模工业化应用成为可能。过去北美的页岩油气开发是这样，今天中国的页岩油气开发也一定是这样。

与北美相比，中国的页岩储层具有地质构造强烈、地应力复杂、埋藏较深、地表条件恶劣和水资源匮乏等特点，简单照搬北美页岩油气的理论与技术难以实现高效开发，需要系统开展页岩油气开发理论与方法的研究。为此，2011年国家自然科学基金委员会组织页岩气高效开发重大科学问题研讨会，2014年设立"页岩油气高效开发基础理论研究"重大项目，该项目以中国石油大学(北京)为依托单位，联合中国石油大学(华东)、西南石油大学、东北石油大学和中石化石油工程技术研究院共同承担。

这个项目基于当前我国页岩油气高效开发的战略需求与工程技术理论前沿科学问题，系统开展页岩油气工程地质力学理论、安全优质钻井技术、储层缝网改造理论和高效流动机理方面的研究，其研究成果涵盖了相关科学问题的诸多方面。例如：在页岩微观表征与断裂方面，分析了入井流体作用下页岩微观各向异性特征和时效规律，建立了考虑天然裂缝尺度与湿润性的页岩压裂缝网扩展模型，研究了毛细管力影响下页岩裂缝网络的扩展特征，为页岩微观断裂提供科学依据；在宏观页岩破坏方面，开展了龙马溪组页岩室内宏观力学行为研究，得到了页岩在压缩应力作用下的 4 个变形阶段，探讨了最大主应力与页理面法线方向夹角对页岩强度、脆性和各向异性的影响，为研究页岩复杂的破坏规律奠定了实验基础；在新型破岩方式方面，借助扫描电镜和 CT 图像三维重构技术，开展了淹没条件下水射流冲蚀破岩试验，分析了岩石宏观破坏过程和微观破坏形貌特征，探索了渗流冲击力与页岩破坏程度的关系，研究结果可为水射流提高页岩破碎效率提供理论指导；在水力压裂物理模拟方面，采用真三轴压裂物理模拟的方法，研究了页岩储层压裂过程中的水力裂缝扩展行为和裂缝形态；在页岩气开发机理方面，建立了考虑页岩基岩有机质分布特征和相应运移机制的尺度升级数学模型，探索了吸附能力与渗流尺度模型的关系，对准确描述页岩气的开发动态提供依据。在理论研究的基础上形成了工程地质甜点评价、高性能水基钻井液、全井段缝网压裂、井工厂立体开发等系列方法，并在涪陵、永川和威荣等地区试验应用百余井次。其间建成了我国首个国家级页岩气示范区，页岩气产量由 2 亿 m^3 增加到 109 亿 m^3，实现了深层页岩气勘探开发的重大突破，理论研究为此做出了应有的贡献。相关成果与中石化相结合，获得 2018 年国家科技进步奖一等奖。本丛书是此项研究的部分成果。

这些研究成果的取得与各界人士的支持密不可分。这里我首先要感谢沈平平先生，他是我崇拜的长者，5 年里他主持了 10 余次页岩油气高效开发基础理论的学术讨论，无论是艰深的数学物理模型还是复杂的勘探开发问题，他总是以他丰富的研究经验，给出娓娓的点评、直率的建议。

我还要感谢谢和平院士、彭苏萍院士、高德利院士、李阳院士、李根生院士和张东晓院士，他们自始至终在关心这项页岩油气的研究，并给出许多重要的方向性建议。

感谢丁云宏、冯夏庭、黄桢、黄仲尧、琚宜文、鞠杨、李晓、刘书杰、刘同斌、刘曰武、马发明、石林、孙宁、王欣、王香增、许怀先、张金川、赵亚溥、周德胜、周文、周英操、庄苗等专家，他们多年来与作者在科学理论和工程技术方面许多的讨论和帮助使我们受益匪浅。

感谢我的同行和好友，中石化的曾义金、林永学、蒋廷学、周建等专家，石油高校的赵金洲、姚军、葛洪魁、闫铁、郭建春、李相方、李勇明、金衍、田守嶒、李玮、卢运虎等教授。当工业界专家与高等院校学者密切结合，共同研讨，总能激发自由的想象力，萃取科学性灵，探究缜密的工程细节。这是我们一次非常愉快的合作。

本丛书的出版是国家自然科学基金重大项目"页岩油气高效开发基础理论研究"(项目编号：51490650)资助的结果，在此衷心感谢国家自然科学基金委员会的大力支持。

　　壳牌公司首席科学家、哈佛大学教授、孔隙弹性力学的奠基人毕奥特在 1962 年获得铁摩辛柯奖的演讲中说：“让我们期待科学界人文精神和综合分析风气的复兴，工程科学作为一门专门性的技术学科，不但需要精湛技能、先天优秀的禀赋，还需要社会的认可。现代工程学的本质是综合的，工程师和工科高校在恢复自然科学领域的统一性和核心理念上将会担当重任。”

　　我们相信，以非常规油气开发为契机，石油工程科学的新气象正在出现！

陈 勉

2019 年 10 月 1 日于北京

序

　　页岩气赋存于富有机质泥页岩及其夹层中，往往分布在盆地内厚度较大且分布范围广的烃源岩地层中，依赖水平井多尺度缝网压裂技术才能得到经济有效开采。所谓多尺度复杂缝网指的是既有大尺度的主裂缝，又有小尺度的支裂缝及更小尺度的微裂缝系统，不同尺度的裂缝系统相互连通，共同组成多尺度复杂缝网体系，可最大限度地提高裂缝的有效改造体积，尤其是与主裂缝连通的支裂缝系统及与支裂缝连通的微裂缝系统，或者微裂缝系统直接与主裂缝连通，对提高页岩基质或微裂隙向水力裂缝中的供气能力，具有十分重要的意义。

　　近十年以来，《页岩气多尺度复杂缝网优化控制技术》一书作者及其团队结合我国页岩气水平井分段压裂技术科研和生产实践，针对四川周缘常压页岩气、深层页岩气等不同地质特征和复杂成藏条件，开展技术攻关，揭示了水平井分段体积压裂中单簇和双簇裂缝起裂与扩展规律，建立了提高裂缝导流能力的方法；结合页岩气压裂生产实践，提出了多尺度复杂缝网提高有效改造体积的优化设计方法及实施控制技术；以川渝地区页岩气井压裂技术应用实际案例，探讨了上述研究成果的适应性。

　　该书从多尺度视角，阐述了页岩气压裂所涉及的多尺度缝网改造、复杂裂缝支撑剂动态输砂规律等科学问题和关键技术，既可供从事页岩气勘探开发工程技术研究与应用的科研和技术人员参考，也适合从事岩石力学、完井工程、水力压裂及相关专业的技术人员阅读与参考。

中国工程院院士

2019 年 7 月

前　言

　　自 2012 年 12 月底，中国石油化工集团公司涪陵页岩气开发功勋井 JY1HF 获得商业性突破以来，页岩气水平井分段压裂技术获得大面积推广应用。截至 2017 年底，涪陵页岩气田已累计探明地质储量 6008.14 亿 m³，年产量突破 60 亿 m³，使其成为除北美外的世界第一大商业开发页岩气田。随后，中国石油天然气集团公司的长宁-威远页岩气田单井压裂的产量也快速跟进，2017 年页岩气产量突破 30 亿 m³。由此拉开了中国页岩气大开发的序幕。按规划，到 2020 年全国的页岩气总产量要突破 300 亿 m³，这也是国家对绿色能源发展的迫切需求。

　　页岩气开发最核心的两大工程技术是水平井钻井及分段压裂，尤其是水平井分段压裂技术，无疑是最终的决定性环节，起到临门一脚的作用。目前提到比较多的是页岩气水平井体积压裂技术。所谓水平井体积压裂技术，是在水平井分段压裂的基础上，力争使每条裂缝的复杂性程度大幅度提升，该复杂裂缝通常用缝网来描述。所谓缝网是指在水力压裂过程中，既产生沿最大主应力方向的主裂缝，又产生垂直于主裂缝或与主裂缝有一定夹角的多个支裂缝，且与主裂缝有效连通，就像日常生活中见到的渔网那样有着纵横交错的网络结构。显然这是一个比较理想化的概念，实际水力压裂形成的复杂裂缝，即使有各种分支裂缝，复杂程度也不及上述缝网所阐述的那么复杂。可以说，缝网压裂是最终追求的极限技术目标。

　　而在上述缝网中，主裂缝与支裂缝的宽度不同，即使同样是支裂缝，在主裂缝长度方向的不同连接处，它们的宽度也可能不尽相同，同时，还可能存在宽度更窄的微裂缝，它们都不同程度地与支裂缝甚至与主裂缝连通。因此，上述缝网就是不同宽度的裂缝系统所组成的复杂网络结构，即本书着重阐述的多尺度复杂缝网体系的概念。虽然有时尺度也指裂缝长度，但在本书中，多尺度主要指各级裂缝宽度的不同。

　　本书的特点在于注重理论与实践的有机结合，它既不是单纯的理论研究书籍，也不是单纯的现场应用指导书。另外，本书不强调压裂技术的完整性，如对常用的压裂液及分段压裂工具未作详细介绍。

　　本书的架构设计及统稿由蒋廷学完成。其他章节的具体分工为：前言、第 1 章、第 6 章、第 7 章由蒋廷学编写，第 2 章由左罗和肖博编写，第 3 章由苏瑗编写，第 4 章由周健编写，第 5 章由侯磊和蒋廷学编写，第 8 章由李双明、左罗和卞晓冰编写，全书由刘斌彦进行文字校核。

　　由于作者水平有限，加之时间仓促，书中各种疏漏在所难免，恳请业界同行批评与指正。

作　者

2019 年 5 月

目　　录

第1章 绪 论

页岩气藏是一种自生自储的特殊气藏类型。其中页岩气的赋存状态包括游离气和吸附气两种[1]，游离气一般赋存于天然裂缝或水平层理缝及纹理缝中，吸附气主要赋存于有机孔隙表面。其所在储层具有特低孔、超低渗及水平层理缝发育等特性，不压裂一般不具有经济开采价值。因此，许多人也将页岩气藏称为人造气藏或人工气藏。

美国的页岩气革命得益于水平井钻完井及分段压裂技术的突破性进展[2]，尤其是水平井分段压裂技术，在分段分簇的基础上，利用多个裂缝间的诱导应力干扰效应，以及各种提升裂缝内净压力的综合技术措施，实现裂缝复杂性程度及改造体积的大幅度提升。

现阶段，在中国的渤海湾、松辽、四川等地方均发现了页岩气资源。根据相关预算和推测，中国页岩气资源的总量将会超过 30 万亿 m³，具有很大的发展潜力[3]。受美国及加拿大等国页岩气压裂技术的启发，中国石油化工集团有限公司(以下简称中国石化)、中国石油天然气集团公司(以下简称中国石油)及陕西延长石油(集团)有限责任公司(以下简称延长石油)等单位，都分别开展了页岩气压裂技术的针对性研究与攻关，并获得了巨大的商业突破，尤其是中国石化的涪陵页岩气田及中国石油的长宁-威远页岩气田最具代表性，究其原因，都是在各自页岩条件下通过水力压裂形成了不同程度的多尺度复杂缝网，并用不同粒径的支撑剂进行了分级支撑。

下面对多尺度复杂缝网的概念、表征方法、实现途径及未来发展方向等，进行详细阐述。

1.1 页岩气多尺度复杂缝网概念的提出

顾名思义，所谓缝网就是由不同方向的裂缝相互连接，最终形成像渔网那样的网状结构[4]，但又不是渔网那样的规则结构，因此称之为复杂缝网。要形成复杂缝网，首先要形成主裂缝，然后通过各种提高主裂缝内净压力的综合措施，如提高排量、黏度、砂液比或采用连续加砂模式，以及注入不同粒径及浓度的暂堵剂等，促使主裂缝内净压力突破原始水平应力差值，最终在主裂缝长度方向的不同位置处，出现不同转向半径的分支缝[5]。之所以有不同的转向半径，是因为主裂缝诱导应力形成的与其垂直方向的应力反转区所覆盖的区域面积是不同的[6]，突破该应力反转区后，某个分支缝又将转向到与主裂缝平行的方向继续延伸。如果没有天然裂缝，则上述支裂缝间很难能相互连接上，越靠近井筒处的支裂缝，转向半径越大，反之则越小。因此，要形成复杂缝网，必须有不同方向的天然裂缝存在，在上述不同的转向支裂缝延伸过程中与其充分沟通，甚至主裂缝在延伸过程中与天然裂缝也可能发生某种程度的沟通。需要说明的是，上述主裂缝或支裂缝与天然裂缝的沟通与否，受原地水平应力差值大小、与天然裂缝的夹角等影响，有时可直接穿过天然裂缝，有时沿天然裂缝延伸，有时还沟通不了天然裂缝[7]。上述作用机制，都为最终形成交错连通的复杂缝网提供了可能。

多尺度复杂缝网的概念着重强调了上述复杂缝网的尺度是不同的，这里的尺度既有长度的含义，又有宽度的含义，但更多的是指裂缝宽度上的尺度不同。显然主裂缝与不同支裂缝的长度有很大差异，宽度也有很大差异。如再考虑与支裂缝或主裂缝连通的微裂缝的长度及宽度，差异就更大了。因此，即使按三级裂缝定义(主裂缝为一级缝，支裂缝为二级缝，微裂缝为三级缝)，上述复杂缝网也是有三种尺度的。

1.2　多尺度复杂缝网的表征方法

页岩的非均质性及天然裂缝分布的随机性都相对较强，因此，形成的多尺度复杂缝网的结构及不同尺度裂缝的分布也都具有随机性和不确定性，难以通过定量方法进行表征[8]。

如果一定要定量表征，可采取简化的处理办法，即水平井分段压裂时，在以段长及主裂缝支撑半长为边界的矩形控制面积内，段内多簇裂缝(包括主裂缝、分支缝及微裂缝)包络的裂缝面积之和，占上述控制面积的百分数(即多尺度复杂缝网指数[9])进行定量表征。上述包络的面积和不是各个不同尺度裂缝在一定时间内流动波及面积的简单求和，这是由于有些裂缝流动波及的面积可能全部或部分叠合。同时，肯定有部分未被流动波及的区域(在压裂有效期内)。因此，上述计算的多尺度复杂缝网指数一般小于 100%。显然地，如果缝网指数为 100%就完全实现了真正意义上体积压裂的目标；如果缝网指数为0%，就是单一裂缝系统且导流能力低到近乎可忽略。因为即使是单一裂缝系统，如果导流能力足够高，在压裂有效期内仍会有一定的流动面积，即上述缝网指数会大于 0%。

在上述多尺度复杂缝网指数的计算中，看似未考虑多尺度的影响，但其实考虑了。因为在不同尺度裂缝的流动波及面积中，大尺度主裂缝的流动波及面积相对较大，中尺度支裂缝的流动波及面积居中，小尺度微裂缝的流动波及面积最小。

此外，有效的多尺度缝网要求不同尺度裂缝间是有效连通的，即指与水平井筒有流动通道的缝网面积。实际上，有压裂液沟通并有相应的支撑剂运移到的缝网才算有效的缝网[10]。而有些天然裂缝，虽有可能被激活了，但是被水力裂缝产生的诱导应力通过页岩基质骨架传递后激活的，并没有与水平井筒沟通。该激活的天然裂缝也会产生微地震信号，在微地震云图上也显示形成了复杂的缝网，实际上这部分微地震信号应作为无效点移除，但目前的微地震监测及解释技术还难以做到这一点[11]。

还需注意的是，计算时间不同，不同尺度裂缝的流动波及面积也是不同的，因此，最终计算出的多尺度复杂缝网指数也不相同。考虑到目前页岩气压裂的有效期一般在 5 年左右，为简便起见，可以将 5 年作为计算的标准。

1.3　多尺度复杂缝网的实现途径

1.3.1　段长与簇间距及缝长与导流能力的优化

段长与簇间距及缝长与导流能力优化是多尺度复杂缝网形成的前提和基础。段长和簇间距是不同的概念，段长是由水平段长度和分压段数决定的，而簇间距要在考虑段与段之间的间隔即段间距后，由段内设计的簇数决定[12]。

一般簇数越多，段内多裂缝的干扰效应越大，形成多尺度复杂缝网的概率也越大，但簇数太多也不一定有利，原因如下所述。

(1) 主裂缝可能多次转向而难以达到预期的缝长要求，同时多次转向易于产生支撑剂在多次转向的拐角处的砂堵效应，造成支撑剂加量不够[13]。

(2) 段内多簇射孔裂缝的非均匀延伸效应进一步加大。由于水平段内压裂液流动时会产生压力梯度，越靠近 A 靶点(水平井眼轨迹的第一个终点)射孔簇的裂缝越易于起裂和延伸得更充分，而越靠近 B 靶点(水平井眼轨迹的第二个终点)的裂缝延伸的长度越小[14]。此外，在加砂过程中，因支撑剂的密度较压裂液高一倍以上，支撑剂与压裂液的流动跟随性相对较差，支撑剂会优先向靠近 B 靶点射孔簇的裂缝运移，由于此处的裂缝延伸程度相对较小，支撑剂可能很快在这些裂缝内造成砂堵，导致后续注入的压裂液及支撑剂都全部进入靠近 A 靶点射孔簇的裂缝中去，最终使靠近 A 靶点的裂缝延伸及支撑得最好，有时可能占段内所有压裂液及支撑剂的 60%以上。上述非均匀延伸的后果是诱导应力干扰效应大幅度降低，段内形成的裂缝复杂程度也会大幅度降低。还会因靠近 A 靶点射孔簇的裂缝的过度延伸引起过高的诱导应力，导致下一段施工时的段间干扰现象，引起过高的施工压力，甚至会导致下一段靠近 B 靶点射孔簇的裂缝起裂方向不是设计那样的横切裂缝，而可能是与水平井筒方向平行的纵向裂缝，这会导致下一段裂缝复杂程度进一步降低。

(3) 即使段内多簇裂缝均匀起裂和延伸，由于我国页岩气储层特殊的三向应力条件(构造运动造成最小水平主应力梯度过高，与上覆应力梯度非常接近，在水平层理发育的页岩地层中，会导致多个水平层理缝沟通和延伸，从而使主裂缝的缝高延伸程度大幅度降低)[15]，主裂缝高度严重受限，加上多簇射孔对总注入排量的分摊效应，每簇射孔的裂缝的排量会大幅度降低，主裂缝缝高的延伸又因此进一步大幅度降低。最终即使多簇裂缝形成了，但多个缝高受限裂缝的整体改造体积，不一定比裂缝条数相对较少但缝高充分延伸的裂缝的整体改造体积大。

在缝长及导流能力的优化上，以水平井井间距的一半作为主裂缝的缝长(缝长一般都指的是半缝长)，导流能力优化就是在缝长固定的前提下，模拟不同导流能力下的压后产量动态，一般在产量与导流能力的对应曲线上会出现拐点，该拐点对应的导流能力即为优化后的导流能力[16]。如果要考虑更全面的话，即要同时考虑主裂缝、支裂缝及微裂缝的缝长、缝间距及导流能力优化，则要应用正交设计方法进行多参数优化，同样可由压后产量或经济净现值对应上述各参数作曲线，按拐点对应的值取值即为优化值。

上述各参数优化中，隐含了一个前提，即主裂缝、支裂缝及微裂缝的缝高都得到了充分的延伸，与有利目标层页岩的厚度相当或接近。退一步讲，起码应确保主裂缝的缝高达到上述要求。否则，即使实现了多尺度复杂缝网目标，也是在页岩纵向上的局部缝网，这显然不是我们一直力求实现的多尺度复杂缝网的真正目标。

因此，在施工总液量及总支撑剂量一定的前提下，如何合理优化上述段长、簇间距(段内簇数)、不同尺度裂缝的缝长、缝间距及导流能力，是实现多尺度复杂缝网的第一步，也是至关重要的一步。

1.3.2 主裂缝净压力的优化及有效控制

确保主裂缝的充分延伸是实现多尺度复杂缝网的重要保证。两向水平应力差异系数小于0.25是目前公认的能实现裂缝转向的重要条件之一[17]。许多学者因此有一个误区是两向水平应力差异系数越小越利于形成复杂缝网。实际上，即使可以形成复杂缝网，但因主裂缝在延伸过程中，可能多次转向而难以将复杂缝网向页岩内部大范围拓展。换言之，即使形成了复杂缝网，也是近井筒覆盖面积有限的缝网。

为此，必须对主裂缝的净压力进行有效的优化与控制，如果经过净压力模拟发现在主裂缝延伸的早期其值就超过原始水平应力差，就应立即改变压裂液黏度及排量等数据，力争主裂缝延伸到预期缝长设计要求后，再改变压裂材料及施工工艺参数，大幅度提升主裂缝净压力，实现全缝长范围内的转向支裂缝及微裂缝的最大限度的延伸[18]。

但有的页岩因石英及碳酸盐岩等脆性矿物含量太高，裂缝断裂韧性相对较小，有时仅靠提高黏度、排量及压裂液与支撑剂规模等手段，仍难以大幅度提高主裂缝的净压力。现场也有实际井例表明，有的页岩气水平井第一段主压裂施工的停泵压力仅比测试压裂的停泵压力增加0.5～1MPa。换言之，主压裂在测试压裂基础上，又多注入了近2000m³压裂液，排量也达15m³/min以上，支撑剂也注入了60m³以上，但主裂缝的净压力几乎没有增加，因为断裂韧性太小，主裂缝的延伸主要是缝长的延伸，而与净压力最密切的缝宽方向的延伸并无明显增加[19]。在这种情况下，必须采取激进的支撑剂注入程序或采取低砂液比连续加砂模式，促进主裂缝的流动阻力发生大幅度增加，从而迫使主裂缝内净压力产生较大幅度增加。但这种加砂模式风险很大，弄不好会发生早期砂堵的现象。因此，必须在施工期间密切观察井口压力的变化，在压裂液参数及施工参数相对恒定的前提下，压力的上升速度应控制在1MPa/min或0.5MPa/min以下，也可加入可溶性纤维暂堵球及与线性纤维的混合物进行缝内封堵，具体的封堵参数必须由按相似原理设计的室内暂堵实验结果确定。且一定要实现完全的暂堵，如果暂堵只发生在主裂缝高度上的局部位置(一般缝高的中上部位置难以有效封堵)，则暂堵压力上升后，很快就找到缝高中上部的泄压口，则大部分压裂液及支撑剂仍继续往缝长方向运移，此时暂堵的压力增加仅是压裂液的流动截面积变小所造成的流动阻力增加的表象。因此，暂堵要取得实际效果，必须计算出最小的临界压力上升幅度，该临界压力升幅应是原始水平应力差与暂堵前的主裂缝净压力的差值。当然，在超过上述临界值后，暂堵压力升幅越大越好[20]。

值得指出的是，上述暂堵施工最好能在主裂缝中的不同位置，按从近井筒到缝端的顺序依次实施，才能取得更好的暂堵转向裂缝充分延伸的效果。如果仅在近井筒裂缝位置处暂堵，则转向支裂缝的范围仅发生在近井筒裂缝区域；如果仅在主裂缝端部发生暂堵，即使发生了全缝长范围内的大量转向支裂缝及微裂缝的开启和延伸，但因总的注入排量有限，每个转向分支缝及微裂缝吸收的排量就非常有限，导致延伸范围特别有限。如果考虑到主裂缝内压裂液的流动压力梯度及页岩的强非均质性，则许多转向支裂缝及微裂缝可能根本就没有机会进行充分延伸。因此,如果能实现在主裂缝分段暂堵的目的,就可避免上述问题。主裂缝的分段暂堵容易实现,关键是主裂缝本次暂堵时,上次的暂堵剂要立即溶解掉,同时,从近井筒到本次暂堵位置中间的转向支裂缝及微裂缝也要继续保持原先的暂堵不变,否则即使本次主裂缝的暂堵实现了,但如果上次暂堵出现的转向支裂缝及微裂缝仍继续吸收压裂液及支撑剂,那本次暂堵新开启的支裂缝及微裂缝所吸收的排量及延伸程度肯定会因此大打折扣。同样地,越往主裂缝端部暂堵,则上述情况出现的就会越多并且越严重。为此,主裂缝中可采用可酸溶的暂堵剂,在暂堵任务完成后,通过注入一定量的酸溶液解除暂堵。虽然酸也可能进入转向的支裂缝及微裂缝中,但支裂缝及微裂缝中如果用小粒径的支撑剂,就不怕酸对其进行溶解。支撑剂只要应用得当,同样可起到暂堵作用,之后还可作为支撑剂,提供长效的导流能力。

1.3.3　交替注酸或酸性滑溜水注入技术

如果单纯靠压裂液的水力物理作用,有时裂缝的复杂程度确实难以提高。为此,可采取两种措施:一是交替注酸;二是直接注入酸性滑溜水[21]。显而易见,交替注酸对页岩的作用强度没有全程酸性滑溜水大。但不管采用哪种技术,原理都是相同的,即利用酸与页岩发生化学反应,溶蚀页岩中的碳酸盐岩矿物组分(一般分布于基质岩块中或作为天然裂缝中的充填物),一是可以人为形成与主裂缝沟通的支裂缝及微裂缝系统;二是酸对页岩浸泡后,可在一定程度上降低岩石的强度,使原先不能形成复杂裂缝的页岩,岩石强度降低后也可能形成复杂裂缝;三是酸岩反应后产生的热量,可促使裂缝内局部温度升高,导致该处的压裂液或酸液黏度进一步降低,可在一定程度上增加液体沟通小微尺度裂缝的能力,这也使裂缝的复杂程度获得一定程度上的增加;四是酸进入页岩地层后,可抑制黏土的膨胀,对保护不同尺度裂缝的导流能力至关重要;五是酸与碳酸盐岩矿物组分发生反应生成的二氧化碳,因其对页岩的吸附能力强于以甲烷为主要成分的页岩气,因此对页岩气具有很强的置换作用,有利于提高页岩气的产量,同时,部分二氧化碳气泡的存在还具有助排作用,这些对页岩气的返排及生产都具有正面的积极作用。

就交替注酸工艺而言,交替注酸的级数、酸液与滑溜水黏度比、排量比及体积比等参数至关重要[22],可由基于相似原理的岩心驱替实验结果确定,并按正交设计方法,考察上述不同参数组合下的岩心渗透率变化,取渗透率改善效果最好的参数组合,即为最佳的参数组合。但由于页岩岩性极为致密,一般的岩心驱替实验时间相当长,可以适当缩短岩心长度或者在岩心中人为制造人工裂缝。尤其是后者,与现场工艺流程基本一致,因此实验结果具有很强的借鉴性和指导性。

值得指出的是,并非酸与页岩的反应时间越长越好。过度的酸岩反应和刻蚀,容易造成页岩孔隙结构的坍塌和掉块,会堵塞本已有很好流动能力的通道,造成渗透率的大幅度降低。当然,反应时间过短也不行,那时酸对页岩孔隙度及渗透率的改善程度还相对较低。因此,酸类型、黏度、排量、体积的设计,必须由目标井层的具体页岩岩心室内实验结果决定,并存在一个最佳的区间分布。

考虑到页岩中的碳酸盐岩矿物组分分布的随机性,为了增加酸与页岩中碳酸盐岩矿物组分接触的概率，酸的黏度应相对较高些，且与滑溜水的黏度比应大于 6 倍并最好是 10 倍以上，以增加滑溜水驱替酸时的黏滞指进效应，并使酸液大部分滞留于主裂缝的缝壁表面，使其有充分的接触面积并有充足的时间进行酸岩反应，从而确保能用最小的酸量实现最大的酸蚀效果。

虽然交替注酸工艺中考虑到酸的成本较低，但现场工艺流程复杂，需要多次倒换注酸流程及注滑溜水流程。若全程采用酸性滑溜水工艺与交替注酸工艺具有相反的特点，其工艺流程简单，但全程用酸性滑溜水的成本可能有一定程度的增加。为此，应优化酸性滑溜水的配方，尤其在酸浓度设计方面，可刻意降低酸浓度，但酸蚀程度可通过提高酸岩反应时间来实现。而酸黏度的提高主要基于滑溜水中的降阻剂的浓度增加来实现。为防止滑溜水降阻剂在酸性介质中的降解，可采用酸性降阻剂来替代。

两种工艺都需要注意的是缓蚀工作一定要做好，可通过优化缓蚀剂的类型、浓度及与其他添加剂的配伍性等实验来综合权衡确定。

1.3.4 变黏度、变排量多尺度造缝技术

不管是主裂缝、支裂缝还是微裂缝，在造缝过程中，采用变黏度与变排量注入参数都是必需的，且一般采用低黏度与低排量组合、中黏度与中排量组合及高黏度与高排量的组合三种模式[23,24]。原因在于低黏度与低排量组合，因净压力建立速度相对较慢，便于沟通小微尺度裂缝系统；中黏度与中排量的组合，净压力建立速度相对较快，加之中黏度压裂液因黏滞阻力较大，也难以进入上述小微尺度裂缝系统，因此该参数组合一般用于沟通与延伸中等尺度的转向支裂缝系统；高黏度与高排量的组合，主要用于延伸主裂缝。

当然，这并不是说全程低黏度滑溜水就形成不了主裂缝，或者全程高黏度压裂液就形不成支裂缝及微裂缝。原因在于低黏度滑溜水虽利于沟通小微尺度裂缝系统，但如全程低黏度滑溜水，再配合以适当高的排量(不是上述组合注入中的低排量配合)，一旦超过小微尺度裂缝的吸收能力，则大量的低黏度滑溜水仍更易于沿延伸阻力最小的最大水平主应力方向延伸，在延伸主裂缝过程中遇到小微裂缝及转向支裂缝，仍比中黏度及高黏度压裂液进入的体积更多。换言之，采用全程低黏度滑溜水，不同尺度的裂缝系统也可分别产生，只不过主裂缝的延伸长度相对较小而支裂缝尤其是微裂缝的延伸程度相对更大些而已；同样地，即使采用全程高黏度压裂液注入，在延伸主裂缝的过程中，包括裂缝端部及其他部位的滤失带前缘，一直存在原始地层温度作用的机理，因此，压裂液的降黏效应是一直存在的，且在主裂缝延伸过程中，一直存在相对较大的驱替压差(裂缝端部压差沿主裂缝延伸方向，滤失带的压差沿垂直于主裂缝方向)。换言之，全程高黏度压裂液也可在不同位置产生支裂缝或微裂缝，只不过这些支裂缝或微裂缝的延伸范围相对有限而已；同样地，全程中黏度压裂液也同样可以产生上述不同尺度的裂缝系统，只不过小微裂缝及主裂缝延伸都相对短些而已。

因此，如果在一个压裂施工过程中，将上述三种黏度的压裂液与三种排量组合好，各自发挥好各自的优势又同时尽量避免各自的劣势，则在总的施工成本一定的前提下，

可获得最大的裂缝复杂性及改造体积。

理想的组合注入模式应是上述三种参数组合的多次循环注入，而不是简单的三段式注入模式。即总的低黏度、中黏度及高黏度压裂液保持不变，但把每种黏度的压裂液等分或非等分为几份，循环注入 2~3 个轮回或更多的轮回，每次轮回都依次按低黏度低排量、中黏度中排量、高黏度高排量进行。其主要原理在于先期注入的低黏度压裂液，在低排量配合下，可最大限度地沟通近井筒小微尺度裂缝系统。随后注入的中黏度压裂液在中排量的配合下，可以进一步沟通与延伸中等尺度的支裂缝系统，同时也可进一步扩大先前的小微尺度裂缝系统，最后注入的高黏度压裂液在高排量的配合下，主要延伸主裂缝系统，此为第一个轮回。第二个轮回时，先前又注入低黏度压裂液与低排量组合。由于高黏度压裂液与低黏度压裂液的黏度差异一般在 10 倍以上，黏滞指进效应明显，且因主裂缝方向的流动阻力最小，因此此低黏度压裂液的绝大部分会快速指进到主裂缝的前缘，在该处再大范围沟通与延伸小微尺度裂缝系统。随后注入的中黏度压裂液虽然黏滞指进效应没有低黏度压裂液那样明显，但仍有相当一部分中黏度压裂液在主裂缝前缘沟通与延伸中等尺度的支裂缝系统。最后注入的高黏度压裂液因黏度高，且主裂缝中的温度场已大幅度降低，因此即使是与第一个轮回同样配方的高黏度压裂液，其黏度会相对更高，更难以进入沿途的支裂缝及微裂缝系统，这也更利于其在主裂缝中的延伸。第三个轮回及以后轮回的注入机理与第二个轮回相似，不同的是主裂缝中的温度逐渐降低，上述三种黏度的压裂液黏度都会比上一个轮回有所增加，换言之，越往后施工，中尺度及大尺度裂缝延伸程度越好，小尺度裂缝延伸程度越差。为此，在第二轮回及以后轮回注入时，可将上述三种黏度的压裂液配方逐步调整，主要是降低降阻剂的浓度，目标是确保在逐步降低的温度下的黏度相当或接近。因此，主裂缝内的温度场模拟工作务必做细。

总之，通过上述多个轮回的组合注入施工，在确保形成的主裂缝延伸长度可达到预期设计要求的前提下，最大限度地实现近井、中井及远井地带复杂裂缝的大范围分布，实现最大限度地提高多尺度复杂缝网的复杂性及改造体积的目的。

1.4 多尺度复杂缝网中支撑剂运移及导流能力形成机制

在前面的阐述中着重就如何提高复杂缝网的改造体积进行了讨论，而要把上述的复杂缝网体积转换为有效的缝网体积是至关重要的，做得不好就可能前功尽弃。所谓"有效"就是要考虑支撑剂的多尺度充填及不同尺度缝网间的高效连通。有时不同尺度的裂缝都有匹配粒径的支撑剂对应充填，但如果不同尺度裂缝系统间的连通性不好(支撑剂段塞时很有可能使没有支撑剂的隔离液分布在不同尺度裂缝的连接处)，虽然在没有支撑剂的连接处也会有页岩裂缝表面凸凹度所造成的自支撑裂缝来提供一定的导流能力，但显然这种导流能力相对较低，且当页岩裂缝闭合应力相对较高时很容易失效。因此，没有相互间形成有效连通的多尺度裂缝系统，就是一种孤立的系统，很难真正形成四通八达的缝网，也就很难大幅度提高裂缝的改造体积[25]。

目前，支撑剂在单一裂缝中运移及铺置的机理都研究得非常清楚，但对多尺度复杂缝网中支撑剂的运移及铺置规律研究还相对较少。国外如科罗拉多矿业学院建立了可模拟四级裂缝的复杂裂缝输砂透明平行板模拟装置；国内中国石油大学(华东)及西南石油大学等单位都开展了类似的研究，但模型只有两级裂缝系统。初步的实验结果都表明，目前页岩气常用的 30/50 目支撑剂是进不到二级裂缝及以下尺度的裂缝中的，而 70/140 目小粒径支撑剂则可运移到三级甚至四级小微尺度裂缝中去。换言之，在页岩气多尺度缝网压裂中，70/140 目及 40/70 目支撑剂如设计得当，可分别充分充填到小尺度微裂缝及中尺度支裂缝中，而在加砂顺利的前提下，一味要求降低小粒径和中粒径支撑剂比例的做法是非常不明智的，其造成的直接后果就是多尺度裂缝改造体积转换为有效改造体积的比例相对较低，进而大幅度降低压后初产及有效期。因为即使大粒径支撑剂加得再多，也难以有效进入转向支裂缝及微裂缝中去，最终只有主裂缝获得有效的支撑，而压后随井筒流动压力的降低，中尺度支裂缝及小尺度微裂缝系统都会快速闭合。

显然地，如果小粒径支撑剂量加少了，势必影响小微尺度裂缝的导流能力。但如果盲目加多了，小微尺度裂缝系统容纳不下，则小粒径支撑剂最终会滞留于主裂缝或支裂缝中，对其中的大粒径支撑剂或中粒径支撑剂起到堵塞作用，从而大幅度降低主裂缝或支裂缝的导流能力。因此，设计与不同尺度裂缝完全匹配的支撑剂量是非常困难的。

此外，为了保证不同尺度裂缝系统间的有效连通，对支撑剂段塞中的隔离液进行优化至关重要[26]。考虑到同一种粒径的支撑剂一般都进入对应的同一种尺度的裂缝系统中，支撑剂段塞中的隔离液体积优化的重要性并不明显。但不同裂缝系统间不加支撑剂的隔离液体积的优化则尤为重要。考虑到不同尺度裂缝系统体积的模拟计算同样具有不确定性，为保险起见，可全程采用小粒径支撑剂施工，并采取低砂液比连续注入模式。这样就不用担心因支撑剂段塞中隔离液体积优化的不确定性而带来的不同尺度裂缝系统间连通性变差的问题。采用小粒径支撑剂配合适当的连续砂液比施工模式后，可确保其在不同尺度裂缝系统间的充分充填和连续铺置，且小粒径支撑剂颗粒的沉降速度慢，因而可借此提高其在远井裂缝缝高上的全悬浮支撑效果。正因为其粒径小，单位页岩裂缝面积上堆积的支撑剂颗粒数量多，而支撑剂颗粒不管其粒径多大，其与页岩的点接触面积几乎是相当的或差异性非常小，因此，小粒径支撑剂的抗嵌入能力相对较强。尤其在深层页岩气储层中，在强塑性及高闭合应力的双重作用下，支撑剂的嵌入非常厉害，此时采用小粒径支撑剂就更有优势。室内导流能力测试结果也表明，在低闭合压力下，不同粒径支撑剂的导流能力差异性很大。但随闭合压力的增加，不同粒径支撑剂导流能力的差异性越来越小，在有效闭合压力超过 90MPa 后，小粒径支撑剂的导流能力与大粒径支撑剂相差无几。况且这是在相同的支撑剂铺置浓度下的实验结果，如果考虑到现场实际，小粒径支撑剂因更利于提高砂液比施工，可能比大粒径支撑剂的铺置浓度还要高。因此，实际上小粒径支撑剂在现场提供的导流能力反而比大粒径支撑剂还要高。

值得指出的是，要想把小粒径支撑剂转向运移到小尺度微裂缝系统中，压裂液转向微裂缝的排量要高于临界排量，且高于临界排量的值越大，支撑剂进入微裂缝的跟随性就越好，小粒径支撑剂进入微裂缝的体积也越大。小尺度的微裂缝壁面的凸凹度对裂缝宽度而言相对较大，对支撑剂的沉降起到正面的阻滞作用，换言之，在小尺度的微裂缝中支撑剂是不易沉降的，这对提高其远井悬浮效果及有效改造体积极为有利。同样地，对中尺度的转向支裂缝而言，进入的压裂液排量越大，支撑剂进入支裂缝的跟随性同样越好。由于支裂缝的壁面凸凹度对裂缝宽度而言相对较小，因此，不应忽略中粒径支撑剂在支裂缝中的沉降效应。如果采用上述全程小粒径支撑剂，因其悬浮性相对较好，这个问题也可忽略。在大尺度的主裂缝中支撑剂的沉降效应更为明显，但主裂缝中因注入排量相对最高，压裂液的黏度也相对最高，因此，支撑剂的沉降也会受到一定程度的遏制。

为了提高不同尺度裂缝的导流能力，采用支撑剂段塞式加砂形成类似高通道的原理也似乎行得通，但关键是如何确保不同尺度裂缝系统间的有效连通性，因此，如上所述最现实的方法是在最后的主裂缝加砂中采用支撑剂段塞方式，而在前面的微裂缝及支裂缝的加砂作业中，最好还是采用小粒径低砂液比连续施工模式。

1.5 多簇裂缝均匀起裂与延伸控制技术

考虑到页岩气水平井一般采用套管完井、分段分簇方式进行压裂的实际情况，如前所述，多簇射孔裂缝的起裂与延伸一般都极不均匀，为此，宜采取以下措施：①变排量进行酸预处理作业。在酸注完后，一般采用较高的排量进行替酸作业，但等酸到达靠近 A 靶点的第一个射孔裂缝后，将替酸排量降回到原先的注酸低排量，以增加酸岩反应时间和酸压降效果。等酸进入地层 30%后，再根据射孔簇数多少，分 2~3 次逐步提高替酸排量，防止因低排量替酸而导致酸绝大部分消耗于靠近 A 靶点的第一个射孔裂缝处的不利局面。虽然提高排量也不能阻止酸液继续往靠近 A 靶点的第一个射孔裂缝处流动，但起码可促使一部分酸液往靠近 B 靶点的射孔裂缝处运移。②采用变射孔参数策略。如前所述，越靠近 A 靶点的射孔簇裂缝，延伸得越长，有时各簇射孔处裂缝延伸长度可能相差 1~2 倍，因此，应采用变射孔参数的策略。如从 A 靶点到 B 靶点，各簇射孔的孔径逐渐增加；或孔径不变，但射孔的射孔密度逐渐增加；或孔径与射孔密度都同时增加。

一般为简便起见，往往只改变一个参数。各簇射孔参数优化的目标函数是各簇射孔中心处的水平井筒压力与对应射孔处的孔眼摩阻的差值相等。由于压裂液在水平井筒中流动时存在压力梯度，压裂液黏度越大，注入排量越高，则水平井筒中的压力梯度越大[27]。同时，一般水平井筒中 A 靶点比 B 靶点高，高度差造成最小水平主应力也是从靠近 A 靶点处向靠近 B 靶点处逐渐增加。但在一个段长内由于高度差造成的最小水平主应力差异性相对较小，可以忽略这种最小水平主应力的差异。

值得指出的是，上述变射孔参数的优化中未能有效考虑各簇射孔裂缝排量分配的差异，但该参数非常关键，难以准确求取，且在多簇裂缝起裂与延伸过程中，各簇裂缝排量的分配比例还应是动态变化的[28]。因为不管是什么原因，一旦某射孔簇裂缝优先起裂或因地应力低导致裂缝延伸得更充分，则其他簇裂缝就难再吸收更多的排量，且只会越来越少(因为延伸压力一般低于破裂压力)。或者，某簇裂缝在加砂过程中发生砂堵现象，又或者因设计原因在井筒中暂堵或在某簇裂缝内暂堵，则该簇裂缝也会停止吸收排量，则其排量会被其他簇裂缝按某种规则瓜分掉。

因此，各簇排量的匹分，要么简单地按均分原则，要么根据国外大量的统计经验数据，但各簇裂缝排量分配比例，对不同射孔簇而言，也是不同的。经对比分析，上述两种方法都不理想。为此，可采取多次迭代方式，即先假设排量按均分原则，按均匀射孔参数对上述设定的优化原则进行计算，如达不到优化目标，则根据上述计算的井筒压力与孔眼摩阻的差值大小，再适当调整各簇排量比例，直到最后满足优化目标函数要求为止。各簇排量比例确定后，再调节各簇射孔参数，则相应的各簇排量分配比例又要发生变化。如此多次调节，最终获得变参数射孔方案。

需要强调的是，即使按上述变射孔参数及变排量酸预处理同时考虑，仍不一定确保各簇裂缝能真正实现均匀延伸。特别是支撑剂开始注入后，由于支撑剂密度远高于压裂液，造成其与压裂液的流动跟随性相对较差，最终的结果是支撑剂先大部分运移与堆积在靠近 B 靶点且延伸不充分的裂缝中去，导致靠近 A 靶点的裂缝更充分延伸。最终，靠近 B 靶点的裂缝因支撑剂堆积已难以再次获得更充分延伸的机会。因此，早期加砂时以同样颗粒直径及密度的暂堵剂代替支撑剂可能是更明智的选择。因为暂堵剂溶解后，靠近 B 靶点的裂缝仍有再次充分延伸的机会。

即使采取上述措施，也难以确保段内所有簇裂缝均匀起裂与延伸(一般还是靠近 A 靶点射孔的裂缝延伸得更长)，为保险起见，在下一段施工时，可刻意延缓一段时间。否则，因该段靠近 A 靶点的第一簇裂缝的诱导应力相对较强，对下一段靠近 B 靶点射孔的裂缝的延伸具有强烈的抑制作用，如立即施工，则下一段靠近 B 靶点的裂缝可能改变起裂方向进而成为纵向裂缝，则会大幅度降低裂缝改造体积，甚至对其他簇裂缝产生相互干扰。如下一段施工时间延缓，则上述诱导应力会得到一定程度的释放，则能保证所有簇裂缝都是横切裂缝。

1.6　多尺度复杂缝网的压后返排优化及控制技术

与常规砂岩压后返排机理不同，多尺度复杂缝网的压后返排机理是极端复杂的[29]。如从裂缝复杂性角度出发，对脆性好的页岩而言，压后适当关井可以利用缝内净压力来进一步扩展不同尺度的裂缝系统，在进一步增加裂缝整体复杂性的同时，不同尺度裂缝宽度的降低，也利于将支撑剂夹持在裂缝壁面不让其沉降，从而也利于提高不同尺度裂缝内支撑剂在远井的悬浮效果，这对提高有效的裂缝改造体积是有利的。此外，即使不同尺度的裂缝都完全闭合了，以低黏度滑溜水为主体的压裂液对页岩产生浸泡作用，由于页岩在长期沉积过程中的生烃排水作用，含水饱和度都相对较低，而含盐量却相对较高，因此，经过呈中性或弱碱性的压裂液长时间浸泡后，会通过对流及扩散等作用，将页岩中的盐组分溶蚀一部分，从而可在一定程度上增加页岩基质的孔隙度及渗透率，这又在一定程度上增加页岩基质向不同尺度裂缝系统供气的能力，从而有利于提高页岩气压裂后的产量及有效期。矿场上经常发现压后返排率低的井压后产量都相对较高，反之则较低，究其原因可能主要是上述机理的作用。同时，返排率低也是裂缝复杂性较高的原因之一，此时，滞留的压裂液大部分以水膜形式存在于转向支裂缝及微裂缝中，由于支裂缝及微裂缝的比表面积很大，因此上述水膜的吸附性相对较强，有时甚至为非连续相，这些水膜就很难返排出来，且对页岩气的流动也无任何不利影响。而压后返排率高的井，因裂缝复杂性程度低，大部分压裂液滞留于主裂缝中，而主裂缝的流动阻力相对较低，因此，压后压裂液的返排率相对较高。大量压裂液返排后，压裂液对页岩孔隙度的溶蚀效应也大幅度降低，因此，这对压后低产的影响可能相对更大；对塑性强的页岩压裂而言，裂缝的复杂程度难以有效提高，压后关井对进一步提高裂缝的复杂性意义不大。且在这种情况下裂缝的闭合时间相对较长，支撑剂的沉降效应不可避免，但适当关井对溶解页岩中的盐组分同样具有积极的作用。因此，不管页岩的脆塑性如何，压后适当关井都具有一定的正面作用。

至于具体的关井时间优化，单纯的数值模拟目前还难以定量模拟上述孔隙度的溶蚀增大效应及对页岩气向不同尺度裂缝供气能力的影响程度。也难以定量模拟关井时间的不同对支撑剂沉降效应及有效裂缝改造体积的影响程度。目前的数模技术只能考虑关井后压裂液向不同尺度裂缝壁面的渗滤效应及对压后见气早晚和见气峰值的影响。可基于室内岩心压裂液浸泡实验结果，如到某个时间后，压裂液溶蚀的孔隙度不再增加或增加的幅度明显变低，此时的时间可作为压后关井时间。

此外，返排制度对压后产量也有较大的影响。压后返排制度越大，不同尺度裂缝及其周缘泄压的区域越大，含水饱和度也降低得相应较快，则排液周期也相对较短，见气峰值也会相应较高。但可能会产生压敏效应，即不同尺度裂缝壁面会因压裂液的快速返排造成井底流动压力较低，进而导致缝壁的压实效应及渗透率的不可逆的降低。因此，应由目的层岩心压敏实验结果，划分应力敏感的范围，由此确定实际井层井底流动压力的允许范围，在此范围内，压后返排制度才越大越好。在超过上述井底流动压力的范围，若盲目追求快排，可能适得其反。

1.6.1 低黏度、强携砂、高降阻滑溜水体系

高降阻率是所有页岩气压裂液的主体要求指标之一[30]，对多尺度缝网压裂技术而言更具重要性，因为可由此大幅度提高注入排量，这对提高不同尺度裂缝的净压力至关重要。

此外，低黏度与强携砂是矛盾的统一体，如能在低黏度的前提下大幅度提高压裂液的携砂能力，则在沟通与延伸小微尺度裂缝系统的同时，还可提高支撑剂的远井悬浮效果，这对大幅度提高裂缝的复杂性及有效改造体积，意义非常重大。一旦有能实现上述特殊性能要求的滑溜水体系，还会因滑溜水稠化剂浓度的大幅度降低而使成本及伤害相应降低。

1.6.2 原位成型支撑剂

原位成型支撑剂在开始时是压裂液，随着注入的进行，不同尺度的裂缝系统依次产生或同步产生，不同黏度的压裂液基本上可以畅通地进入上述裂缝系统。这些压裂液在完成造缝任务后，自动形成不同颗粒直径的支撑剂，几乎可以保证不同尺度裂缝系统内的支撑剂充满度100%，且不同尺度裂缝系统间的连通是高效的，无任何流动障碍。换言之，通过原位成型支撑剂的研究与应用，多尺度复杂缝网体积能100%转换为有效的裂缝改造体积，这是目前的压裂技术无论如何也做不到的。

1.6.3 不同尺度裂缝内多处暂堵转向压裂技术

暂堵转向是提高裂缝复杂性程度的得力技术之一。在主裂缝中实现一次或多次暂堵转向相对容易些,但在尺度相对较小的支裂缝中要实现一次或多次暂堵的难度相对较大。因裂缝宽度降低后,暂堵剂在其中的运移变得相对困难,尤其是在支裂缝的端部实现暂堵的难度更大,而更小尺度的微裂缝系统中实现暂堵几乎是不可能实现的。

不管是在哪种尺度的裂缝中实现暂堵,都可大幅度提高裂缝中的净压力及相应的诱导应力(诱导应力传播的距离也相应增加),确保下一尺度裂缝一旦产生,其转向半径相对较大。否则,即使转向,转向半径也相对较小,则裂缝的复杂程度也难以有较大幅度的提升。

如前所述,在裂缝中发生暂堵的最好策略就是从近井筒开始到裂缝端部,依次实现逐级分段暂堵,这样才能保证一旦暂堵后各转向裂缝有相对最高的排量各自进行充分延伸。

综上所述,如何把适应于大尺度主裂缝中的一次或多次暂堵技术,移植到中尺度的转向支裂缝甚至到小尺度的微裂缝系统中去,在原理上讲得通,关键是裂缝尺度变小后如何确保不同粒径的暂堵剂顺畅地运移到预定的位置,且要确保实现缝高方向完全封堵的目标,否则,部分暂堵非但形不成更复杂的转向裂缝,反而易引起缝长的更快延伸,这与多尺度复杂缝网的追求目标是背道而驰的。

1.6.4 井下压力脉冲发生器

在水力压裂的造缝阶段,通过实时激发井下压力脉冲发生器,如果其产生的脉冲频率与页岩地层的固有频率相当或接近,就可在水力裂缝内产生谐振,迫使多尺度裂缝更多的起裂和延伸,从而可大幅度提高裂缝的复杂性及改造体积。

除了频率要求外,每次压力脉冲的压力变化幅度也很重要。压力变化幅度小了,要产生更多次的脉冲才可能产生新的裂缝,而如果压力变化幅度大了,则可以在尽量短的时间内产生新的裂缝。具体可用目的层岩心在室内进行相应的模拟实验,由实验结果确定合适的压力变化幅度(一定要模拟地下的三向应力及温度等条件)。

至于上述井下压力脉冲发生器的压力变化幅度如何产生,应是主要通过变化排量及不同压力腔的流动截面积等方法实现。

1.6.5 爆燃压裂技术

在常规水力造缝施工后,注入液体炸药,再用常规压裂液顶替到预定位置后,通过引爆剂触发液体炸药爆炸,在主裂缝系统内不同位置都会产生爆炸进而形成不同尺度的裂缝系统,只要控制好爆炸当量,不破坏水平井筒结构或引发套管变形,就可以最大限度地利用爆炸能量,形成多尺度复杂缝网系统。由于爆炸产生的能量不是均匀释放,在多尺度裂缝形成过程中,必然会产生错位缝,靠壁面凹凸度自支撑形成的裂缝,仍具有一定的导流能力。尤其是当真正形成复杂缝网体后，每个裂缝承受的有效闭合应力大幅度降低，也有利于保持其导流能力或避免其导流能力快速降低。原因在于如果是单一的主裂缝，则有效闭合应力只由一个裂缝面积来承受。如果形成转向支裂缝及微裂缝，这些支裂缝及微裂缝不可能都完全垂直于主裂缝，大部分情况下与主裂缝斜交，则上述作用于主裂缝的有效闭合应力会被斜交的支裂缝及微裂缝分担，且不同的裂缝系统都会承受或消耗掉部分有效应力。换言之，裂缝系统越复杂，通过层层消耗，最终传递的有效应力就越低，则多尺度复杂缝网系统整体导流能力保持水平就越高。

即使在不破坏套管强度的基础上，也应适当控制爆炸当量，防止局部因爆炸当量太大造成裂缝壁产生不可恢复的压实效应。否则，即使形成了多尺度复杂缝网系统，如裂缝壁大部分因压实而失去了很大一部分流动能力，则对最终的压后效果及稳产期反而起到极大的负面作用。

1.6.6 页岩屏蔽自支撑酸压实现多尺度复杂缝网技术

所谓屏蔽自支撑酸压技术是目前适用于碳酸盐岩的新技术，尤其适用于深层碳酸盐岩，可以确保酸蚀裂缝导流能力在高闭合应力下保持更长的相对稳定值。其主要原理是，在水力造缝施工完成后，先段塞式注入与酸不反应的屏蔽材料(其流动时是液态，在裂缝壁面某处屏蔽覆盖后逐渐固化成固体薄膜)，这些屏蔽材料在裂缝壁面各个不同的方向都有分布，且每个屏蔽区域的外形可以为圆形或椭圆形，也可为某种矩形或变形的矩形等形状。然后再注入酸液，对未被上述屏蔽材料覆盖的区域进行酸岩非均匀刻蚀(通过变排量、变黏度进行实现，是相对成熟的酸压工艺)，上述非均匀刻蚀通道围绕上述屏蔽材料周围相互连通，此时承受闭合应力的为上述屏蔽材料覆盖的裂缝，由于这些支撑面积上没有酸岩刻蚀对岩石强度带来的降低效应，因此，靠上述屏蔽酸压形成的酸蚀裂缝相对稳定，导流能力受闭合应力的影响微乎其微。室内实验结果也表明，上述屏蔽酸压提供的导流能力在有效闭合应力超过 80MPa 后更有优势，比常规酸压提供的导流能力高 40%以上，且递减速率更低。

上述原理同样适用于页岩气。目前国外已有页岩气酸压的文献报道。只不过酸的类型及配方，要结合目标井层岩心进行的有关酸岩反应实验结果来确定。其他的屏蔽材料选择及其在裂缝面上的分布控制技术，可参照上述碳酸盐岩中的具体做法。

值得指出的是，上述屏蔽酸压在大尺度的主裂缝中相对容易实现，但要把这种技术拓展到中尺度的转向支裂缝甚至微裂缝中，其难度还是很大的。因为裂缝宽度变小后，屏蔽材料的运移控制难度大幅度增加。此外，即使在某种尺度的裂缝表面形成了屏蔽材料覆盖，但随着后续酸液的继续注入，酸液对上述各个屏蔽材料形成的柱状裂缝支撑面下部页岩进行持续冲刷和酸岩刻蚀，极端情况下可能将上述柱子酸蚀断，从而造成上述屏蔽材料支撑面坍塌的极不利后果。如果多个柱子都发生上述坍塌效应，则整个裂缝面都将发生整体塌方的后果，造成裂缝导流能力的迅速降低。即使不发生上述坍塌效应，其承载能力也会大幅度降低，最终也会造成上述坍塌效应的发生和裂缝导流能力的快速降低。因此，酸液强度的设计至关重要，可通过目标井层实际岩心模拟地下应力及温度条件确定。或者在后续注酸液过程中，仍段塞式注入上述屏蔽材料，以期它们在运移过程中，在碰到上述柱子时可继续覆盖并缠绕在柱子上，从而避免后续酸液对其进行刻蚀和断裂所带来的负面效应。

1.7 水力压裂与其他新技术的复合

目前一些前瞻技术如高能电弧压裂、等离子脉冲压裂技术等，主要利用一定高的能量将井筒附近液体气化，气化后产生压力脉冲波，可对地层产生破裂效应。如果压力脉冲与地层固有频率相当或接近，就产生所谓的谐振效应，此时裂缝起裂与延伸效果更好[31]。

但上述新技术因产生能量相对较小，裂缝延伸范围有限。因此，必须与常规的水力压裂技术结合起来，各自发挥自身的优势，才能取得更理想的效果。且一般应是水力压裂在前，其他新技术在后进行复合，否则产生的还是近井筒复杂缝。但这有个要求就是高能电弧压裂或等离子脉冲压裂的能量需要大幅度提升，否则，大量压裂液如难以大部分气化的话，裂缝复杂性也难以传递到远井地带。

为了进一步增加裂缝的复杂性，可以进行2~3次复合施工。前次施工压裂液规模相对较小，压裂液全部气化的可能性相对较大，越往后施工压裂液的规模越大，则气化的比例可能越来越小。换言之，在施工前期裂缝复杂性程度相对较高，越往后施工，远井裂缝的复杂性程度越低。

参 考 文 献

[1] 郭晶晶. 基于多重运移机制的页岩气渗流机理及试井分析理论研究[D]. 成都: 西南石油大学, 2013.

[2] 曹明. 页岩气压裂试气工程技术进展[J]. 中国矿业, 2017, 26(S2): 359-362.

[3] 陈元千, 周翠. 中国《页岩气资源/储量计算与评价技术规范》计算方法存在的问题与建议[J]. 油气地质与采收率, 2015, 22(1): 1-4.

[4] 周健, 蒋廷学. 四川页岩压裂裂缝扩展实验及力学特性研究[J]. 中国科学: 物理学 力学 天文学, 2017, (11): 153-160.

[5] 温庆志, 高金剑, 徐希, 等. 页岩气藏缝网形成影响机理研究[J]. 科学技术与工程, 2014, 14(26): 60-65.

[6] Zeng F H, Guo J C. Optimized design and use of induced complex fractures in horizontal wellbores of tight gas reservoirs[J]. Rock Mechanics & Rock Engineering, 2016, 49(4): 1411-1423.

[7] Jo H. Optimal fracture spacing of a hydraulically fractured horizontal wellbore to induce complex fractures in a reservoir under high in-situ stress anisotropy[C]//International Petroleum Technology Conference, Beijing, 2013.

[8] 程远方, 李友志, 时贤, 等. 页岩气体积压裂缝网模型分析及应用[J]. 天然气工业, 2013, 33(9): 53-59.

[9] Meyer B R, Bazan L W. A discrete fracture network model for hydraulically induced fractures - theory, parametric and case studies[C]// Society of Petroleum Engineers, The Woodlands, 2011.

[10] Meyer B, Bazan L, Jacot R, et al. Optimization of multiple transverse hydraulic fractures in horizontal wellbores[C]//SPE Unconventional Gas Conference, Pittsburgh, 2010.

[11] 秦俐, 曹立斌, 马路. 微地震监测技术在页岩气压裂改造效果评价中的应用[C]//中国石油学会 2013 年物探技术研讨会, 保定, 2013.

[12] 吴奇, 胥云, 王腾飞, 等. 增产改造理念的重大变革——体积改造技术概论[J]. 天然气工业, 2011, 31(4): 7-12.

[13] Rickman R, Mullen M J, Petre J E, et al. A practical use of shale petrophysics for stimulation design optimization: All shale plays are not clones of the Barnett Shale[C]//SPE Technical Conference and Exhibition, Denver, 2008.

[14] Fisher M K, Heinze J R, Harris C D, et al. Optimizing horizontal completion techniques in the Barnett Shale using microseismic fracture mapping[C]// SPE Technical Conference and Exhibition, Houston, 2004.

[15] 聂海宽, 何发岐, 包书景. 中国页岩气地质特殊性及其勘探对策[J]. 天然气工业, 2011, 31(11): 111-116.

[16] 蒋廷学, 周健, 张旭, 等. 深层页岩气井裂缝扩展及导流特性研究及展望[J]. 中国科学: 物理学 力学 天文学, 2017, (11): 33-40.

[17] 蒋廷学, 贾长贵, 王海涛, 等. 页岩气网络压裂设计方法研究[J]. 石油钻探技术, 2011, 39(3): 36-40.

[18] Li X J, Hu S Y, Cheng K M. Suggestions from the development of fractured shale gas in North America[J]. Petroleum Exploration & Development, 2007, 34(4): 392-400.

[19] 叶海超, 光新军, 王敏生, 等. 北美页岩油气低成本钻完井技术及建议[J]. 石油钻采工艺, 2017, 39(5): 552-558.

[20] Liu J, Du J, Peng Y, et al. Shale gas drilling and completion technologies in Jingmen Area of Dangyang Synclinorium[J]. Unconventional Oil & Gas, 2016, 3(2): 75-82.

[21] 蒋廷学, 卞晓冰, 王海涛, 等. 深层页岩气水平井体积压裂技术[J]. 天然气工业, 2017, 37(1): 90-96.

[22] Yan X, Wang X, Zhang H, et al. Analysis of sensitive parameter in numerical simulation of shale gas Reservoir with Hydraulic Fractures[J]. Journal of Southwest Petroleum University, 2015, 37(6): 127-132.

[23] 冯国强, 赵立强, 卞晓冰, 等. 深层页岩气水平井多尺度裂缝压裂技术[J]. 石油钻探技术, 2017, (6): 77-82.

[24] Dong D, Gao S, Huang J, et al. A discussion on the shale gas exploration and development prospect in the Sichuan Basin[J]. Natural Gas Industry, 2014, 31(12): 1-15.

[25] Rubin B. Accurate simulation of non darcy flow in stimulated fractured shale reservoirs[C]//SPE Western Regional Meeting, Anaheim, 2010.

[26] Mayerhofer M, Lolon E, Youngblood J, et al. Integration of microseismic fracture mapping results with numerical fracture network production modeling in the Barnett Shale[C]//Society of Petroleum Engineers, San Antonio, 2006.

[27] 潘林华, 程礼军, 张烨, 等. 页岩水平井多段分簇压裂起裂压力数值模拟[J]. 岩土力学, 2015, 36(12): 3639-3648.

[28] Wu K, Olson J E. Investigation of the impact of fracture spacing and fluid properties for interfering simultaneously or sequentially generated hydraulic fractures[J]. SPE Production & Operations, 2013, 28(4): 427-436.

[29] 蒋廷学, 卞晓冰, 王海涛, 等. 页岩气水平井分段压裂排采规律研究[J]. 石油钻探技术, 2013, (5): 21-25.

[30] Houston N A, Blauch M E, Weaver D R, et al. Fracture-stimulation in the Marcellus shale-lessons learned in fluid selection and execution, SPE 125987[C]//SPE Eastern Regional Meeting, Charleston, 2009.

[31] 王汉青. 页岩气藏水平井高能气体压裂可压性评价研究[D]. 成都: 西安石油大学, 2016.

第 2 章　北美典型页岩气区块压裂概况

2.1　Barnett 页岩气地质及压裂概况

2.1.1　Barnett 页岩气地质概况

Barnett 页岩为密西西比系页岩,位于美国得克萨斯州北部的 Fort Worth 和 Permian 盆地,横跨 25 个郡,面积 1.3 万 km²。2013 年 2 月美国得克萨斯大学经济地质局预测最新的 Barnett 页岩气可采储量为 12460 亿 m³, 至 2030 年页岩气年产量将由目前的 566 亿 m³ 降至 255 亿 m³(图 2-1),但仍然是美国页岩气主力产区。

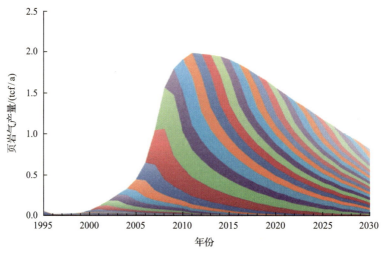

图 2-1　Barnett 页岩气年产量预测

1tcf=283.17 亿 m³

Barnett 页岩为密西西比系页岩,是晚古生代 Quachita 造山运动形成的前陆盆地之一[1-4]。北部为 Red River 和 Uenster 隆起,南部为 Llan 隆起,东部为 Quachita 逆冲带,西部为 Bend 背斜。在晚密西西比纪,因距离 Iapetus 洋盆较近而受到海侵,在得克萨斯州中心的北部沉积而形成 Barnett 页岩。到宾夕法尼亚纪末期,Ouachita 冲断带侵入现在的得克萨斯州北部,潜没在北美板块下的南美板块沿冲断带前缘形成了前陆盆地。

Fort Worth 盆地的 Barnett 页岩在宾夕法尼亚纪、古近纪和新近纪经历了明显的抬升和剥蚀,并经历了三期热史:第一期,宾夕法尼亚纪—二叠纪快速沉降和埋深时期;第二期,晚二叠世—中晚白垩世,该时期 Barnett 页岩一直处于高温状态,在中白垩世埋深快速增大时期有过短暂的间断;第三期,以晚白垩世—古近纪的抬升和轻微超压为标志。盆地最大埋深、最大受热和最大生烃阶段都发生在二叠纪、三叠纪、侏罗纪和白垩纪。

Barnett 页岩从晚宾夕法尼亚纪开始生烃，在二叠纪、三叠纪和侏罗纪达到生烃高峰，并一直延续到白垩纪末，其可能经历了幕式排气过程，这些天然气主要来自于沥青裂解，其次是原油裂解。

Barnett 页岩的物源主要来自于西部 Chappel 大陆架和南部的 Caballos、Arkansas 列岛[5,6]。根据沉积构造、岩相、有机地球化学、生物群等区域对比研究，Fort Worth 盆地中部 Barnett 为深水斜坡-盆地沉积，处于风暴底面以下的贫氧-厌氧带。Barnett 页岩沉积时的水深估计在 120～215m[7,8]。Barnett 地层包括多种岩相，主要为黏土-粉砂级沉积物。根据岩石矿物学、生物群和结构，将 Barnett 页岩主要划分为三种岩相：非层状-层状硅质泥岩、层状黏土灰泥岩(泥灰岩)和骨架泥质泥粒灰岩。其次，在 Barnett 页岩中还可见多种次要的岩石类型、结核和硬灰岩地层。Forestburg 灰岩层段将 Barnett 页岩分为上下两部分，上部和下部主要由各种硅质泥岩夹少量灰泥岩和骨架泥粒灰岩组成，但 Barnett 页岩中的 Forestburg 层段全部由层状泥质灰泥岩组成。

Barnett 页岩厚度自东北向西、向南逐渐变薄，厚度从 160m 降至 60m，埋深从 2550m 降至 1200m 及以下。Barnett 页岩上部为 Marble Falls 灰岩，下部为不整合的 Ellenburger 组灰岩(图 2-2)。

Barnett 页岩中的生物碎屑页岩中含有丰富的生物碎屑化石，没有发现生物扰动的遗迹，表明 Barnett 页岩的生物化石是被搬运进入更深的流体而沉积下来的，这与事件沉积有关[9]。Barnett 页岩产气层以薄层状硅质泥岩为主，含黄铁矿及磷酸盐矿物，同时，在 Barnett 页岩上下及间隔中间识别出的岩层类型还有薄层状含黏土的灰质泥岩(泥灰)、块状灰质泥粒灰岩和含结核的硬质基底。Fort Worth 盆地是一狭长的前陆盆地，与大洋很少有水体的交换。盆地的 Barnett 页岩及其上下相邻地层由不同的岩相组成，在 Barnett 页岩及上下相邻地层可识别出三种岩性[9]，分别为薄层状硅质泥岩、薄层状含黏土的灰质泥岩(泥灰)和块状灰质泥粒灰岩。但是，主力产气层位上的 Barnett 页岩和下 Barnett 页岩以层状硅质泥岩为主，主要由细微颗粒的物质组成。Barnett 页岩缺少粗粒的陆源碎屑物质，表明地质历史沉积时期这一地区离陆相物源区较远，属饥饿型沉积，最终形成了层状的 Barnett 页岩沉积充填样式。

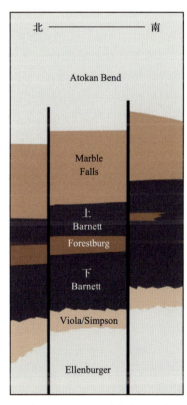

图 2-2　Barnett 页岩地层层序

在矿物组成上主力产层下 Barnett 页岩中的硅质矿物、长石、黄铁矿，较上 Barnett 页岩高；从岩石薄片上可见下 Barnett 页岩的颜色从褐灰色变为黑色，而且脆性增大，Barnett 页岩地层含有更多的硅质矿物或钙质矿物，硅质含量较高，占比为 35%～50%，黏土矿物较少，总含量小于 35%。在 Fort Worth 盆地的中部和东部地区，页岩厚度较小，一般小于 3m，磷酸盐矿物含量较高，部分区域含有黄铁矿。泥质丰富的层段有机质含量也较高,一般为 3%～13%。富含硅质层段有机质含量也较高,且为主要产层。岩石平均组分为:石英含量约为 45%、伊利石(含少量的蒙脱石)含量约为 27%、方解石和白云石含量约为 8%、长石含量约为 7%、有机质含量约为 5%、黄铁矿含量约为 5%、菱铁矿含量约为 3%,以及少量的铜和磷酸盐。总体上,Barnett 页岩中石英含量高,岩石脆性强,天然裂缝型较发育,有利于储层改造。通过水力压裂诱导可以产生复杂的裂缝网络,形成更大的泄流面积。

Barnett 页岩沉积初期总有机碳(TOC)含量高达 20%[10],现今 TOC 含量为 3%～13%,平均 4.5%,为Ⅰ-Ⅱ₁型干酪根。随着岩性的变化,有机质丰度也发生变化。在富含黏土的层段有机质丰度最高,地下样品的成熟度和露头样品的差别也较大。Barnett 页岩中有机质页岩和磷酸盐页岩中 TOC 含量最高,TOC 平均为 5.0%,磷酸质页岩平均为 5.1%,明显高于含化石的页岩(TOC 为 3.8%)和白云质页岩(TOC 为 2.7%～3.2%)。Barnett 页岩中 TOC 含量与岩石的颗粒密度具有负相关性,可以通过沉积物的颗粒密度推测页岩中的 TOC 含量[11]。Barnett 页岩埋藏深度相对较浅,一般为 1950～2550m,烃源岩厚度一般为 15～61m,演化程度相对较低,R_o 为 1.0%～1.4%,正处于成熟阶段。Barnett 页岩由东向西成熟度降低,烃类由干气—油气混合—油变化,位于现今盆地最深部位的西部 Earth 等地仍然产干气。油区主要分布在盆地北部和西部成熟度较低的区域,R_o 为 0.6%～0.7%;在气区和油区之间是过渡带,既产油又产湿气,R_o 为 0.6%～1.1%。干气区主要分布在盆地东北部和冲断带前缘,这些地区埋藏较深,成熟度较高。

Barnett 页岩中存在许多粒内孔,可能是在干酪根热解生成油气的过程中产生的,与主要断层相邻的基质孔隙有部分被方解石充填。Barnett 页岩气生产区的平均孔隙度为 3%～6%,而非生产区的孔隙度低至 1%,随着碳酸盐含量的增加迅速升高。Barnett 页岩的裂缝主要为天然缝,且多数裂缝被方解石全部或部分充填。有机质类型及成熟度、有机质丰度、热成熟度和埋藏史对 Barnett 页岩的油气分布、饱和度及生产能力等都有较大影响。页岩气生产区富含有机质的 Barnett 页岩平均含水饱和度为 25%～43%,在 TOC 含量较低的部分地层中,含水饱和度会大大增加。这是因为在富有机质页岩地层的生烃过程中会损耗水,使地层变干。绝大多数水被束缚在黏土矿物中及因毛细管力束缚在微孔隙和天然裂缝中。因有机质含量较高,Barnett 页岩被认为稍微偏油湿性,因此压裂后返排率较高,在 Newark East 气田的一些地区返排率达到 60%～70%。

Barnett 页岩基质渗透率跨度较大,渗透率高值范围为 0.02～0.10mD,低值范围为 0.0005～0.00007mD,甚至达到纳达西范围;影响地层渗透率的地质因素比较复杂,主要取决于天然裂缝发育程度、断层发育规模及地应力大小。Barnett 页岩含气饱和度为 70%～80%,气体主要储存在孔隙、微裂缝及吸附在固体有机质和干酪根上。吸附气含量为 20%～60%,与地层压力系数有关。Barnett 页岩地层压力系数为 1.02～1.18MPa/100m。在生干气窗 Barnett 页岩的含气饱和度可以达到 75%。气体储存在孔隙和微裂缝中,吸附在固体有机质和干酪根上。生烃过程会使页岩产生微裂缝,并且略微超压。Barnett 页岩的非均质性较强,以 Barnett 页岩气开发核心区为例(Deton、Wise 和 Tarrant 地区),储层深度 1500～2400m,平均深度 2300m,厚度范围 30～150m,TOC 为 4%～8%,热成熟度为 0.08%～2%,孔隙度为 3%～5%,渗透率为 70～500nD,含气量为 2.8～8.5m³/t,参数区间范围较大。

2.1.2　Barnett 页岩气压裂概况

20 世纪 70 年代，美国的经营者对东部泥盆纪页岩气开发中曾采用裸眼完井、硝化甘油爆炸增产技术来提高天然气的采收率；80 年代使用高能气体压裂以及氮气泡沫压裂，使页岩气产量提高了 3～4 倍。进入 21 世纪后，随着水力压裂、重复压裂及平行压裂等新技术的运用和推广，极大地改善了页岩气井的生产动态与增产作业效果，页岩气单井产量增长显著，极大地促进了页岩气的快速发展。

在 20 世纪 80 年代以前，Fort Worth 盆地的 Barnett 页岩并不是勘探目的层。但是 Barnett 页岩中丰富的天然气显示和意外的小规模产量引起了 Mitchell 公司的兴趣。在 1981～1990 年仅完钻了 100 口井，该公司将主要的精力集中在如何更有效地在 Barnett 页岩中完井，以及如何提高采收率。1998 年在完井技术上取得了重大突破，用水基液压裂代替了凝胶压裂，对该气田较老的 Barnett 页岩气井(特别是 1990 年底以前完成的气井)重新实施了增产措施，极大地提高了产量，增幅有时可达两倍或更高，在很多情况下对老井重新采取重复压裂可使产量超过初始产量，增产措施在某些不具经济价值的井也获得了成功。

从 2002 年开始，Devon 能源公司开始钻探试验水平井。这些井都获得了极大成功，水平井技术的广泛应用，使 Barnett 页岩气产量出现了稳步快速增长的大好局面。同时他们开始实验一种新的钻完井模式(同步压裂)，即钻间隔 152～305m 的两口水平井，同时进行压裂来提高单井产量，最终提高采收率。

页岩气储层改造技术包括水力压裂和酸化，水力压裂适用于致密储层。根据国外的实践经验，页岩气采收率与支撑剂尺寸之间不存在对应关系，许多井在无支撑剂或只有少量支撑剂的情况下，也可达到商业采收率。

当开采进入到产量递减阶段时，需要采取再次增产措施以提高采收率。重复压裂就是在老井中再次进行水力压裂，直井中的重复压裂可以在原生产层再次射孔，注入的压裂液体积至少比其最初的水力压裂多 25%，可使采收率增加 30%～80%。

Fort Worth 盆地 Barnett 页岩气藏的开发先后经历了直井小型交联凝胶或泡沫压裂、直井大型交联凝胶或泡沫压裂、直井减阻水力压裂与水平井水力压裂等多个阶段。在水平井段采用分段压裂，能有效产生裂缝网络，提高最终采收率，同时节约成本。最初水平井一般采用单段或两段，目前平均每口水平井压裂段数达到 15 段以上。水平井水力多段压裂技术的广泛运用，使原本低产或无气流的页岩气井获得工业价值成为可能，极大地延伸了页岩气在横向与纵向的开采范围，是目前美国页岩气开发最关键的技术。

当页岩气井产量大幅下降时，重复压裂能重建储层到井眼的线性流，恢复或增加生产产能，可使最终采收率提高 8%～10%，可采储量增加 60%，是一种有效的增产方法，压裂后产量接近甚至超过初次压后产量。美国天然气研究所(GRI) 研究证实，重复压裂能够以 0.023 元/m³ 的成本增加储量，远低于收购天然气 0.13 元/m³ 或开发天然气 0.17

美元/m^3 的平均成本。得克萨斯州 Newark East 气田 Barnett 页岩新井完井和老井采用重复压裂方法压裂后，页岩气井产量与估计最终可采储量都接近甚至超过初次压裂时期。

2006 年，同步压裂技术开始在 Barnett 页岩气井完井中实施，作业者在相隔 152～305m 范围内钻两口平行的水平井同时进行压裂，增产效果显著。同步压裂可增加水力裂缝网络的密度及表面积。目前已发展成三口井同时压裂，甚至四口井同时压裂，采用该技术的页岩气井短期内增产非常明显。

页岩气压裂常用压裂液体系包括：泡沫压裂液、二氧化碳和氮气、交联压裂液、表面活性压裂液、滑溜水压裂液和不同的混合压裂液。尽管气体和泡沫压裂液对于页岩似乎是理想的压裂液，但是相比滑溜水压裂获得的产量较差，主要是滑溜水可以进入并扩大页岩天然裂缝体系。泡沫压裂液有较高的黏度和钾敏效应，可以很好地降低天然裂缝内的滤失。氮气压裂和二氧化碳压裂能够进入到页岩的结构内，然而气相携砂能力弱，裂缝导流能力得不到保证。Barnett 页岩最初采用交联压裂液或者泡沫压裂液，直到 1999 年 Nick Steinsberger 使用滑溜水压裂为 Mitchell Energy 公司带来高经济收益（成本降低 35%），滑溜水压裂才得到广泛重视及应用。

研究及实践表明，对于 Barnett 中浅层页岩气来说不同特性的石英砂就可保证裂缝的导流能力，一般采用 100 目、40/70 目、30/50 目。对于埋藏较深的中深层页岩气储层来说，石英砂在高应力下破碎比较严重，裂缝导流能力得不到保证，因此一般选用高强度的支撑剂，如覆膜砂、覆膜陶粒等。

在 Barnett 页岩的压裂设计中要考虑通过储层的上下压裂隔挡层来控制缝高，使压裂的能量不会从页岩层中传导出去，否则会降低压裂的效率，并且利用隔挡层阻止诱导裂缝穿透至附近的水层。Barnett 页岩下部的 Ellenburger 组灰岩中的地层水如果侵入到 Barnett 页岩中，会给生产带来很大问题，大大降低页岩气井产量。一般优化的段间距为缝高的 1.5 倍，可以减小裂缝干扰。为了避免形成多条相互干扰的裂缝，射孔簇长度小于 4 倍的井筒直径，即小于 1.3m，射孔密度为 18～22 孔/m。采用定向射孔，相位角 60°。Barnett 页岩气井典型的滑溜水压裂用水量为 2275～27300m^3（高值为水平井用量），压裂液中添加降阻剂，支撑剂用量为 36～450t（高值为水平井用量），泵排量为 7.6～16m^3/min。返排时间短的需要 2～3 天，长的会一直持续到整个井的生产寿命结束，返排率一般为 20%～70%。

Barnett 页岩是世界上第一个被开发的页岩气藏，先后经历了以下不同完井方法。

1. 不固井、裸眼单级压裂方法

早期在水平井中下入套管，不进行水泥固井，3～4 个射孔段，射孔数有限。压裂液可以沿套管与裸眼之间的环空自由流动，在水平段的任何地方都可以起裂，随机性强，有些井只在一个点产生裂缝。

2. 衬管固井、限流量压裂方法

最早在 Barnett 页岩中采用的套管固井方法，目的调整限定流量，要求排量高，裂缝随机起裂。与早期的实验方法比较，裸眼较衬管固井产量和采收率更高。

3. 衬管固井、多级压裂方法

典型的完井方法，包括水平井衬管固井及桥塞和射孔压裂，射孔和压裂后采用电缆泵入或连续油管坐封桥塞实现机械封隔。压裂完成后采用连续油管钻除桥塞。方法虽然有效，但连续油管多次使用、每级压裂施工射孔枪、压裂设备的费用都很高，耗时长。水泥固井使许多天然裂缝被堵塞。

4. 不固井、裸眼多级压裂方法

2004～2006 年出现的新方法，采用水力坐封机械式管外封隔器，可膨胀的胶筒替代了水泥起到隔离作用，滑套机构在封隔器之间可以产生开孔，不需射孔(图 2-3)。这些工具可通过液压或投球进行操作。在可隔离段与段之间，不需要桥塞。一趟管柱连续泵压可完成所有压裂施工，不需要钻机，节约时间和费用。

图 2-3 Barnett 页岩气裸眼水平井多级压裂方法示意图

Barnett 页岩气井通常第一年产量递减 50%，一般在生产 5 年后要进行重复压裂，通过重复压裂，可提高单井产量和最终可采储量(EUR)。重复压裂的综合方法包括一套含转向剂的压裂液、无工具的裂缝转向技术和实时裂缝监测。转向液包含多种成分的混合液，含有暂时堵塞裂缝、使液体流动转向和在原地及井筒附近诱导产生新裂缝的可降解材料。压裂期间实时诊断技术用于确定水平段压裂液与储层接触以及泵入的转向塞情况，以确保获得最大的水平泄流面积。该方法不需要成本较高的干预技术，并且可以实时优化压裂施工。在产量递减预测的基础上预计 6 个月内即可收回投资。而且在 20 年以上的生产周期内，单井 EUR 预计增加 20%。

实例 一口井初产约 6.2 万 m^3/d，4 年后产量递减至低于 1.4 万 m^3/d。通过原始储层改造的微地震监测结果发现，可以通过重复压裂沟通更多储层。初次压裂分 5 个射孔段，重复压裂时，新增了 4 个射孔段，以此改进压裂注入情况和井筒泄流面积。最终 9 个射孔段沿 600m 水平段的间隔平均约 80m。重复压裂后该井的初始气产量提高到 4.5 万 m^3/d (图 2-4)，估算的 EUR 增加了 20%。

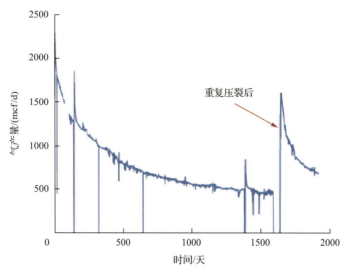

图 2-4　重复压裂前后气产量变化(据斯伦贝谢公司，2008)

1mcf=28.317m³

页岩气井实施压裂改造后，需要有效的方法来确定压裂作业效果，获取压裂诱导裂缝导流能力、几何形态、复杂性及其他信息，从而促进页岩气藏压裂增产措施调整，提高改造效果。推断压裂裂缝几何形态和产能的常规方法主要包括利用净压力分析进行裂缝模拟、试井以及生产动态分析等间接方法。利用地面、井下测斜仪与微地震监测技术结合的裂缝综合诊断技术，可直接测量裂缝网络的规模，评价压裂工艺的效果。该技术有以下优点：①测量快速，方便现场应用；②实时确定微地震事件的位置；③确定裂缝的高度、长度、倾角及方位；④具有噪声过滤能力。Fort Worth 盆地 Barnett 页岩的开发充分说明了直接及时的微地震描述技术的重要性，运用该技术认识到天然裂缝和断层对水力压裂裂缝延伸及储层产能的影响。2005 年，美国 Chesapeak 能源公司运用微地震技术准确地确定了 Newark East 气田一口水平井的裂缝高度、长度、方位角及其复杂性，提高了压后评价效果。

2.2　Haynesville 页岩气地质及压裂概况

2.2.1　Haynesville 页岩气地质概况

Haynesville 页岩是近年美国页岩气勘探开发的热点，其特点是储层深度较大，地层异常高压，单井初始产量高，居北美所有页岩气藏之首，近几年产量上升迅猛。Haynesville 页岩横跨路易斯安那州西北部和得克萨斯州东部，覆盖其境内 16 个县，面积 2.3 万 km²，被认为是美国最大的陆上天然气田之一，保守估计资源量 4.8 万亿 m³，技术可采资源量 2.1 万亿 m³。

Haynesville 页岩气区带分布在被称作 Sabine 隆起(总体上埋藏比较浅的侏罗系地层)的广阔区域和北路易斯安那盐盆的西侧。比较年轻的侏罗纪沉积受到了多种因素的影响，包括基底结构(basement architecture)及在盐沉积之前形成了一系列构造隆起和构造低地的拉张历史。晚白垩世和新生代的构造运动可能对热流和埋藏史产生了影响,进而影响了有机质的演化。Sabine 隆起是一个大型正向和负向基底构造区的组成部分,这些构造沿墨西哥湾盆地东北缘一线分布(图 2-5)。从得克萨斯州东部延伸到佛罗里达州西部的墨西哥湾东北缘可划分为以比较浅的前中生代基底和薄的侏罗纪盐层为特征的四个区域,自东南向西北分别为萨拉索塔(Sarasota)穹隆、中地(Middle Ground)穹隆、威金斯(Wiggins)隆起和 Sabine 隆起。在这些穹隆之间及其周边地区分布着盐盆,其特征是厚盐层运动形成了起伏比较大的盐枕和盐底辟:坦帕(Tampa)盐盆、迪索托(De Soto)盐盆、密西西比盐盆、北路易斯安那盐盆和东得克萨斯盐盆。墨西哥湾东北缘明显不同于其西北缘(得克萨斯州部分),后者的特点是存在北东向的重力异常和磁异常特征分布、厚盐层大面积分布、基底埋深比较大,其下还可能下伏一条火山裂谷边缘。

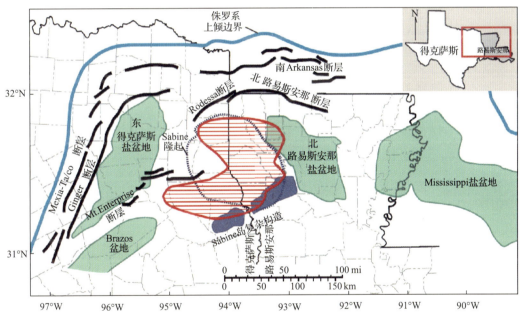

图 2-5   墨西哥湾盆地西北部的上侏罗系构造控制单元

1mi=1.609344km

Haynesville 页岩的年代属于晚侏罗世,其下伏地层是 Louark,该统是一套以碳酸盐岩为主的地层,由斯马科弗组、Buckner 组和 Haynesville 组或 Gilmer 组灰岩(又称卡顿瓦利灰岩)构成。浅水 Louark 相在墨西哥湾的西部和北部边缘形成了碳酸盐岩缓坡和台地,向海逐渐转变为深水碳酸盐岩和黑色页岩;向上变浅的碳酸盐岩建隆首先向盆地进积(斯马科弗组),然后向陆地发展(Haynesville 灰岩),与其在盆地中的同位页岩地层(Haynesville 页岩)一样,它们都是一次相对海平面上升的结果。Haynesville 页岩的顶面代表二级海进旋回沉积在陆地的最大分布范围,因此与陆架的最大海泛面和碳酸盐岩退积一致。博西尔页岩和孤立的砂岩是进积的卡顿瓦利群(提通阶—贝利亚斯阶)河流三角洲沉积体系的远端同位地层。

Haynesville 页岩气藏目前有两个沉积中心，即得克萨斯州东部和路易斯安那州西北部，分布在盆地高点两侧。西部沉积中心位于东得克萨斯盐盆地(ETSB)内及跨 Sabine 隆起的部分区域，并一直延伸至北路易斯安那盐盆地；东部沉积中心的 Haynesville 页岩气藏向南延伸至墨西哥湾，深度超过 6000m。Haynesville 页岩气藏东部沉积中心较厚的区域位于得克萨斯州的哈里森县、喀多教区和路易斯安那州。在西部沉积中心，Haynesville 页岩厚度虽然一般小于 30m，但沿费斯顿—莱昂县一线的塔礁区逐渐变厚[12]。在东部沉积中心，Haynesville 页岩厚度从北部 3300m 增加至南部 5000m。在西部沉积中心，Haynesville 页岩厚度大多超过 5300m，沿东得克萨斯盐盆地轴线的厚度也有 4300～5300m。地层层序 Haynesville 页岩形成于晚侏罗世，下伏于研究区内广泛分布的 Haynesville 石灰岩。

Haynesville 石灰岩向南尖灭，波西尔页岩直接坐落于斯马科弗碳酸盐岩之上。虽然 Haynesville 石灰岩和斯马科弗碳酸盐岩这两个地层的坡度偏向南部的盆地页岩及深水区碳酸盐，但退积的 Haynesville 石灰岩并没有向南扩展直到其下方进积的斯马科弗碳酸盐岩。此外，Haynesville 石灰岩和下伏的 Haynesville 页岩之间的联系是两者的主要沉积中心通常是渐进的，但在覆盖有页岩的浅水台地的碳酸盐岩呈急剧变化的状态。从上述地层关系中，可以推断 Haynesville 页岩沉积中心是持续的深水区域，这些区域被包围在优先聚积碳酸盐岩的浅水区域中，因而具有良好的勘探前景。

Haynesville 页岩由古代河系沉积，沿 Arkansas 与路易斯安那州交界处逐渐增厚，最大达到 122m，向南经路易斯安那州的 Bossier、Red 河和 De Soto 郡以及得克萨斯州的 Shelby 郡逐渐减薄至 55m。北部最厚的区域沉积页岩厚度大、黏土含量高，南部区域的页岩富含方解石。Haynesville 沉积区域具有不同的岩性特征，其岩相从碳酸盐岩地台附近的钙质页岩向三角洲沉积盆地的硅质页岩过渡。

Haynesville 页岩上覆 Cotton Valley 组砂岩，在得克萨斯州其下部为 Cotton Valley 灰岩，上部为 Bossier 页岩；在路易斯安那州其下部为 Smackover 灰岩。

Haynesville 页岩由几种不同类型的泥岩构成，泥岩中含有黏土物质、有机质、硅质粉砂、方解石胶结物、碳酸盐碎屑和方解石晶体等。黏土矿物基质主要由伊利石、云母、少量的绿泥石和高岭石组成。碳酸盐成分主要由方解石组成，同时也伴随有白云石、铁白云石与菱铁矿。碳酸盐含量主要受钙质生物碎屑、碎屑方解石和石灰泥的控制。大部分硅质碎屑的矿物质是石英岩屑并夹杂有少量的斜长石。

Haynesville 页岩主要包括三种主要岩矿类型，即非层压颗粒硅质泥岩、层压颗粒钙质或硅质泥岩和生物扰动钙质或硅质泥岩[13]：①非层压颗粒硅质泥岩。该泥岩主要由黏土物质和碳酸盐组成。超薄切片检查发现，其包含淤泥级(2～50μm)大小的硅粒、莓球粒、钙质超微化石等颗粒且大小均匀。TOC 为 3%～6%。②层压颗粒钙质或硅质泥岩。该泥岩含丰富的石英、长石碎屑淤泥颗粒及黏土颗粒。许多的原始沉积物在内部结构和孔隙(10～50μm)中出现。TOC 为 2%～5%。③生物扰动钙质或硅质泥岩。该泥岩由黏土、伊利石、云母和绿泥石等矿物组成，含有石英和长石组成的碎屑颗粒(2～50μm)。TOC 为 2%～5%。

有利相带沉积背景下发育的 Haynesville 页岩在储层、温压系统、埋深、含气性等具有独特性：①储层"四高"。TOC 高，平均为 3%；演化程度高，镜质组反射率 R_o 为 2.2%～3.2%；总孔隙度高，一般在 4%～8%；脆性矿物含量高，钙质硅质含量大于 60%。②地层高压高温。地层压力为 55～70MPa，地温为 137～204℃，压力梯度为 1.6～2.0MPa/100m，属超压地层。③页岩埋藏深。普遍大于 3000m，最深 4300m。④含气量高。一般为 2.8～9.4m^3/t，其中游离气比例高，平均占总含气量 80%，吸附气平均占 20%。

Haynesville 页岩总体上 TOC 含量为 2%～6%，埋深为 3000～4200m，温度为 149～177℃，地层压力超过 69MPa。有机质内部的粒间孔隙为纳米孔，有效孔隙度为 5%～11%，游离气含量占 80%以上。含有大量碳酸盐岩矿物，矿物组分中黏土矿物含量为 25%～35%，方解石贪量为 5%～30%，杨氏模量为 6900～24000MPa，泊松比为 0.21～0.3，与其他页岩相比偏软。

路易斯安那州 Caddo、De Soto、Red River、Bienville 和 Bossiver Parishes 等地区是 Haynesville 页岩气高产区，综合分析认为高产区位于地质甜点区，表现为稳定构造、适中厚度、高 TOC、高孔隙度、高地层压力系数、高脆性矿物含量等地质特征。

(1) 构造稳定。Haynesville 构造是一个稳定的箱状背斜构造，顶部宽缓、断层发育少，构造变形弱。高产井位于背斜东南翼，倾角较缓，构造稳定。

(2) 优质页岩厚度大。全区页岩总有效厚度 30～120m，其中高产区优质页岩厚度 50～60m。页岩顶底板封盖层稳定，上下隔层对缝高的控制，导致排量与厚度的有效匹配，使得净压力增加，更易形成缝网的体积改造。

(3) 高 TOC。TOC>3%。干酪根吸附能力强，增加页岩含气量。干酪根内发育有机孔隙，提高页岩储集性。

(4) 高孔隙度。孔隙度大于 4%，游离气储集空间大，含气量高，利于初期高产。

(5) 高地层压力系数。一般大于 2.0，Haynesville 地层是北美已开发页岩层系中压力系数最高的地层，高压表明地层能量充分，保存条件良好，也是 Haynesville 页岩初产远高于其他页岩初产的重要原因。

(6) 高脆性矿物含量。石英、长石等脆性矿物含量大于 60%，其中碳酸盐岩矿物含量大于 25%。泥质含量较低，一般小于 45%。高脆性、低黏土页岩脆性指数高，易于压裂。

目前对 Haynesville 页岩气藏中产生自然裂缝的作用机制了解甚少，不过该页岩气藏产量迅速下降的模式(即具有高含气比率和产气量快速下降的特征)可以部分反映其存在自然裂缝的状态。同时，从得克萨斯州东部侏罗纪卡顿河裂谷和石炭纪特拉维斯致密砂岩气这种较新的产层单元中，可以得知渗透性与自然裂缝发育的相关性，且这些裂缝与墨西哥湾边缘平行，即沿得克萨斯州东部向东北或东至东北方向。

2.2.2 Haynesville 页岩气压裂概况

自 2007 年发现页岩气到 2011 年 10 月，已钻页岩气井约 1500 口，日产气约为 1.56 亿 m^3，累计产气量已超过 710 亿 m^3。与开发历史 30 年(1981～2011 年)、累计产能 2550 亿 m^3 的 Barnett 页岩(14900 口井)相比，Haynesville 页岩气藏无疑是开发潜力极大的非常规能源。由于缺乏共享数据，不同作业公司在该地区开发页岩气时采用的工艺技术有很大差距，已完钻的 1500 多口井中水平段长度范围在 427.6～2220.8m，压裂级数 3～20 级，支撑剂用量 460.7～3413.0t，油嘴尺寸 3～25mm。

据统计，路易斯安那州和得克萨斯州页岩气井水平段的长度发现，两个州分别倾向于选择 1500m 和 1650m 水平段长度完井。路易斯安那州集中在 1200～1500m，且以 1500m 最多，两侧近似对称分布；得克萨斯州集中在 1350～1800m，以 1650m 最多。分析显示，两州页岩气井产能情况有差异，1500m 以上产能与水平段长度线性关系变差。虽然两州 1000～1500m 水平段长度井数均最多，初产产量、1 年和 2 年累计产量最高的生产井也在该长度段范围内，该长度段内产量差异性亦非常明显，反映了页岩气钻井过程中水平段长度不是决定产能的唯一因素。得克萨斯州平均水平段长度(1650m)长于路易斯安那州(1500m)，但是产量却低于后者。两个州的页岩气井压裂级数集中在 2～20 级。路易斯安那州倾向于 12～14 级压裂，得克萨斯州倾向于 15～17 级压裂。从生产情况看，压裂级数越多，产能倾向于越高。路易斯安那州的页岩气井产能情况优于得克萨斯州，初产产量一般高于得克萨斯州，但得克萨斯的 San Augustine 郡页岩气产能趋势良好，此为例外，其 2 年累计产量仍落后于路易斯安那州。

上述两州的加砂量情况亦不相同。路易斯安那州页岩气井加砂量多在 1500～2500t，得克萨斯州则为 1500～3000t。总加砂量的差异主要和页岩气井的水平段长度、压裂级数和压裂规模有关。总体上看，加砂量越多产量不一定越高，加砂量与产量的线性关系最差。油嘴尺寸方面，路易斯安那和得克萨斯州分别倾向于 9mm 和 8mm 油嘴求产。产能方面，油嘴尺寸选取越大，初产产量越高，相关关系明显。1 年和 2 年累计产量与油嘴尺寸关系仍大致可见。新的趋势是：路易斯安那州采用 6mm 油嘴的案例逐渐增多，可能与经济环境、成本需求有关，具体原因有待分析。

通过总结压后生产情况，Haynesville 页岩高产井的压裂施工参数如下：①采用滑溜水施工，大于 70%；②中等比例的 100 目砂，28%；③射孔簇间距小，22.86m；④大液量大于 19.9m³/m，大加砂规模大于 470m³/m；⑤平均砂浓度低；⑥中等排量 0.254m³/min (单孔排量)；⑦压裂段(桥塞之间)短，91.44m；⑧地面施工压力高；⑨压后压力梯度低；⑩瞬时停泵压力低，小于 0.022MPa/m。

Haynesville 页岩气井在压裂前首先在直井中实施压裂试验，为水平井压裂确定关键参数，包括裂缝闭合梯度、孔隙压力和缝高，并试验压裂方案的可行性。通过由钻井泥浆比重或压前诊断注入测试/小压(DIFT)计算确定孔隙压力。一般钻井泥浆比重估算的孔隙压力值偏小，以通过 DIFT 计算的结果为准。哈里佰顿公司在 Haynesville 每口井都要进行 DIFT。该方法具有液量少、排量小、时间短(24～48h)、成本低的优点，能够确定关键的压裂优化设计参数包括渗透率、闭合压力、地层压力。裂缝闭合梯度由 DIFT 计算得到，综合霍纳曲线、双对数、平方根、G 函数等多种解释方法确定最终结果。

对于支撑剂的选择，其强度根据裂缝闭合压力进行考虑，粒径的选择结合储层评价结果确定。根据 Haynesville 页岩的评价结果，其岩石较软，选择较高强度支撑剂，主要为氧化铝烧结陶粒(Sinterblast)和卡博陶粒(CarboProp)，采用 100 目砂防止微小裂隙中的过早脱砂，个别完井段采用了端部脱砂提高支撑效果，支撑剂浓度较高。

压裂液体系的选择，综合考虑压裂液体系对储层的伤害、添加剂在高温(地层温度

150℃以上)下的稳定性以及对环境的影响等。最终 Haynesville 选择复合压裂液体系，前置液滑溜水与冻胶交替注入，支撑剂先小粒径，后中等粒径。低黏度活性水携砂发生黏滞指进现象，不沉降，提高裂缝导流能力(图 2-6)。根据支撑剂选择和压裂液体系设计模拟裂缝几何形态，确定最佳方案。

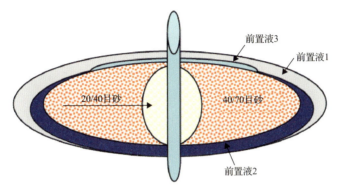

图 2-6　复合压裂不同液体类型与支撑剂类型裂缝剖面

　　Haynesville 页岩储层属于高温高压地层，因此，主要采用水平井可钻式桥塞分段压裂工艺，因为其他分段压裂工艺所需设备的工作温度和压力较低，在此类储层中不适用。Haynesville 页岩相对北美其他页岩储层岩石较软，不像 Barnett 页岩易形成复杂缝网。综合岩石特征，增加水平段储层改造体积的最好方法是增加水平井的压裂段数。至 2010年 4 月，每口井的平均压裂段数增至 13～16 段。之后段数不再增加，是出于对经济性和作业时间的考虑。

2.3　Marcellus 页岩气地质及压裂概况

2.3.1　地质概况

　　美国 Marcellus 页岩气田是目前世界上最大的非常规天然气田之一，位于东部 Appalachian 盆地，横跨纽约州、宾夕法尼亚州、西弗吉尼亚州及俄亥俄州东部。Marcellus 页岩是富含有机质的黑色沉积岩，形成于中泥盆纪(约 350Ma 前)的一个浅内陆海，其埋深为 1200～2600m，平均厚度为 15～61m，延伸面积达 24.6 万 km^2。美国地质调查局(USGS)2002年的评估显示，Marcellus 页岩气田的可开采量为 538 亿 m^3，2006 年的评估报道其可开采量达 8778 亿 m^3。NCI 2008 年的报告称，Marcellus 页岩气的地质储量多达 42.47 万亿 m^3。占整个 Appalachian 盆地的 85%以上，其可开采量约为 7.42 万亿 m^3。最新评估报告显示，Marcellus 页岩气的可开采量为 13.85 万亿 m^3，可供全美 20 多年的天然气消费[14]。

　　Marcellus 页岩气田的第一口钻井完成于 1880 年。位于纽约 Ontario 郡的 Naples。宾夕法尼亚州的第一口 Marcellus 页岩气钻井位于华盛顿郡的早志留世 Rochester 页岩区。由 Range Resources 公司于 2003 年完成，直至 2005 年才开始开采页岩气。截至 2009 年3 月，宾夕法尼亚州已完成的 Marcellus 页岩气井达 501 口。宾夕法尼亚州环境保护部(DEP)油气管理局网站的数据显示，2009 年该州共完成 Marcellus 页岩气井 768 口，2010 年 1

月新增 71 口。有报告预测，2010 年该州的 Marcellus 页岩气井将达 1000 口。日产量约 15.57 百万 m³，2020 年的井数为 2800 口，日产量高达 113.27 百万 m³。根据西弗吉尼亚州的 Marcellus 页岩气井数目的统计和估计，美国能源部预测 Marcellus 页岩气可开采量在 2.83 万亿～4.25 万亿 m³。

Marcellus 页岩厚度为 15～61m，自西向东厚度增大，宾夕法尼亚州东北部厚度最大。Marcellus 页岩顶部深度 914～259lm，平均深度超过 1524m，自盆地西北部向东南部逐渐加深，在宾夕法尼亚州南部和西弗吉尼亚州东南部深度最大。Marcellus 组地层压力异常，异常高压和异常低压同时存在，地层压力为 10.3～41.4MPa，压力梯度一般大于 9050Pa/m，低压区域分布于盆地东南部，压力向东北部增大。

Marcellus 页岩气藏压力范围为 2.8～28MPa，地层具有轻微超压特征，在 Appalachian 盆地北部区域尤为明显。在 Marcellus 页岩气藏的核心区，压力梯度范围为 1.04～1.15MPa/100m。Marcellus 页岩在西弗吉尼亚州西南区域的地层变为欠压情形，Wrighstone 的研究给出了西弗吉尼亚州西南区域的页岩压力梯度为 0.23～0.45MPa/100m，其中心部位 Marcellus 页岩的压力梯度为 0.45～0.79MPa/100m。

Marcellus 页岩微裂缝发育，构成主要的孔隙类型，页岩孔隙度达到 10%。Marcellus 页岩发育粉砂岩夹层，不仅增加了储集空间，还提高了储层侧向渗透率。Marcellus 页岩渗透率范围为 0.13～0.77mD，平均渗透率为 0.363mD。Marcellus 页岩孔隙度主要由两个部分组成：粒间空隙和裂缝，其中粒间空隙主要是指粉砂岩、黏土颗粒和有机质中的基质孔隙，平均孔隙度在范围为 6%～10%。

Marcellus 页岩有机质丰度较高，页岩 TOC 为 3%～11%，平均为 4.0%，TOC 含量自西向东增大，纽约州平均 TOC 为 4.3%，宾夕法尼亚州 TOC 为 3%～6%，西弗吉尼亚 TOC 平均为 1.4%。Marcellus 页岩干酪根为 II 型，其 R_o 为 1.5%～3%，自西向东增大，成熟度最高地区为宾夕法尼亚州东北部和纽约州东南部，有机质处于高成熟和过成熟阶段，生成的天然气为热成因气。

2.3.2 压裂技术

Marcellus 页岩气藏典型页岩气直井压裂用水 3000m³，113t 支撑剂。水平井压裂用水量超过 18000m³，支撑剂用量为 113～340t，泵入速度为 4.77～15.9m³/min。Marcellus 页岩气藏水平井通常实施 4～8 段压裂措施，典型的压裂施工流程为：①酸化阶段，压裂液为水和稀释酸(盐酸)的混合物，主要目的是清理井筒内部的水泥残留碎片，溶解近井地层碳酸盐岩矿物从而开启部分裂缝；②利用大量减阻水开启地层达到减阻目的，减阻水还能够辅助支撑剂进入裂缝网络中；③利用大量减阻水携带较低浓度细粒支撑剂进入地层；④泵入粗粒支撑剂；⑤利用清水清除井筒附近的支撑剂。

Marcellus 页岩气藏气井压裂措施中压裂液常用的添加剂包括：①稀释酸液，用于压裂措施的第一阶段以清理井筒内部的水泥残留碎片，溶解近井地层碳酸盐岩矿物；②杀菌剂(消毒剂)，用于抑制井筒内部可能干扰压裂措施的细菌的增长，杀菌剂的主要成分包括溴基溶液或戊二醛；③阻垢剂(如乙二醇等)，用于抑制某些碳酸盐和硫酸盐矿物的沉淀；④稳定剂(如柠檬酸、盐酸等)，用于抑制铁化合物沉淀、保持铁离子处于溶解状态；⑤降阻剂(如氯化钾、聚丙烯酰胺化合物等)，用于降低井筒内压裂液流动的摩阻，从而降低泵入压力；⑥缓蚀剂(如二甲基酰胺等)和除氧剂(如亚硫酸铵等)，用于减少井筒套管的腐蚀；⑦胶凝剂(如瓜尔豆胶等)，少量应用以增加压裂液黏度，从而提高压裂液的携砂能力；⑧交联剂，特定情况下使用以增加胶凝剂的性能，从而提高压裂液的携砂能力，主要成分包括硼酸或乙二醇等。压裂措施过程中使用交联剂时，通常在后期加入破乳剂以防止压裂液返排携带大量支撑剂。

Marcellus 页岩气藏直井初期产气量一般小于 2.8 万 m³/d，水平井初期产气量在 4 万～25 万 m³/d。Engelder 给出了 Marcellus 页岩气藏在宾夕法尼亚州地区 50 口水平井的平均初始产气量为 11.9 万 m³/d。直井最终可采储量为 495 万 m³，水平井的最终可采储量为 0.17 亿～1.10 亿 m³。图 2-7 给出了 Marcellus 页岩气藏水平井典型生产曲线，水平井初期产量 12.18 万 m³/d、第 1 个月的平均日产气量为 10.48 万 m³/d，第 1 年累计产气量 0.19 亿 m³、5 年累积产气量 0.44 亿 m³、10 年累计产气量 0.60 亿 m³，单井 EUR 1.06 亿 m³，平均勘探成本为 0.04 美元/m³，单井成本 350 万美元。生产 10 年，单井日产气量由初期 12.18 万 m³/d 递减至 0.7 万 m³/d，前三年产气量的年递减率分别为 78%、35%和 23%，生产后期产气量年递减率稳定在 5%～8%[15]。

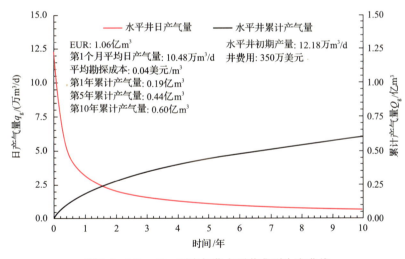

图 2-7 Marcellus 页岩气藏水平井典型生产曲线

2.3.3 污水处理

Marcellus 地区页岩气单井压裂用水量为 15000～34000m³，水资源量消耗巨大，更重要的是压后返排液的处理问题，页岩气井的压裂液返排率为 30%～70%，随着生产时间的延长，返排液不断累积，且具有悬浮物多、总溶解固体含量高和成分复杂等特点，并且废水量巨大，如果管理不善会对环境造成极大的危害。

从 2011 年开始，Marcellus 页岩区的市政污水处理厂不再接受页岩气压裂返排液。Marcellus 页岩气废水管理趋势逐渐转向主要用于重复利用，无法回用的废水寻求深井灌注与脱盐处理。现场重复利用被一致认为是最经济的选择，费用基本控制在 5 美元/119L 以内。运营商认为场外再利用费用在 7~15 美元/119L，场外处理后外排费用在 11~23 美元/119L，其中运输占用很大一部分花费，占用总费用的 25%~75%，深井灌注费用范围较广，为 7~25 美元/119L，其中运输费用占很大一部分，大约 43%的运营商认为运输花费占用总花费的 75%以上[16]。

在美国，页岩气采出水地下灌注是主要处置方式之一。按照美国《地下灌注控制计划》(UIC)，地下灌注井分 5 大类，用于灌注与石油天然气生产相关液体的为Ⅱ类灌注井。Ⅱ类井有严格的管理规程，其灌注深度必须低于最深地下饮用水含水层，并且井的建造、运行及监测等也受到全面监管。为保护地下饮用水，并非所有页岩气田都能采用灌注方式处置采出水，某些地区由于地层条件达不到要求，地下灌注是被禁止的。2011年，Marcellus 气田采出水量为 1682000m³，而宾夕法尼亚州境内仅有 8 口Ⅱ类井，地下灌注能力明显不足，运送到外州大大提高了压裂返排液的灌注成本。

Marcellus 气田采出水管理实践随管制政策的改变和页岩气工业的增长发生变化，2008~2011 年，由于地下灌注和市政污水处理处置页岩气采出水的局限性，近年来，Marcellus 田采出水处置转向回用。研究结果显示，返排液回用比例从 2008 年的不到 10%上升到 2012年的 90%。从运营商的角度看，回用废水也是极具吸引力的，因为回用减少了页岩气开采的花费，包括减少废水其他处理，减少淡水需求和运输上的花费[17]。

2.4 Woodford 页岩气地质及压裂概况

2.4.1 区块概况

Woodford 页岩属于泥盆纪—密西西比纪地层，主要位于阿纳达科(Anadarko)、阿科马(Arkoma)和阿德摩(Ardmore)盆地，一直从堪萨斯州的南部，经过俄克拉荷马州延伸至得克萨斯州西部，其分布图如图 2-8 所示。页岩厚度 150~400ft①深度为 4800~14500ft。截至 2017 年，已累计产出 87MMbbl②油和 4.6tcf 天然气[18]。

Woodford 页岩在地层容易识别，表现为高伽马的页岩层段。岩心分析表明，页岩石英含量为 35%~50%，方解石和白云岩含量为 0%~20%，黏土含量为 10%~50%。孔隙度为 3%~9%，渗透率为 0.000001~0.001mD，含水饱和度为 30%~45%。地层为超压系统，压力梯度为 0.60~0.65psi③/ft[19,20]。

大约在 3.6 亿年前，Woodford 页岩在泥盆纪沉积，沉积类型属于海相沉积，富含有机质。其中 Anadarko 盆地页岩储层最厚[21,22]。有学者研究了 Woodford 页岩的 TOC 和镜质组反射率数据，结果表明 Anadarko 盆地 TOC 含量最高，位于生油窗口内，因此该盆地产油潜力巨大[23,24]。Woodford 地层常见的岩性包含黑色页岩、燧石、砂岩、粉砂岩和白云岩，硅质含量丰富，地层脆性较好，天然裂缝发育[24]。储层主要参数如表 2-1 所示。

---

① 1ft=0.3048m。
② 1MMbbl=158987m³。
③ 1psi=6894.757Pa。

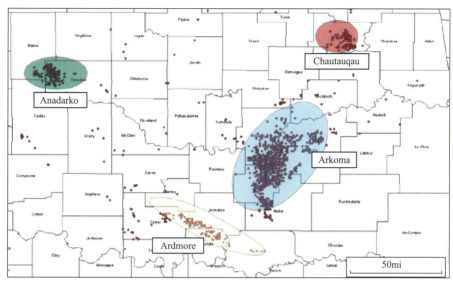

图 2-8 Woodford 区块页岩气分布图

表 2-1 Woodford 页岩储层主要参数[21-24]

参数	参数值
深度/ft	4800～14500
厚度/ft	50～250
孔隙度/%	4～8
渗透率/nD	1～500
含水饱和度/%	15～40
压力/psi	2750～6500
TOC/%	4～14
R_o/%	0.8～3.5
吸附气含量/(scf/t)	80～150

注：scf 表示标准立方英尺，1scf=0.0283168m³。

2.4.2 主体压裂工艺

早在 1939 年，在俄克拉荷马州的东南部进行了 Woodford 页岩的开发，但开发进程较慢，到 2004 年末只有 22 口直井。2005 年之后开发进程加快，并钻探了第一口水平井。到了 2006 年，已经发展到 143 口井。仅 2007 年半年新增钻井 176 口。至此，针对 Woodford 页岩进行了大规模的开发。目前，该区块大概有 2000 口生产井，其中 475 口为直井，水平井有 1500 多口。

最早的开发采用直井，采用酸或柴油作为压裂液，尽管效果一般较差，但也证明了 Woodford 页岩有烃类赋存。伴随着 Barnett 页岩"水平井+多级压裂"的成功开发，水平井在 Woodford 页岩也得到大量实施。2005 年之后，水平井得到快速发展。压后一个月的产量为 200 万～800 万 ft³，单井可采储量 20 亿～70 亿 ft³[21-24]。文献资料表明，Woodford 页岩可以分为四种类型：硅质泥岩、黏土质硅质泥岩、黏土质泥岩和有机质含量少的黏土质泥岩。数据表明，在硅质泥岩中的增产改造更成功，在黏土质泥岩和有机质含量少的黏土质泥岩中压裂施工效果常常欠佳[23,24]。

区块地势比较平坦，采用井工厂开发模式。一般的平台大小为 125m×125m，包含 4 口井。水平井钻完井一般耗时 60～120 天，然后投入开发。生产阶段采用远程实时控制系统进行生产动态跟踪。水平井压裂一般用水 100000～180000bbl①，返排阶段返出 30000～40000bbl 液体，然后利用卡车将废水运送到指定处理地点。

Woodford 页岩储层的天然裂缝不太发育，在核心区域，所有的井筒都选择南北方向。目前的发展趋势是水平井段更长，段间距更小，压裂级数更多。BP 公司在该区块开发一般选择趾端上翘，易于井筒内流体采出。只有少量井采用柱塞泵辅助生产。普遍使用三维地震技术辅助钻进，避免穿越断层或钻出目的层。完井和增产方法参照 Barnett 的滑溜水施工，一般水平井长度为 2500～4000ft，分 3～10 级进行压裂。每级 7000～17000bbl 滑溜水，200000～500000lb②支撑剂。相比其他页岩，较高的施工压力使得开发难度较大。最高产量达 10MMcf③/d，递减率较 Barnett 页岩低。

Woodford 水平井段与产量的关系表明，总体上水平段越长，产量越高。但长度超过一定范围，增加井筒长度的经济性就不是很明显。2010 年的平均水平段长 5400ft，有些井水平段长度增大到 10000ft。

大部分井采用水泥固井，主要使用的套管类型是 5.5in④，钢级 P110 套管，常采用泵送桥塞射孔方法完井。Arkoma、Anadarko、Ardmore 盆地的压裂施工参数如表 2-2 所示。Anadarko 页岩深度更大（垂深 11000～14000ft），压裂施工压力和破裂压力梯度最高，单位井筒长度的液体用量也最多。Ardmore 盆地的施工压力、泵注排量和单位长度液体用量都最小。Arkoma 盆地的施工参数介于两者之间。

表 2-2　Woodford 区块页岩压裂施工参数

参数	盆地		
	Arkoma	Anadarko	Ardmore
平均水平段长/ft	4855	4459	4237
段长/ft	326	325	277
单级液体量/gal	622650	811500	460000
单级支撑剂量/lb	132000	250000	209000
平均砂液比/(lb/gal)	0.26	0.38	0.5
单级孔眼数	90	72	66
射孔长度/ft	16	12	12
射孔簇数	4	4	4
射孔密度/(孔/ft)	6	6	6
相位角/(°)	60	60	60
井口压力/psi	6350	9400	5600
排量/(bbl/min)	92	87	86

注：1gal=3.78543L。

① 1bbl=0.158987m³。
② 1lb=0.453592kg。
③ 1MMcf=28317m³。
④ 1in=2.54cm。

微地震结果显示，与 Barnett 页岩相比，Woodford 页岩单位泵注液量产生的改造体积(SRV)要更大[24]。压后解释表明，SRV 长度 1000～3300ft，宽度 900～2000ft，高度 250～280ft，平均每桶液体产生的 SRV 为 6 万 ft³，产生的裂缝半长为 80ft。Woodford 页岩最早套用 Barnett 页岩的施工模式，在施工过程中常会出现压力升高和脱砂现象，早期施工成功率只有 40%。大概有 25%的水平井由于压力过高(高于 12000psi)，造成排量低(20～50bbl/min)，未得到充分改造。随后在 Anadarko 盆地进行了 45 级压裂压力降测试，测试结果表明近井筒摩阻和孔眼摩阻高达 4000psi。经过研究，主要采取了以下改进措施。

(1)在趾端压裂段单簇射孔，不加或加入少量支撑剂，克服施工难度大的问题。

(2)采用 HCl 或土酸前置。

(3)使用泡沫水泥浆固井。

(4)压力上升大于 10psi/min，加入隔离液扫砂。

(5)使用 100 目段塞前置降低滤失。

(6)慢提排量，降低开启裂缝数量，直到形成主缝。

(7)砂液比大于 0.75lb/gal 时，使用线性胶。

(8)降低射孔簇长度和间距。

泵序分为以下三个阶段。

(1)30%的前置液。包括 100 目粉砂段塞、线性胶和酸液。

(2)连续加砂。砂液比 0.1～0.75lb/gal，压力大于 10psi/min，加入隔离液扫砂。

(3)采用砂液比 0.75～2lb/gal 连续加砂方式。

支撑剂使用比较多样，如图 2-9 所示。

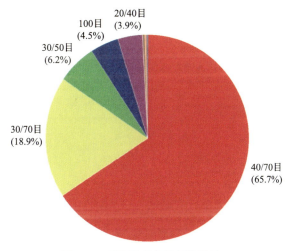

图 2-9　不同类型支撑剂使用情况

最常用的支撑剂是 40/70 目的覆膜支撑剂，使用最多的液体是滑溜水，当输砂浓度较高或者压力异常上涨时使用线性胶。

随着技术的发展，压裂级数越来越多，压裂段长逐渐减小。每一级射孔长度也由最开始的 20ft 降低到 14ft，射孔孔眼由 96 个降低到 79 个。平均单井支撑剂用量 2300000lb，平均单井液量 8200000gal。3 个盆地平均单井初始产量 4500mcf[①]/d。30 天平均最高产量 74000mcf/月。从三个盆地开发的总趋势而言,施工规模更大,压裂级数更多,射孔长度逐渐减小,单位射孔长度的能量传递更大。就压后效果而言,产量也在逐渐提高。

2.5 北美页岩气压裂技术发展趋势

随着勘探开发的不断深入和经济发展对能源的需求不断加大,页岩油气、致密油气等非常规油气资源的开发价值和战略意义受到高度重视,水平井分段压裂技术的突破促进了这些难动用资源的开发利用。美国是规模开发页岩气最早和最成功的国家,近几年页岩气产量均超过 3000 亿 m³,其中,除了上述常压页岩气井外,深层页岩气在产量贡献中也发挥了重要作用;其次在提高产量方面,北美也开展了大量的重复压裂技术研究,新技术包括无水压裂技术和滑套压裂技术等。

2.5.1 北美深层页岩气压裂技术发展趋势

美国深层页岩气的经济开发经历了不断探索试验、改进与完善的过程,使部分区块得到了经济开发的要求。目前,美国勘探发现的深 3500m 以上的深层页岩气区块五个,Haynesville、Eagle Ford(干气)和 Cana Woodford(气)三个垂深 3500~4100m 的深层页岩气区块压后单井产量 5 万 m³/d 以上,单井最终采收量均在 1 亿 m³ 以上,单井综合成本 1200 万美元以下,获得了经济开发。而 Hilliard-Baxter-Mancos 和 Mancos 垂深超过 4400m 的两个区块因单井产量较低(小于 3 万 m³/d),最终采收率较低(500 万 m³ 以下),单井综合成本 2000 万美元以上,未获有效经济开发,其压裂技术还在进一步攻关研究,如表 2-3 所示。

表 2-3　美国深层页岩气开发产量与成本

主要页岩气区块	平均埋深/m	平均厚度/m	单井平均最终采收量/亿 m³	单井控制面积/km²	区块技术可采储量/万亿 m³	单井成本/万美元
Haynesville	3658	76	1.01	0.32	2.11	900~1000
Eagle Ford(干气)	3600	121	1.56	0.64	0.59	400~650
Cana Woodford(气)	4115	61	1.47	0.64	0.16	900~1200
Hilliard-Baxter-Mancos	4496	937	0.05(低产)	0.32	0.107	2000
Mancos	4648	914	0.28(低产)	0.32	0.59	—

1. Haynesville 页岩

Haynesville 区块是深层页岩气获得成功开发的区块之一,垂深为 3200~3900m,平均为 3658m,储层特征如表 2-4 所示,该区块 2004 年直井探索试验,2007 年水平井开发,2013 年全年累计产量达 775 亿 m³。

---

① 1mcf=28.317m³。

表 2-4 Haynesville 深层页岩气储层特征[25-28]

储层参数	参数取值	储层参数	参数取值
厚度/m	45～90	脆性指数/%	35～55
深度/m	3200～3900	层理缝发育程度	发育
地质年代	侏罗纪	天然裂缝发育程度	较少
TOC/%	3～5	杨氏模量/MPa	13780
孔隙度/%	8～12	泊松比	0.27
含气性/(m³/t)	12.4	最小水平主应力梯度/(MPa/m)	0.0226
地层压力系数	1.94	最大水平主应力梯度/(MPa/m)	0.0237
地层温度/℃	150	3658m 处水平应力差/MPa	4

该区块页岩一般采用 4.5～5.5in 的套管完井，水平段长为 1000～1400m，采用泵送桥塞与簇射孔联作压裂工艺，单井压裂段数为 10～14 段，段间距为 60～135m，平均为 90m。单段射孔 4～8 簇，单簇 0.3～0.6m，每米 20 孔。压裂施工排量 11～13m³/min，单段砂量 100～110m³，单段压裂液 1800m³，平均砂液比为 4%～6%。压裂液用液模式为盐酸（15%HCl，10m³）+滑溜水+冻胶，其中冻胶为 0.3%羟丙基硼交联瓜胶，滑溜水与胶液混合比为 62:38。支撑剂模式为 100 目粉陶+40/70 目覆膜砂或中等强度陶粒+30/60 目覆膜砂或陶粒。压后单井产量 7 万～10 万 m³/d，单井综合成本 900 万～1000 万美元[29-31]。

2. Cana Woodford 页岩

Cana Woodford 页岩也是美国经济开发的深层页岩气区块之一，其垂深为 3200～4690m，平均埋深为 4115m，该区块在 2007 年底进行水平井开发，其储层特征如表 2-5 所示。

表 2-5 Cana Woodford 页岩储层特征

储层参数	参数取值	储层参数	参数取值
厚度/m	30～152	层理缝发育程度	发育
深度/m	3200～4690	天然裂缝发育程度	充填缝较多
地质年代	泥盆纪	杨氏模量/MPa	34450
TOC/%	6～12	泊松比	0.18
孔隙度/%	5～8	最小水平主应力梯度/(MPa/m)	0.02
地层压力系数	1.58	最大水平主应力梯度/(MPa/m)	0.0215
地层温度/℃	121	3800m 处水平应力差/MPa	4.3
脆性指数/%	55～75		

该区块的有效开发经历了不断认识与改进的过程。在开发初期采用大排量滑溜水低砂液比加砂方式进行压裂施工，出现施工压力高无法加砂、压力异常波动甚至砂堵等各种情况，效果较不理想。分析认为，Cana Woodford 页岩较相邻的 Woodford 垂深深 2000m 以上，施工压力高 40～50MPa，缝宽窄，形成的导流能力和改造体积均较小。后期经过

2~3 年的攻关研究，提出了四方面的优化措施：①提高水平段长，增加压裂段数。②降低单簇射孔长度，增大射孔孔径。单段 4 簇，单簇 1.2m 减小为 0.6m，孔径由 10.7mm 增加为 14.5mm。③增加液量、单段砂量和砂液比。液量增加到 2800m³，单段砂量由 50m³ 增加为 82m³，平均砂液比由 1.8%增加为 2.9%。④连续加砂。通过不断摸索和探索，最终选择采用连续加砂模式。压裂液模式为稀土酸（6%HCl+1.5%HF）+线性胶（0.24%～0.3%）+滑溜水+线性胶，滑溜水与线性胶混合比约为 70：30，支撑剂模式为 100 目粉陶（15%～18%）+40/70 目覆膜砂+30/50 目覆膜砂或陶粒。上述措施见到了成效，单井平均压后效果增加了 2.5 倍，产量由 6.1 万 m³/d 提高到了 15.5 万 m³/d，单井钻完井压裂成本 900 万～1100 万美元，最终获得了经济开发。

3. Hilliard-Baxter-Mancos 和 Mancos 页岩

Hilliard-Baxter-Mancos 和 Mancos 页岩埋藏更深，平均垂深分别为 4496m 和 4648m。前者压裂井单井产量 3.0 万 m³/d，累计产量最高为 500 万 m³，同时因钻井条件复杂单井投资高达 2000 万美元，因此未获得经济开发。Mancos 页岩压后同样表现出低产特性，在前期压裂试气的 22 口水平井中，3 口井产量达到了 2.8 万 m³/d，9 口井产量为 14000～28000m³/d 范围内，6 口井产量为 1400～2800m³/d，其他井无效，在现有技术条件和市场条件下，达不到经济开发的要求。

由此可见，北美的深层页岩得到有效开发同时具备了如下三个条件。

1）良好的物质基础

获得经济开发的深层页岩孔隙度为 6%～12%，脆性为 55%～60%，含气性较高（部分地区达到 12m³/t），压力系数普遍处于较高水平（达到 1.5～1.9），水平地应力差普遍较小（低于 5MPa）。

2）合适的压裂工艺技术

其主体压裂工艺技术为：①分段分簇。主要采用少段、多簇压裂方式，段长为 80～90m，段间距为 30～50m，每段 3～8 簇。②采用短簇、大孔径射孔方式，单簇长 0.3～0.6m，孔径 14.5mm。③液体采用"预处理酸+线性胶+滑溜水（1～3mPa·s）+冻胶（200mPa·s）"组合模式。④粉砂用量比例高，增至 40%左右，低砂液比连续加砂，平均砂液比 3%～6%。⑤施工规模较大，单段液量为 1500～2900m³，单段砂量介于 70～110m³。

深层页岩多采用了多簇数大孔径射孔、增加高黏压裂液应用、增大加砂规模、连续加砂等针对性压裂工艺措施来提高裂缝导流能力与改造体积，压后裂缝导流能力为 1～4μm²·cm，改造体积为 1 千万～2 千万 m³。综合而言，国外基本实现了 3500～4100m 深层页岩气商业开发。

3）控制单井综合成本

控制单井综合成本包括对钻井和压裂作业的成本控制。在 Haynesville 地区钻一口垂深 3500m、水平段长 1400 多米的井所用天数在 30 天左右，最快一口井用时 20 天。近几年，压裂时效性也进一步得到提高，2008 年一天压裂两段，2011 年达到一天压裂 4 段。Cana Woodford 钻一口垂深 4000m、水平段长 1900m 的井（斜深 6000m）用时 55 天左右，最快 38 天。这样单井成本控制在 1100 万美元以下，为经济有效开发深层页岩创造了条件。而更深的页岩气井目前成本较高，单井产量较低，仍旧是未来技术攻关的方向。

2.5.2　北美页岩气重复压裂技术发展趋势

美国在 20 世纪 50 年代最早运用重复压裂技术，早期都是在砂岩等常规地层，在页岩气地层内开展重复压裂技术研究基本始于 21 世纪初期。

页岩气井经过初次压裂后，整个水平井筒存在多个射孔段簇。实施重复改造，需对已有射孔段簇进行有效封堵，目前封隔方法主要有以下两种方法。

（1）机械封隔：包括连续油管、注水泥再造井筒、膨胀管等。优点是可实施定点改造，但施工风险较大，费用较高。

（2）化学剂封隔：包括颗粒暂堵剂、苯甲酸片、纤维等。优点是工艺简单，施工风险小，但是封堵位置具有不确定性。包括采用膨胀管（5.5in 管柱内用 4.25in 膨胀管柱）、支撑剂砂塞、挤水泥、化学堵剂等方式。在 Barnett、Marcellus 和 Bakken 等区块实现了上千井次应用，增产效果较好。

经过长期跟踪发现，国外页岩重复压裂大多采用颗粒转向剂方法进行施工，且大部分都取得了较好的改造效果。综合考虑施工工艺难度及经济因素，仍旧采用颗粒暂堵剂技术作为重复压裂施工的首选技术。在地层高压高应力施工条件下，对封堵剂性能要求较高，需要具备一定的强度，封堵效果好，且对地层伤害较小。在暂堵剂封堵原始射孔炮眼及裂缝过程中，因为封堵对象尺度大小存在差异，采用单一粒径暂堵剂封堵效果较差，需要采用合理的颗粒尺寸级配。主要措施就是重复压裂开始前，首先注入一定量的预前置液，使其首先进入压力衰竭较严重的区域，以补充恢复地层能量，利于后续支撑剂及暂堵剂的输送。注入较高黏度液体泵入少量支撑剂控滤失，恢复近井地带导流能力，泵注大量支撑剂，提高新缝导流能力，注入低黏液体，提高新缝复杂程度，按照暂堵剂投加工艺泵注一定量暂堵剂，继续下一轮泵注。

参 考 文 献

[1] Montgomery S L, Jarvie D M, Bowker K A, et al. Mississippian Barnett Shale, Fort Worth Basin, north-central Texas: Gas-shale play with multi–trillion cubic foot potential[J]. AAPG Bulletin, 2005, 89（2）: 155-175.

[2] Arbenz J K. The Ouachita system[C]//Bally A W, Palmer A R. The geology of North America-An Overview Geological Society of America, 1989, （A）: 371-396.

[3] Walper J L. Paleozoic tectonics of the southern margin of North America[C]//Gulf Coast Association of Geological Societies Transactions, Houston, 1977, 27: 230-239.

[4] Walper J L. Plate tectonic evolution of the Fort Worth Basin[C]//Martin C A. Petroleum Geology of the Fort Worth Basin and Bend Arch Area Dallas Geological Society, 1982: 237-251.

[5] Louck R G, Ruppel S T. Ruppel Mississippian Barnett Shale: Lithofacies and depositional setting of a deep-water shale-gas succession in the Fort Worth Basin, Texas[J]. AAPG Bulletin, 2007, 91（4）: 579-601.

[6] Gutschick R, Sandberg C. Mississippian continental margins on the conterminous United States [C]//Stanley D J, Moore G T. The Shelf Break: Critical Interface on Continental Margins. Tulsa: SEPM Special Publication, 1983, 33: 79-96.

[7] Ross C A, Ross J R P. Late Paleozoic sea levels and depositional sequences[C]//Ross C A, Haman D. Timing and Deposition of Eustatic Sequences: Constraints on Seismic Stratigraphy Cushman Foundation for Foraminiferal Research Special Publication, 1987, 24: 137-149.

[8] Bowker K A. Recent developments of the Barnett Shale play, Fort Worth Basin[J]. West Texas Geological Society Bulletin, 2003, 42: 4-11.

[9] Hickey J J, Henk B. Lithofacies summary of the Mississippian Barnett Shale, Mitchell 2 TP Sims well, Wise County, Texas[J]. AAPG Bulletin, 2007, 91(4): 437-443.

[10] 孟庆峰, 侯贵廷. 阿巴拉契亚盆地 Marcellus 页岩气藏地质特征及启示[J]. 中国石油勘探, 2012, 17(1): 67-73.

[11] 夏永江, 于荣泽, 卞亚南, 等. 美国 Appalachian 盆地 Marcellus 页岩气藏开发模式综述[J]. 科学技术与工程, 2014, 14(20): 152-161.

[12] 陈翔翔. Marcellus 页岩气返排废水管理及污染控制技术启示[C]//中国环境科学学会. 2015 年中国环境科学学会学术年会论文集(第二卷), 深圳, 2015.

[13] 夏玉强. Marcellus 页岩气开采的水资源挑战与环境影响[J]. 科技导报, 2010, 28(18): 103-110.

[14] Grieser W V. Oklahoma Woodford Shale: Completion trends and production outcomes from three basins[C]//SPE Production and Operations Symposium, Oklahoma, 2011.

[15] Vulgamore T B, Clawson T D, Pope C D, et al. Applying hydraulic fracture diagnostics to optimize stimulations in the Woodford Shale[C]//SPE Annual Technical Conference and Exhibition, Anaheim, 2007.

[16] Abousleiman Y, Tran M, Hoang S, et al. Geomechanics field characterization of Woodford Shale and Barnett Shale with advanced logging tools and nano-indentation on drill cuttings[J]. Leading Edge, 2010, 29(6): 730.

[17] Hester T C, Schmoker J W, Sahl H L. Woodford shale in the Anadarko basin: Could it be another "Bakken type" horizontal target[J]. Oil & Gas Journal, 1990, 88(49): 73-78.

[18] Carragher P M, Diehr T, French S. Technology advances in the understanding of reservoir performance in the Woodford Shale gas field, Arkoma Basin, USA[C]//SPE Unconventional Resource Conference and Exhibition-Asia Pacific, Brisbane, 2013.

[19] Caldwell C D, Johnson P G. Anadarko Woodford Shale: Improving production by understanding lithologies/mechanical stratigraphy and optimizing completion design[C]//AAPG Education Directorate Woodford Shale Forum, Oklahoma, 2013.

[20] Lowe T, Potts M, Wood D. A case history of comprehensive hydraulic fracturing monitoring in the Cana Woodford[C]//SPE Annual Technical Conference and Exhibition, Society of Petroleum Engineers, New Orleans, 2013.

[21] Grieser B, Talley C. Post-frac production analysis of horizontal completions in Cana Woodford shale[C]//SPE Hydraulic Fracturing Technology Conference, The Woodlands, 2012.

[22] Wood D, Schmit B, Riggins L. 2011. Cana Woodford stimulation practices-a case history[C]//North American Unconventional Gas Conference, The Woodlands, 2011.

[23] Grieser B. Oklahoma woodfordshale: Completion trends and production outcome from three basins[C]//SPE Production and Operations Symposium, Oklahoma, 2011.

[24] Vulgamore T. Applying hydraulic fracture diagnostics to optimize stimulations in the Woodford shale[C]//SPE Annual Technical Conference and Exhibition, Anaheim, 2007.

[25] Saneifar M. Rock classification in the Haynesville shale-gas formation based on petrophysical and elastic rock properties estimated from well logs[C]//SPE Annual Technical Conference and Exhibition, New Orleans, 2013.

[26] Farinas M. Hydraulic fracturing simulation case study and post fracture analysis in the Haynesville shale[C]//SPE Annual Technical Conference and Exhibition, New Orleans, 2013.

[27] Xie X Y. Completion influence on Haynesville shale gas well performance[C]//SPE Hydrocarbon Economics and Evaluation Symposium, Calgary, 2012.

[28] Martinez R C. Horizontal pressure sink mitigation completion design: A case study in the Haynesville shale[C]//SPE Annual Technical Conference and Exhibition, San Antonio, 2012.

[29] Sorrell M A. Haynesville shale development program-from vertical to horizontal[C]//North American Unconventional Gas Conference, The Woodlands, 2011.

[30] Pope C D. Improving stimulation effectiveness-field results in the Haynesville shale[C]//SPE Annual Technical Conference and Exhibition, Florence, 2010.

[31] Pope C, Peters B, Benton T, et al. Haynesville shale-one operator's approach to well completions in this evolving play[C]//SPE Annual Technical Conference and Exhibition, New Orleans, 2009.

第3章 页岩气储层关键参数录取方法

3.1 关键地质参数录取方法

3.1.1 页岩储层 TOC 含量录取方法

TOC 含量、有机质成熟度等地球化学参数是表征生油层生烃潜力和类型的重要参数。对于"自生自储"的页岩储层，有机碳含量不仅表征了其是否具有"孕育"油气的物质基础条件，同时 TOC 含量的高低也决定了页岩储层生成油气能力的强弱。因此，在页岩储层的勘探开发过程中，准确测定有机碳含量是一项必不可缺的研究工作。

1. 室内实验测定 TOC 含量

有机碳含量室内实验的测定方法主要有重铬酸钾外加热法、TOC 分析仪测定法和烧矢量法测定。

重铬酸钾外加热法主要是利用重铬酸钾作为氧化剂，与样品反应后，测定氧化剂的剩余量来计算样品中的 TOC 含量；TOC 分析仪器法是利用碳硫分析仪器来测定岩石样品中的有机碳含量。

烧矢量法是基于特定温度下有机质可有效保存，利用反复灼烧后的样品质量差来计算 TOC 含量[1-6]。

现在常用的测定方法为 TOC 分析仪测定法，该测定方法的原理是首先将岩石样品中的无机碳用稀盐酸除去；其次在氧气流中燃烧(高温)，确保岩石样品中的所有有机碳通过高温燃烧，全部转化为 CO_2；最后在燃烧完后，利用 TOC 分析仪测定岩石样品中的 TOC 含量。

1)实验设备

TOC 分析测定仪器：碳硫测定仪或者碳测定仪。

实验制样设备：瓷坩埚分析天平、马弗炉、可控温水浴锅、烘箱、真空泵、抽滤器。

实验试剂：测定仪专用岩石样品、盐酸溶液、无水高氯酸镁、碱石棉、玻璃纤维、脱硫专用棉、铂硅胶、铁屑助溶剂、钨粒助溶剂、高纯度氧气、压缩氮气。

2)样品制备步骤

(1)粉碎岩石样品(样品质量不小于 10g，碎样粒径小于 0.2mm)。

(2)溶蚀岩石样品：将称量好的岩石样品粉末放入玻璃器皿中，将调配好的盐酸溶液慢速倒入器皿中(盐酸溶液需浸没岩石样品)，后在 $60\sim80℃$ 的温度下，将盛有岩石样品器皿置于水浴锅中，溶蚀样品 2h，直至样品与盐酸完全反应。

（3）洗样：将溶蚀完全的岩石样品放入抽滤器中的瓷坩埚里，并用蒸馏水反复清洗样品，直至样品 pH 呈中性。

（4）烘样：将清洗好的岩石样品放入烘箱中，在 60～80℃的温度下烘干样品。

3）TOC 含量测定

（1）在正式开展测定前，首先应对仪器进行系统检查，并开展仪器标定（根据待测岩石样品类型，将仪器标定专用样品进行高、中和低三种碳含量的测定，测定结果需满足标定专用标样不确定度要求）及空白样品试验（将 1g 铁屑助溶剂和 1g 钨粒助溶剂放入用盐酸处理过的瓷坩埚中，测定其碳含量，测定结果应不大于 0.01%）。

（2）正式样品测定：将 1g 铁屑助溶剂和 1g 钨粒助溶剂放入盛有制作好岩石样品的瓷坩埚中，在仪器中输入待测样品质量，开始测定。

为确保实验结果的准确性，在 TOC 含量测定试验开展过程中，应对每块岩心样品开展多组平行样品测定[7,8]。

2. 测井解释 TOC 含量

除了室内试验测定方法可直观地测定岩石样品的 TOC 含量外，现代测井解释的方法也可较准确和便捷地计算待开发储层的 TOC 含量。测井解释法主要是对 TOC 含量响应较为明显的自然伽马（GR）、密度（DEN）、声波时差（AC）和补偿中子（CNL）多条测井曲线，经过多口目标区域的页岩气井，利用多元组合回归的方法，建立运用测井数据计算 TOC 含量的测井解释模型，计算模型见式(3-1)：

$$\begin{aligned} TOC &= f(GR,DEN,AC,CNL) \\ &= a_1 \times GR + a_2 \times DEN + a_3 \times AC + a_4 \times CNL + a_c \end{aligned} \qquad (3\text{-}1)$$

式中，a_1、a_2、a_3、a_4 和 a_c 均为常数系数，可根据室内试验求取。

利用测井模型计算得到的 TOC 含量与室内试验的测定结果进行对比（图 3-1），模型计算结果准确性可达 85%以上。

3.1.2　页岩储层孔隙度录取方法

孔隙度是衡量储集层储集油气的能力的一个重要参数。对页岩储层来讲，由于这类储层极为致密，孔隙大小属于纳米级，且孔隙类型多样，形态较为复杂，因此，能否准确地定性及定量地测定页岩储层的孔隙度，不仅对评价页岩储层的物性具有极为重要的意义，同时也是页岩储层"甜点"位置选择的主要参数之一。

1. 室内实验测定孔隙度

目前，用以测定孔隙度的室内实验方法有很多，主要包括压汞实验法、气体吸附法、GRI 法、真视密度法、核磁共振法等。对页岩储层来说，由于其孔隙结构复杂、孔径微小，不同的测定方法有各自的优势及局限性。以下简要介绍几种常用实验方法。

TOC		地层分析		孔隙度曲线		电阻率曲线		深度/m
		GR/API		CNL/%		MSFL/(Ω·m)		
		0	200	45	−15	2	20000	
计算TOC/%		SP/mV		AC/(μs/m)		RT/(Ω·m)		
0	10	0	200	440	40	2	20000	
岩心分析TOC/%		CAL/cm		DEN/(g/cm³)		RLLS/(Ω·m)		
0	10	10	30	1.85	2.85	2	20000	

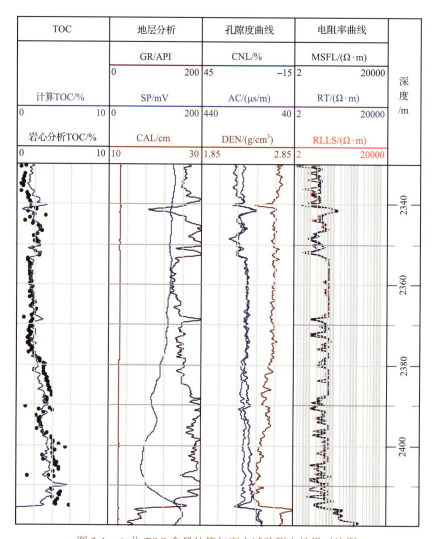

图 3-1　A 井 TOC 含量计算与室内试验测定结果对比图

1）压汞实验法

液态金属汞不导电，且具有在固体表面不润湿的特性，其在外力的驱动作用下，可克服毛细管力进入到样品的孔隙当中。随着驱替外力的增加，进入的岩石孔隙的大小逐渐递减。压汞方法充分利用了汞的各项特性，在不同的压力下，将汞驱替进入半径大小不同的岩石孔隙中，测定不同外压下进入岩石样品中的汞的体积，继而求得岩石样品中相应孔径的孔隙体积：

$$\phi = \frac{V_p}{V_b} \tag{3-2}$$

式中，V_p 为一定压力下进入样品中汞的体积；V_b 为总体积。

但是，该测量方法主要取得的是页岩样品中的中-大孔隙的体积[9,10]。

2）气体吸附法

气体吸附法是基于岩石样品孔隙表面的吸附特性，利用毛细凝聚现象和体积等效代换的原理，在不同的外部压力下，尺寸相应的孔隙所吸附的液态体积是不同的，因此，在给定外部压力下将特定气体充注入样品中，根据所充注的气体体积即可计算出相应的孔隙体积大小［式(3-3)］：

$$\phi = \left(1 - \frac{1}{\rho_s + V_1}\right) \times 100\%$$ (3-3)

式中，ρ_s 为颗粒密度；V_1 为低温气体吸附的孔隙体积。

气体吸附法充注的气体类型不同，所测的岩石样品的孔径范围亦不同，主要充注的气体类型为氮气和二氧化碳两种。氮气吸附法主要用来测试 2～50nm 的中孔和 100nm 以上的大孔，而二氧化碳吸附法主要用来测试小于 2nm 的微孔孔隙。该试验样品需经过高温和真空预处理，并且粒度小于 250μm 的样品干燥(在 150℃ 条件下干燥 12h 以上)，整个实验过程在低温条件下开展[11]。

3）GRI 法

GRI 法是美国天然气研究所开发的一种评价页岩物性特征参数的测定方法，该方法可以用来测定页岩的孔隙度和渗透率，它是利用氦气的膨胀来测量粉碎的页岩样品孔隙度的一种实验测定方法。在样品粉碎之前，应先记录块状样品的重量及总体积，再通过粉碎、筛选、除有机质、烘干等一系列处理后，利用体密度计算样品的总体积，而后利用氦气法测量粉末的骨架体积，最终求得样品的孔隙度：

$$\phi = \frac{V_b - V_g}{V_b}$$ (3-4)

式中，V_b 为总体积；V_g 为粉末骨架体积。该测定方法目前在国内应用较少[12-14]。

2. 测井解释孔隙度

页岩储层非均质性强，孔隙结构多样，孔隙度极低，室内试验测定孔隙度存在一定的耗时和局限性，利用测井解释的方法能够较为便捷且连续地得到目标区域或单井的储层孔隙度发育及分布情况。

利用对孔隙度(POR)响应较敏感的密度、声波时差和补偿中子三类测井数据进行数学方法分析，回归出利用测井三孔隙度曲线的多元线性方程，并进行多次实验分析的孔隙度结果与计算结果的对比修正，建立利用测井数据求取页岩孔隙度的计算方法。从图 3-2 可以看出，用敏感因子分析法建立的孔隙度计算模型：

$$\begin{aligned} POR &= f(DEN, AC, CNL) \\ &= a_1 \times DEN + a_2 \times CNL + a_3 \times AC + a_0 \end{aligned}$$ (3-5)

计算的孔隙度与岩心分析孔隙度吻合较好，A 井测井计算与实验分析孔隙度的平均误差为 12.2%[15,16]。

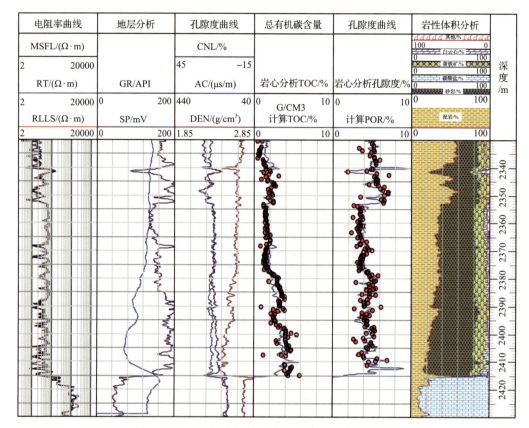

图 3-2　A 井孔隙度计算与室内实验测定结果对比图

3.1.3　页岩储层矿物组分录取方法

1. 室内实验测定矿物组分

页岩储层的脆塑性是评价页岩可压性的一项重要指标，在评价页岩脆性的计算方法中，利用矿物组分计算页岩脆性指数的方法在国内外页岩储层的开发过程中被普遍运用，因此，准确测定页岩储层中石英、黏土矿物、碳酸盐类矿物等的含量就尤为重要。目前，常用的室内测定页岩矿物组分的试验方法为 X 射线衍射（XRD）测定法和矿物电镜扫描分析法。

（1）XRD 测定法：该测试方法是基于不同的矿物晶体，在射线束与其呈不同角度时，满足布拉格衍射的晶体面就会有所显示，反映出不同的 X 射线衍射图谱。待测岩石样品应经过洗油、干燥、粉碎（粒径小于 1mm）、研磨（粒径小于 40μm）一系列处理，并研磨好后运用背压法制作测定试片，放入仪器中测定试件的各类矿物组分含量，为保障实验结果的精度，应对同一岩样开展多组平行试验。

（2）矿物电镜扫描分析法：该法可用于分析岩石样品中矿物的形貌、结构和化学成分。电子显微镜仪器是利用电子光学原理制成的一种显微镜，当电子枪发射的高速电子流与矿物样品相遇时，一部分透过样品，另一部分与样品的原子核相碰撞，与轨道电子碰撞时，则发生非弹性散射。由于物体不同部位的结构不同，透过它们的电子束将有疏密之别，因而形成质厚衬度（或反差）。该方法可与 XRD 测定法结合，定性定量地取得页岩岩石样品的矿物组分含量及矿物分布情况。

2. 测井解释矿物组分

由于元素测井价格昂贵，加之国内缺乏元素测井解释软件，故元素测井计算矿物含量的方法并没有得到广泛应用。因此，通过分析全岩矿物含量数据与常规测井曲线之间的关系，从敏感曲线分析入手，分析测试曲线中对各矿物成分敏感的部分曲线，从而建立岩心刻度测井的计算方法，达到求解矿物含量的目的。结果表明，利用敏感曲线优化方法所计算的黏土含量、硅质含量、钙质含量、黄铁矿等矿物成分，与实验分析结果匹配性良好，平均计算精度在 90% 以上。图 3-3 是沿 B 井水平段的矿物组分计算结果。

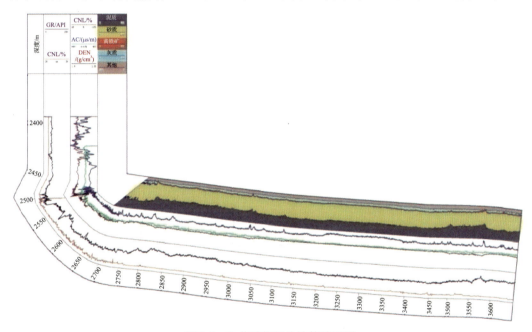

图 3-3 B 井矿物组分计算结果图

3.1.4 含气量录取方法

1. 室内实验测定含气量

页岩储层含气量是页岩开发区块资源量评价的关键参数，是鉴别其是否具有开采价值的一个决定性指标。实验方法获取页岩样品含气量的方法主要有两种：一种为解吸附实验法，另一种为等温吸附实验法。

1）解吸附实验法

该方法是测定页岩样品含气量最直接的方法，也是页岩气含量测量的基本方法。解吸法是分别获取页岩岩石样品中的解吸气量、损失气量和残余气量来计算得到页岩总含气量[17-19]。

在大气压下，岩心样品进入解吸罐后自行解吸出的气量为解吸气量，测定此类气体含量主要在钻井取心的现场完成。在钻井过程中，岩心取出井口后，迅速装入解吸罐中，密封用细粒砂填满空隙的解吸罐，并在地层温度的恒温设备里面，让岩心在大气压下自然解吸，按相同时间间隔记录各时刻的解吸气体积，直到完全解吸[20]。

损失气量是指钻头钻遇目的层开始，到岩心从井口取出装入解吸罐之前所释放出的气体体积。该气量主要基于天然气在页岩储层中扩散速度恒定，并通过 USBM(United States bureau mine)法直线回归获得，通常损失时间越短，估算结果越准确[21,22]。

残余气量是岩石样品在完全解吸后，残留在样品中的气体含量。测定此类气量通常是将岩样装入密闭的球磨罐中破碎，并在恒温装置中，使样品在储层温度下，按规定的时间间隔反复进行气体解吸，直至连续 1 周解吸的气体量不大于 $10cm^3/d$,测定其残余气量[23-25]。

2) 等温吸附实验法

页岩储层属于自生自储型，储层中的天然气主要是以游离气及吸附气的形式赋存于储存空间里。页岩中的吸附气多遵从 Langmuir 等温吸附公式，采用等温吸附实验方法，可较准确地评价页岩储层的吸附能力，确定临界吸附压力及吸附气与压力和温度的关系。整体实验是在恒温条件下开展，测定在不同压力下，达到吸附平衡时所需要的甲烷气的体积，继而根据 Langmuir 理论，计算得到吸附常数下的体积和压力，最终在实际的地层条件下，利用 Langmuir 计算模型获取实际的页岩储层吸附气含量[21-23]，如式(3-6)所示：

$$V' = \frac{V_L P}{P_L + P} \tag{3-6}$$

式中，V' 为吸附量，m^3/t；P 为气体压力，MPa；V_L 为 Langmuir 体积，即页岩吸附甲烷达到饱和时的最大吸附气含量；P_L 为 Langmuir 压力。

2. 测井解释含气量

目前，国内常用的利用测井解释数据获得储层含气量的方法是基于饱和度的计算模型，对于页岩储层来说该计算模型精度较低。因此，应提出计算含气指数判别气层的新思路。图 3-4 是含气指数评价气层流程图。

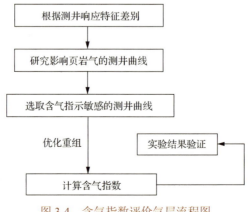

图 3-4 含气指数评价气层流程图

图 3-5 为 A 井、C 井和 D 井页岩气水平井利用测井响应曲线计算的含气指数与岩心解吸气含量的对比图，可知含气指数与现场解吸气含量呈正相关关系，含气指数高的地方对应的解吸气量高。因此，含气指数能够客观地反映页岩含气量的高低，在现场将具有非常直观的应用效果。

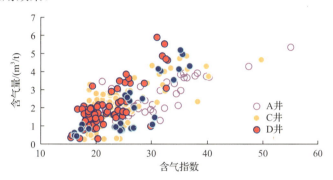

图 3-5　含气指数与岩心解吸气含量关系图

3.1.5　页岩裂缝录取方法

在裂缝评价中，主要采用双刻度分析法(一是野外地质调查刻度裂缝发育的整体模式，二是成像测井刻度裂缝具体类型，主要识别出高角度、低角度裂缝)，建立裂缝识别模式。

1. 野外露头观察宏观裂缝发育情况

观察野外露头，在龙马溪组底部露头发育着大量的斜交裂缝，而在五峰组则整体发育棋盘格裂缝(图 3-6)。

图 3-6　龙马溪组斜交裂缝(a)与五峰组棋盘格裂缝(b)模式图

2. 利用成像测井录取天然裂缝

目前市场上主流的电成像测井地层微电阻率扫描成像(formation microscanner image，FMI)和井壁微电阻率扫描成像测井(EMI)分别属于 Schlumberger 和 Halliburton

两个公司，前者仪器有 8 个极板共 192 个微电极，后者有 6 个极板 150 个微电极，相比而言 FMI 比 EMI 的井眼覆盖率要高些。这两种电成像测井仪垂向和周向分辨率均为 0.2in（约 5mm），可以很准确地识别裂缝、层理、溶洞等沉积成岩现象和孔隙特征，识别裂缝开度在几十微米到几百微米之间，并且能够提供裂缝的走向、倾向和倾角等方位信息，还能够识别充填缝和诱导缝。图 3-7 是 A 井的成像测井图，通过全面裂缝评价，不仅可判定裂缝的类型（诱导缝、高导缝、高角度缝、低角度缝等），同时，还能确定裂缝的走向、大小与方向，通过这些定性与定量的评价，可为工程开发提供重要的支撑。

相比砂岩、碳酸盐岩等岩性，页岩最显著的特征是富含有机质和层理发育，从储层发育主控因素和工程压裂改造的角度分析，层理缝的发育对页岩气储层的水平渗流能力起到了显著的改善作用，对页岩气的发育和产能都具备积极的贡献作用。结合生产勘探开发井的钻、测、录井资料及取心资料，按照研究区对龙马溪组—五峰组储层的 9 小层划分标准，以 D 井为例（图 3-8，表 3-1），对 9 个小层的层理缝发育特征进行了总结。

①号层深度范围相当于该井奥陶系五峰组，岩性以黑色硅质、碳质页岩为主，在岩性剖面上表现为自下而上泥质含量逐渐减少，硅质含量增加，FMI 图像上底部页理极其发育，黄铁矿含量较少，FMI 静态图像和动态图像由于岩石沉积组分和结构上的差别而呈现出层系特征，层系厚度较薄，多为 10cm，层理缝密度在 15.16 条/m，层理厚度为 5~15cm。

②号层伽马值较高，FMI 图像上，页理发育，在 2357.5m 处沉积了层厚约 20cm 的高阻薄层，综合判定为凝灰岩。

③号层平行层理较为发育，层理密度约为 6.59 条/m，从矿物剖面看，硅质含量比①号层要低，反映沉积期水体深度较①号层深，物源来源更丰富，平均层系厚度较大，约为 30cm，较 1 号层厚，且可见顺层连续分布的黄铁矿层。

④号层平行层理也很发育，层理密度约为 7.33 条/m，从矿物剖面看，硅质含量较③号层含量要低，反映沉积期构造背景稳定，水体安静，水体深度较 3 号层深，平均层系厚度较大，为 50~60cm，且可见顺层分布的黄铁矿。

⑤号层平行层理较为发育，层理密度约为 6.32 条/m，从矿物剖面看，硅质含量较④号层含量略低，粒度增大，反映沉积期构造背景稳定，水体安静，水体深度较④号层深，平均层系厚度较大，为 50~70cm，且可见顺层分布的黄铁矿。

⑥号层平行层理较为发育，层理密度约为 2.59 条/m，从矿物剖面看，硅质含量较④号层含量相当，平均层系厚度较大，为 40cm，且可见顺层分布的黄铁矿。

⑦号层较上下临层平行层理极其发育，层理密度约为 5.27 条/m，但 FMI 图像在静态图像和动态图像不显示层系特征，黄铁矿层呈顺层、断续状分布，黄铁矿含量较⑥号层增加，表明沉积期构造背景稳定、水体安静，为还原环境，物源来源稳定单一。

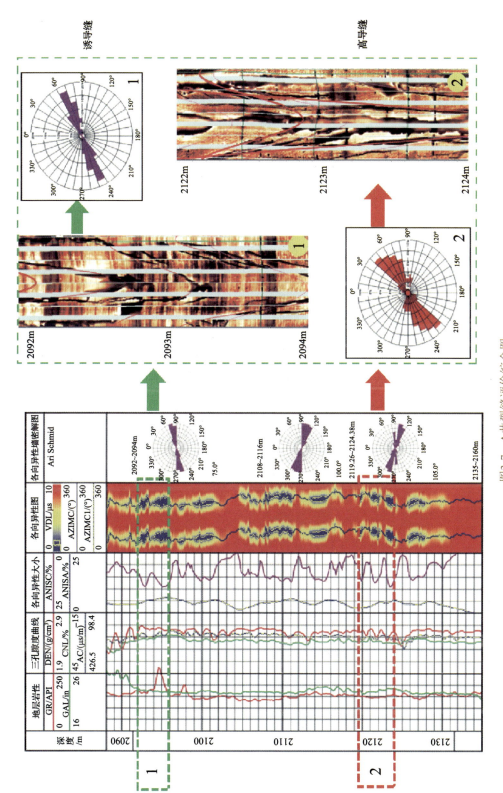

图3-7 A井裂缝评价综合图

ANISC表示校正后的各向异性大小；ANISA表示平均各向异性大小

⑧号层平行层理较为发育，层理密度为 2.84 条/m，FMI 图像在静态图像和动态图像不显层系特征，黄铁矿层含量较⑦号层渐少，呈顺层、连续状分布，在图像上可以识别出钙质条带与钙质结合，表明沉积期构造背景稳定、水体安静，为还原环境。

⑨号层平行层理较为发育，层理密度为 2.31 条/m，FMI 图像在静态图像和动态图像不显层系特征，黄铁矿层含量较⑧号层渐少，呈顺层断续状或结核状产出，在图像上可以识别出钙质条带，表明沉积期构造背景稳定、水体安静，为还原环境。

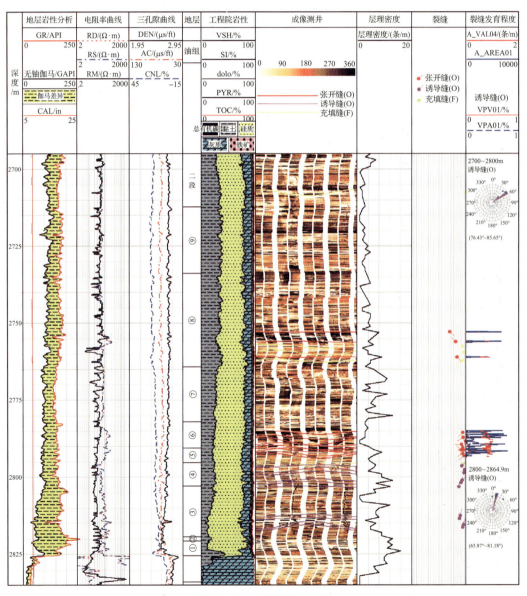

图 3-8 D 井裂缝发育特征

表 3-1 D 井成像资料统计层理密度结果

小层	顶深/m	底深/m	厚度/m	总条数	层理密度/(条/m)
⑨	2712.30	2733.90	21.60	50	2.31
⑧	2733.90	2764.20	30.30	86	2.84
⑦	2764.20	2782.05	17.85	94	5.27
⑥	2782.05	2790.55	8.50	22	2.59
⑤	2790.55	2795.30	4.75	30	6.32
④	2795.30	2802.80	7.50	55	7.33
③	2802.80	2819.35	16.55	109	6.59
②	2819.35	2820.65	1.30	13	10.00
①	2820.65	2825.40	4.75	72	15.16

3.2 页岩储层工程参数录取方法

3.2.1 岩石力学参数录取方法

岩石力学参数包括弹性参数(泊松比、杨氏模量、剪切模量、体积模量等)与强度参数。目前，获取岩石力学参数的方法主要有两类：一类为岩心室内实测的方法；另一类是利用测井资料计算连续的岩石力学参数的方法。

1. 室内实验录取岩石力学参数

1)单轴岩石力学实验

单轴岩石力学实验是指岩石样品在无侧限条件下，仅承受轴向压力破坏，在单位面积上所能承受的荷载。该实验操作较为简单，将岩石样品按照仪器要求做成光洁、平整的标准试件，将制好的岩样置于仪器两端帽之间，取适当长度的聚四氟乙烯热收缩管套在岩样和端帽外，加热收紧并在靠近热收缩管两端，在应力或应变控制下进行样品加载，并以 5s 为间隔记录载荷、轴向和径向应变，轴向应力的变化与由应力变化而产生的轴向应变的比值即为样品的杨氏模量(图 3-9)，样品破坏时径向正应变与轴向正应变的绝对值的比值为泊松比。为确保实验数据的精度，每个样品应至少开展 3 个以上的平行样品实验。

2)三轴岩石力学实验

三轴岩石力学实验是在岩石样品上加载了三向压应力，水平向加载的应力小于轴向应力，与单轴岩石力学实验相比，三轴岩石力学实验在样品四周加载了围压，模拟地层条件下岩石的受力破坏情况。整个实验过程与单轴实验相同，同样，为了确保数据精度，也应开展 3 个以上岩石平行样品试验。

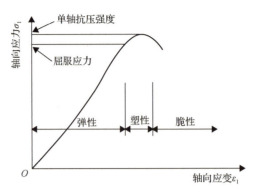

图 3-9　单轴压缩实验应力应变曲线

2. 测井数据录取岩石力学参数

岩石力学实验是确定岩石力学参数最基本、最直接的方法，但岩心实验数据有限，不能反映井剖面地层岩石强度的变化趋势。将岩石强度的实验研究与测井连续计算相结合，是获得对岩石强度剖面全面认识的重要途径。

目前对岩石力学参数计算主要还是在先导井里进行。测井评价方法是基于岩心室内测试刻度测井的方式，除了页岩动静态转换系数的确定外，在计算模型上沿用常规模型。测井数据获取岩石力学特性参数研究基于岩石力学实验分析，利用常规与特殊测井资料录取岩石力学参数是在岩心刻度的基础上，研究页岩储层工程参数特性的较为便捷和准确的方法之一。表 3-2 为 A 井龙马溪组页岩岩石力学测试结果，表 3-3 为地应力测试结果。利用这些室内实验结果作为参照，开展相应的测井评价岩石力学方法研究。

表 3-2　A 井龙马溪组页岩岩石力学参数测试结果

序号	取样角度	抗压强度/MPa	杨氏模量/MPa	泊松比	备注
1	45°	32.28	34786	0.218	贯穿裂缝发育
2	90°	66.78	39676	0.226	贯穿裂缝发育
3	垂 1	41.78	25153	0.192	4 条贯穿水平缝
4	0°	57.54	36130	0.20	贯穿裂缝发育
5	垂 1	30.57	37963	0.198	2 条贯穿水平缝
6	平 1	146.17	46312	0.245	含缝，但不贯穿
7	平 1	154.52	48599	0.247	含缝，但不贯穿

注：测试条件为围压和孔压都为 0MPa。

表 3-3 A 井龙马溪组地应力大小测试结果

序号	井深/m	Kaiser 点对应的应力值/MPa				三主应力大小/MPa		
		垂直	0°	45°	90°	上覆岩层压力	水平最大主应力	水平最小主应力
1	2380.56~2380.95	39.38	42.92	19.83	29.89	58.62	63.50	47.39

注：测试条件为围压和孔压都为 0MPa。

1) 纵横波预测技术

利用偶极横波测井资料提取的纵波、横波能够大大提高岩石力学弹性参数计算准确性。为了实现页岩气的低成本高效开发，研究区内探井和开发水平井都较少测量偶极横波测井，这就为岩石力学评价提出了难题。此前，横波预测技术主要用于满足叠前地震属性分析，因此基于导眼井偶极横波测井资料和常规测井资料，研究了横波与常规测井曲线之间的关系(图 3-10)，并建立横波计算模型(表 3-4)，应用于缺少横波资料的水平井或邻井，为岩石力学参数计算提供可靠基础，有助于进一步降低成本。

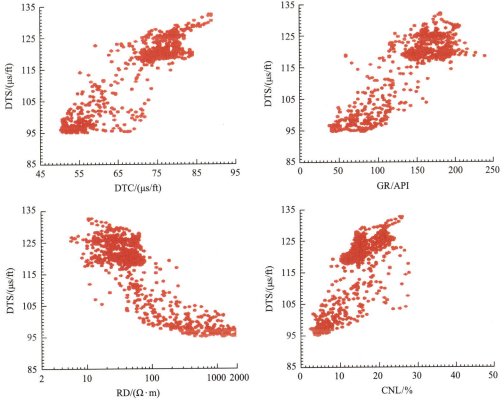

图 3-10　A 井横波时差与常规测井曲线交会图

表 3-4 A 井横波时差与常规测井曲线关系

横波时差与常规测井曲线建立关系	相关系数
DTS=0.9648×DTC+46.5660	R^2=0.8670
DTS=0.2030×GR+86.7829	R^2=0.7847
DTS=147.439−14.4495×lgRD−3.31521×(lgRD)^2+0.893379×(lgRD)^3	R^2=0.7902
DTS=92.0838+1.65641×CNL	R^2=0.7276
DTS=62.1460+0.6138×CNL+0.5751×DTC+0.0348×GR−0.8966×lgRD	R=0.9028
DTS=59.2607+0.6565×CNL+0.5740×DTC+0.0410×GR	R=0.9027

利用 A 井偶极横波资料提取的横波时差与常规测井 GR、RT、CNL、DTC 之间建立关系，可以看出横波时差与纵波时差关系较好，多元回归拟合的横波时差相关性也较好（图 3-11）。为规避水平井电阻率曲线出现的犄角异常给横波预测带来的影响，还建立了除电阻率以外，GR、RT、CNL、DTC 与横波时差的多元回归关系。在 E 井中应用该方法对横波进行预测（图 3-12），从与室内试验的对比来看，该方法在该井中效果良好。

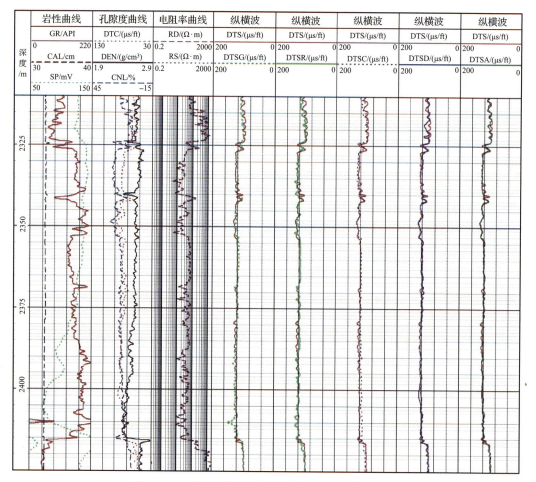

图 3-11 A 井拟合的横波时差与实际测量的横波时差

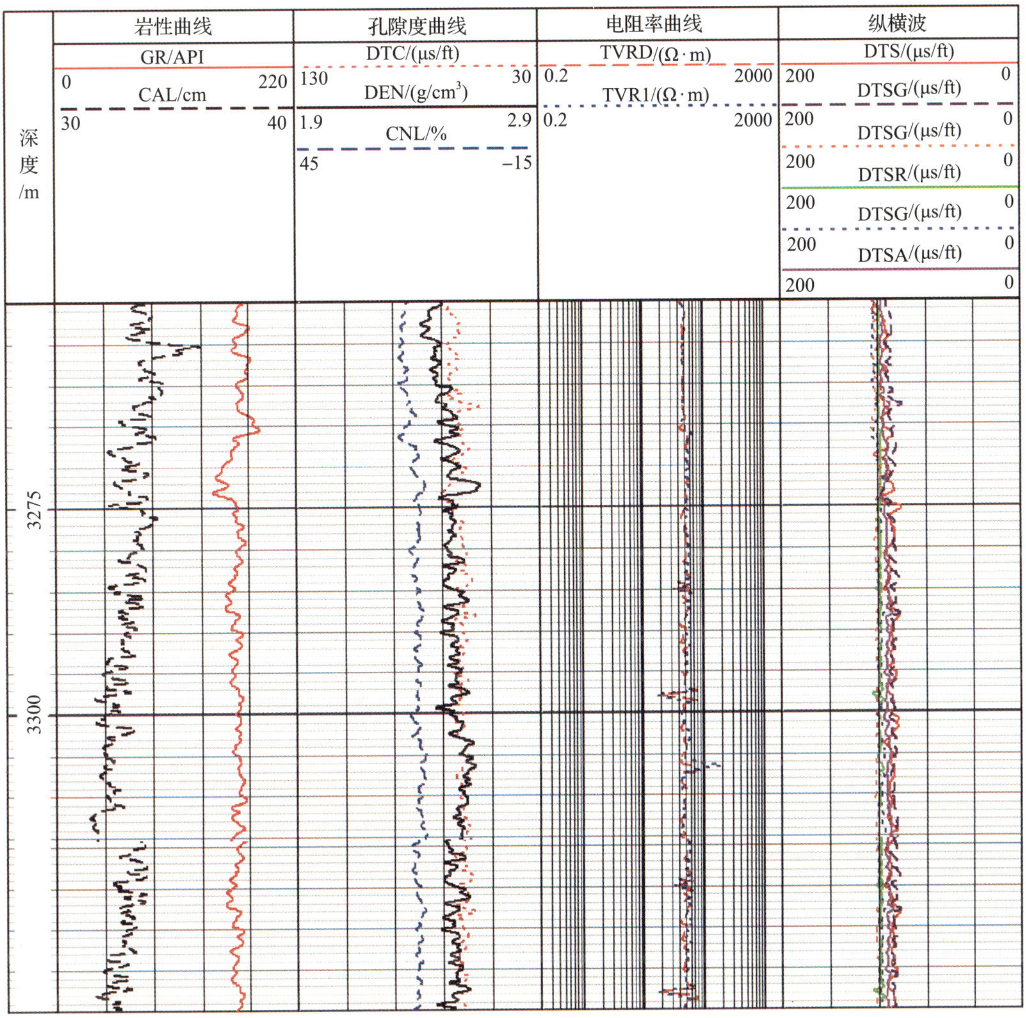

	岩性曲线	孔隙度曲线	电阻率曲线	纵横波

图 3-12 横波预测技术应用于 E 井

2) 弹性参数

在 Sonnicsanner 声波测井资料处理基础上，泊松比、杨氏模量、剪切模量和体积模量分别如式(3-7)~式(3-10)所示：

$$\mu_{\mathrm{d}} = \frac{1}{2}\left(\frac{\Delta t_{\mathrm{s}}^2 - 2\Delta t_{\mathrm{p}}^2}{\Delta t_{\mathrm{s}}^2 - \Delta t_{\mathrm{p}}^2} \right) \tag{3-7}$$

$$E_{\mathrm{d}} = \frac{\rho_{\mathrm{b}}}{\Delta t_{\mathrm{s}}^2} \frac{3\Delta t_{\mathrm{s}}^2 - 4\Delta t_{\mathrm{p}}^2}{\Delta t_{\mathrm{s}}^2 - \Delta t_{\mathrm{p}}^2} \tag{3-8}$$

$$G = \frac{\rho_{\mathrm{b}}}{\Delta t_{\mathrm{s}}^2} \tag{3-9}$$

$$K = \rho_{\mathrm{b}} \frac{3\Delta t_{\mathrm{s}}^2 - 4\Delta t_{\mathrm{p}}^2}{3\Delta t_{\mathrm{s}}^2 \Delta t_{\mathrm{p}}^2} \tag{3-10}$$

式中，Δt_{p} 为纵波时差，μs/ft；Δt_{s} 为横波时差，μs/ft；E_{d} 为动态杨氏模量，MPa；μ_{d} 为动态泊松比；ρ_{b} 为体积密度，g/cm³；G 为剪切模量，MPa；K 为体积模量，MPa。

岩石的动态力学参数是指岩石在各种动载荷或周期变化载荷（如声波、冲击、震动等）作用下所表现出的力学性质参数。在静载荷作用下岩石表现出的力学参数称为静态参数。实验研究表明，对于一块完整致密的岩石来说，其动态、静态力学参数比较接近。对于疏松或欠固结的地层，动态、静态力学参数可能有显著的差异。

一般情况下，动态参数要大于静态参数。在实验数据较多的情况下，可以自行建立动静态转换关系。若实验数据较少无法自行建立，则可借用经验公式：

$$E_{\mathrm{s}} = 270.94\mathrm{e}^{0.0001E_{\mathrm{d}}} \tag{3-11}$$

$$\mu_{\mathrm{s}} = 0.1268 + 0.25\mu_{\mathrm{d}} \tag{3-12}$$

式中，E_{s} 为静态杨氏模量；μ_{s} 为静态泊松比。

根据岩石力学试验结果，建立涪陵地区 E_{d}、μ_{d} 的动态、静态转换关系式如下：

$$E_{\mathrm{s}} = 1.587E_{\mathrm{d}} - 2.793 \tag{3-13}$$

$$\mu_{\mathrm{s}} = 1.2946\mu_{\mathrm{d}} - 0.0197 \tag{3-14}$$

3）强度参数

有国外学者对 200 多块沉积岩进行实验后，做出了岩石单轴抗压强度（S_{C}）与岩石弹性模量（E）、黏土含量（V_{cl}）的统计关系式，该统计关系式为

$$S_{\mathrm{C}} = 0.0045E(1 - V_{\mathrm{cl}}) + 0.008V_{\mathrm{cl}}E \tag{3-15}$$

在前人研究的基础上，提出岩石抗张强度（S_{T}）和抗压强度（S_{C}）的关系为

$$S_{\mathrm{T}} = S_{\mathrm{C}} / 12 \tag{3-16}$$

表 3-5 为计算与实验分析的误差分析，分析对比结果可见，测井数据计算得到的泊松比、杨氏模量成果相对准确，符合技术指标要求。

表 3-5　A 井岩石力学参数计算成果对比表

井深/m	纵波时差/(μs/ft)	横波时差/(μs/ft)	实验杨氏模量/GPa	计算杨氏模量/GPa	杨氏模量误差/%	实验泊松比/%	计算泊松比/%	泊松比误差/%
2337.9	80	125.97	34.162	30.819	9.78	0.229	0.289	26.2
2367.98	73.067	118.094	32.657	36.637	12.19	0.219	0.216	1.37
2368.05	74.023	117.7	33.41	35.249	5.5	0.24	0.207	13.75
2372.7	75.672	121.789	34.381	41.199	19.83	0.247	0.253	2.23
2372.8	74.398	121.733	33.574	40.815	21.57	0.229	0.258	12.66
2380.6	76.61	120.293	34.8	29.254	15.94	0.218	0.212	2.75
2380.7	77.885	122.197	39.7	29.547	25.57	0.226	0.218	3.54
2380.85	78.65	124.792	36.1	29.82	17.4	0.2	0.221	10.5
2389.18	80	124.561	34.689	33.463	3.54	0.222	0.174	21.62

续表

井深/m	纵波时差/(μs/ft)	横波时差/(μs/ft)	实验杨氏模量/GPa	计算杨氏模量/GPa	杨氏模量误差/%	实验泊松比/%	计算泊松比/%	泊松比误差/%
2389.25	79.16	123.695	33.868	34.498	1.86	0.221	0.181	18.1
2389.29	79.16	123.695	28.609	34.498	20.58	0.195	0.181	7.18
2391.6	77.885	121.864	23.311	28.158	20.79	0.213	0.221	3.76
2395.29	80.69	125.903	34.435	39.122	13.61	0.238	0.241	1.26
2406.95	75.536	121.069	46.3	35.288	23.78	0.245	0.222	9.39
2415.08	77.408	118.801	24.914	23.081	7.36	0.159	0.178	11.95

3.2.2 地应力录取方法

1. 地应力方向分析

地应力方位与井壁崩落及诱导缝的方位关系密切,因此从 FMI 图像上分析井壁崩落及钻井诱导缝的发育方位便可确定现今最大或最小水平主应力方向。在裂缝发育段,古构造应力多被释放,保留的应力很小,其应力的非平衡性也弱。但在致密地层中古构造应力未得到释放,并且近期构造应力在致密岩石中不易衰减,因而产生一组与之相关的诱导缝及井壁崩落。诱导缝在 FMI 成像图上应为一组平行且呈 180° 对称的高角度裂缝,这组裂缝的方向即为现今最大水平主应力的方向;井壁崩落在 FMI 图像上表现为两条 180° 对称的垂直长条暗带或暗块,井壁崩落的方位即为地层现今最小水平主应力方位。

通过观察可见较多成组、羽状特征的钻井诱导缝,统计其走向为北西西—南东东方向。根据双井径分析、FMI 图像观察的井壁崩落和钻井诱导缝,综合判断 A 井 FMI 测量计算双井径的结果指示,井旁现今最小水平主应力的方向为南北向;部分层段在图像上可以看到清晰的井壁崩落特征,井壁崩落方位为南北向。钻井诱导缝在一些层段发育,钻井诱导缝走向为东西向。综合以上信息判断该井井周现今最大水平主应力的方向为东西向(图 3-13)。

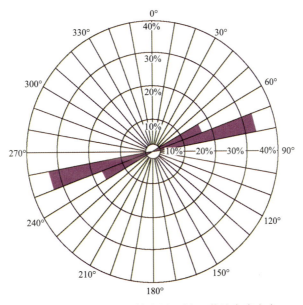

图 3-13 利用成像测井资料分析 A 井地应力方向

2. 地应力大小计算

地应力剖面测井解释是在一定的假设条件下，以地应力实测数据为基础，建立相对简单的地应力计算模式，利用相关的地球物理测井数据进行地应力计算分析的一种方法，其计算结果在一定程度上依赖于所建立的计算模式。目前，地应力测井计算模式主要有四种。

(1) 基于最大主应力、最小主应力之间的关系提出的 Mohr-Columb 模式，该计算模式是基于地层处于剪切破坏临界状态这一假设给出的。

(2) 单轴应变模式，较有代表性的计算模型有 Matthews & Kelly 模型[26]和 Anderson 模型[27]等。

(3) 黄荣樽模式[28](1984 年)，该模式考虑了构造应力的影响，可以解释水平应力大于垂向应力的现象。

(4) 斯伦贝谢模式(1988 年)，又称为组合弹性经验关系模式。

其中组合弹性经验关系模型综合考虑了地层岩石力学、孔隙压力及构造作用对地应力的影响，近年来在实际工程应用较为广泛。该模型假设岩石为均质、各向同性的线弹性体，并假定在沉积及后期地质构造运动过程中，地层和地层之间无相对位移，地层两水平方向的应变为常数。各主应力分量的计算如下：

$$\begin{cases} \sigma_{\mathrm{H}} = \dfrac{\mu}{1-\mu}\sigma_{\mathrm{v}} + \dfrac{1-2\mu}{1-\mu}\alpha P_{\mathrm{p}} + \dfrac{E}{1-\mu^2}\varepsilon_{\mathrm{H}} + \dfrac{\mu E}{1-\mu^2}\varepsilon_{\mathrm{h}} \\ \sigma_{\mathrm{h}} = \dfrac{\mu}{1-\mu}\sigma_{\mathrm{v}} + \dfrac{1-2\mu}{1-\mu}\alpha P_{\mathrm{p}} + \dfrac{E}{1-\mu^2}\varepsilon_{\mathrm{h}} + \dfrac{\mu E}{1-\mu^2}\varepsilon_{\mathrm{H}} \end{cases} \tag{3-17}$$

$$\sigma_{\mathrm{v}} = \int_{H_0}^{0} \rho_0(h)gdh + \int_{H}^{H_0} \rho(h)gdh \tag{3-18}$$

式中，σ_{H} 为水平最大地应力；σ_{h} 为水平最小地应力；σ_{v} 为垂向地应力；μ 为泊松比；α 为 biots 系数；E 为岩石弹性模量；ε_{H} 为沿最大主应力方向的构造应变系数；ε_{h} 为沿最小主应力方向的构造应变系数；P_{p} 为地层孔隙压力；H_0 为测井起始点深度；$\rho_0(h)$ 为未测井段深度为 h 点的密度；$\rho(h)$ 为深度为 h 点的测井密度；g 为重力加速度。

其中，获取 ε_{H}、ε_{h} 是开展地应力剖面研究的关键。对构造平缓且稳定的地层，准确确定构造应变系数 ε_{H}、ε_{h}，是基于上述模型利用测井资料构建地应力剖面的关键。根据涪陵地区页岩气井压后地应力参数反演值，拟合得到构造应变系数 ε_{H}=0.94、ε_{h}=0.445。

图 3-14 为 A 井地应力计算成果图，A 井储层段垂向应力为 58.2～60.3MPa，最大水平主应力为 66.7～68.9MPa，最小水平主应力为 49.6～52.8MPa，应力状态为滑移断层模式。测井计算破裂压力为 65.1～67.2MPa，A 井水平段储层改造破裂压力为 64.2～67.9MPa，计算结果与实际破裂压力较一致。地应力预测精度达到 80%以上。

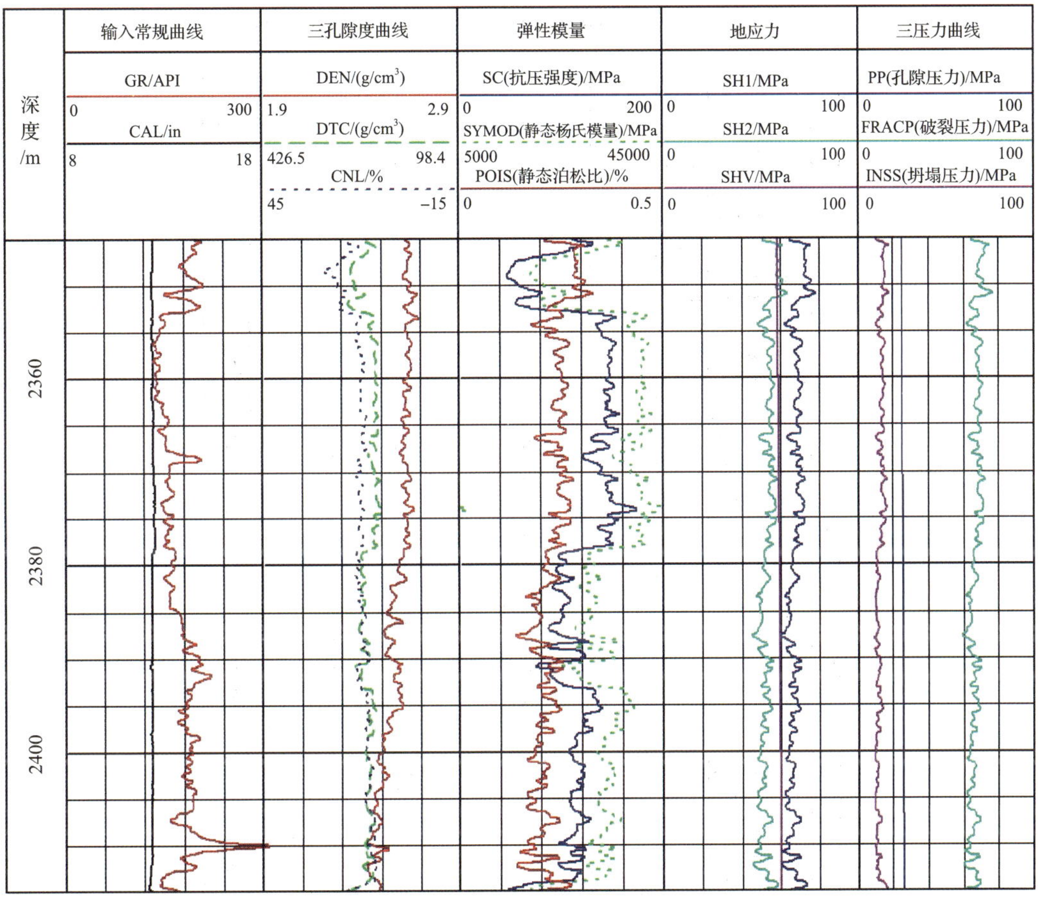

深度/m	输入常规曲线		三孔隙度曲线			弹性模量			地应力			三压力曲线		
	GR/API 0—300	CAL/in 8—18	DEN/(g/cm³) 1.9—2.9	DTC/(g/cm³) 426.5—98.4	CNL/% 45—−15	SC(抗压强度)/MPa 0—200	SYMOD(静态杨氏模量)/MPa 5000—45000	POIS(静态泊松比)/% 0—0.5	SH1/MPa 0—100	SH2/MPa 0—100	SHV/MPa 0—100	PP(孔隙压力)/MPa 0—100	FRACP(破裂压力)/MPa 0—100	INSS(坍塌压力)/MPa 0—100

图 3-14 A 井地应力计算成果图

3.3 应 用 实 例

F-1HF 井 1530m 水平段在③号层穿行。应用测井资料解释法，并结合室内实验分析结果，获取该井目的层连续的地质特征参数，运用地质甜度模型建立连续甜度曲线并开展水平段的段簇划分，结果如图 3-15 所示。

确定压裂段簇后，利用商业模拟软件，建立单井协同优化模型，并开展人工裂缝参数及压裂施工参数优化模拟，推荐 F-1HF 井最佳压裂优化方案基本参数如下：①压裂段数为 17 段，2～3 簇/段；②排量为 13～14m³/min；③裂缝半长为 250～280m；④导流能力为 1μm²·cm 左右；⑤单段规模为液量 1500～1700m³（胶液占 11%～13%）、砂量 50～60m³（9～10m³100 目粉陶）。

依照此方案，F-1HF 井的典型压裂施工曲线如图 3-16 所示，与同平台另外一口井 F-2HF 井相比，F-1HF 井无阻流量及 5 个月累计产气量均较高（表 3-6）。

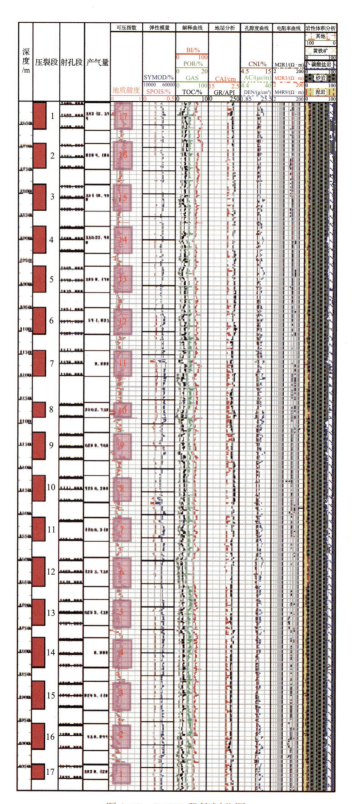

图 3-15　F-1HF 段簇划分图

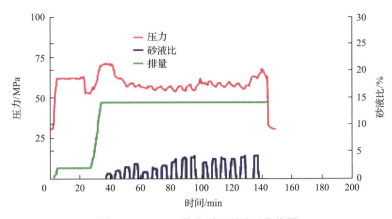

图 3-16　F-1HF 井典型压裂施工曲线图

表 3-6　F 平台 2 口井压后效果表

井号	最高测试产量/(万 m³/d)	地层压力/MPa	一点法平均无阻流量/(万 m³/d)	5 个月累计产气量/(万 m³/d)
F-1HF	31.4	37.7	37.8	1651
F-2HF	22.5	37.7	26.8	1446

参 考 文 献

[1] 李建红, 李熹. 高频燃烧红外吸收法测定页岩中有机碳[J]. 煤炭与化工, 2015, 38(5): 137-141.

[2] 王祥, 刘玉华, 张敏, 等. 页岩气形成条件及成藏影响因素研究[J]. 天然气地球科学, 2010, 21(2): 350-356.

[3] 熊镭, 张超谟, 张冲, 等. A 地区页岩气储层总有机碳含量测井评价方法研究[J]. 岩性油气藏, 2014, 26(3): 74-78.

[4] 尚伟. 页岩有机碳含量测井评价方法及其应用[J]. 天然气地球科学, 2014, 24(15): 169-175.

[5] Zhang T W, Ellis G S, Ruppel S C, et al. Effect of organic-matter type and thermal maturity on methane adsorption in shale-gas systems[J]. Organic Geochemistry, 2012, 47(6): 120-131.

[6] 李亮歌, 许金树. 海洋沉积物中有机碳几个主要测定方法的比较[J]. 热带海洋学报, 1987(1): 46-51.

[7] 刘昌岭, 朱志刚, 贺行良, 等. 重铬酸钾氧化-硫酸亚铁滴定法快速测定海洋沉积物中有机碳[J]. 岩矿测试, 2007, 26(3): 205-208.

[8] 顾涛, 王迪民, 杨梅, 等. 高频红外碳硫仪测定土壤/沉积物中总有机碳研究[J]. 华南地质与矿产, 2015, 31(3): 306-310.

[9] 于炳松. 页岩气储层孔隙分类与表征[J]. 地学前缘, 2013, 20(4): 211-220.

[10] 杨巍, 薛莲花, 唐俊, 等. 页岩孔隙度测量实验方法分析与评价[J]. 沉积学报, 2015, 33(6): 1258-1264.

[11] 杨峰, 宁正福, 张世栋, 等. 基于氮气吸附实验的页岩孔隙结构表征[J]. 天然气工业, 2013, 33(4): 135-140.

[12] Luffel D L, Guidry F K. New core analysis methods for measuring reservoir rock properties of devonian shale[J]. Journal of Petroleum Science and Technology, 1992, 44(11):1182-1190.

[13] Luffel D, Guidry F. Core analysis results comprehensive study wells Devonian shales: Topical report[J]. Technical Report Research Houston, Inc. 1989.

[14] Luffel D L, Guidry F K, Curtis J B. Evaluation of Devonian shale with new core and log analysis methods[J]. Journal of Petroleum Technology, 1992, 44(11): 1192-1197.

[15] 刘江涛, 刘双莲, 李永杰, 等. 焦石坝地区奥陶系五峰组—志留系龙马溪组页岩地球化学特征及地质意义[J]. 油气地质与采收率, 2016, 23(3): 53-57.

[16] 孙军昌, 陈静平, 杨正明, 等. 页岩储层岩心核磁共振响应特征实验研究[J]. 科技导报, 2012, 30(14): 25-30.

[17] 李玉喜, 乔德武, 姜文利, 等. 页岩气含气量和页岩气地质评价综述[J]. 地质通报, 2011, 30(2/3): 308-317.

[18] 白兆华, 时保宏, 左学敏. 页岩气及其聚集机理研究[J]. 天然气与石油, 2011, 29(3): 54-57.

[19] 李静, 李小彦, 杨利君, 等. 煤层含气量预测方法[J]. 煤田地质与勘探, 1998, 26(1): 31-33.

[20] 刘洪林, 邓泽, 刘德勋, 等. 页岩含气量测试中有关损失气量估算方法[J]. 石油钻采工艺, 2010, 32(增刊): 156-158.

[21] 徐成法, 周胜国, 郭淑敏. 煤层含气量测定方法讨论[J]. 河南理工大学学报(自然科学版), 2005, 24(2): 23-25.

[22] 齐保全, 杨小兵, 张树东, 等. 应用测井资料评价四川盆地南部页岩气储层[J]. 天然气工业, 2011, 31(4): 44-47.

[23] 庞湘伟. 煤层气含量快速测定方法[J]. 煤田地质与勘探, 2010, 38(1): 29-32.

[24] Kissell F N, Mcculloch C M, Elder C H. The Direct Method of Determining Methane Content of Coalbeds for Ventilation Design[M]. Washington D C: National Institute for Occupational Safety and Health (NIOSH), 1973.

[25] Diamond W P, LevineJ R. Direct method determination of the gas content of coal: Procedures and results[R]. Washington D C: National Institute for Occupational Safety and Health (NIOSH), 1981.

[26] Matthew W R, Kelly J. How to predict pressure and fracture gradient[J]. Oil and Gas Journal, 1967, 62(8): 92-106.

[27] Anderson R A, Ingram D S, Zomier A M. Determing fracture pressure gradient from well logs[J]. ZPT, 1973: 1259-1268.

[28] 黄荣樽. 地层破裂压力预测模式的探讨[J]. 华东石油学院学报, 1984, (4): 335-347.

第4章 页岩水力裂缝扩展规律

4.1 大型压裂物理模拟方法

水力压裂自1947年在美国首次试验成功后,作为油气增产的主要措施之一已被广泛应用于现代石油工业中,对低渗油气藏的生产起了重要的作用。同时,水力压裂还发展成为测定深部地层原地应力的最可靠方法之一。近些年来,水力压裂技术已经从油藏开发压裂拓展到探井压裂,使该项技术不仅成为油气藏的增产增注手段,也成为如今评价认识储层的重要方法。与此同时,在地热资源的开发、核废料的储存及煤炭开采等领域也得到了重要应用。因此,水力压裂技术具有重要的工业价值和经济效益[1]。

水力裂缝的几何形态是影响压裂处理效果的主要因素之一。经济有效的压裂应尽可能地让裂缝在储层延伸,并且应防止裂缝穿透水层和低压渗透层。这就要在深刻认识裂缝扩展规律的基础上优选压裂作业参数,并采取有效措施控制裂缝的扩展。但是现场作业表明,水力压裂的效果往往不是十分明显,有时由于穿透隔层而导致失败,尤其当存在高压底水层时,如果裂缝贯穿水层,不仅导致压裂作业失败,还将造成油层压力体系的破坏。水力压裂作业失败的一个主要原因是未能对裂缝的几何形态实现有效地控制。这说明对水力裂缝的扩展机制及影响裂缝扩展规律的因素的认识还是十分有限的,因此迫切需要对水力压裂理论进行深入的研究。

除一些特殊情况之外,不可能直接观察到现场水力裂缝的实际形态,而且尚无十分有效的测试方法,因此,采用大尺寸真三轴水力压裂物理模拟的方法,针对水力压裂设计及施工中涉及的一系列问题进行研究,具有重要的意义。其优点是能够直观地观测到水力裂缝特征,同时还具有成本低、可重复性好等特点。

从20世纪60年代到2010年,全世界进行真三轴水力压裂物理模拟研究比较多的机构约有十二家。其中主要包括中国石油大学(北京)、荷兰TU Delft大学、Hallibuton、Schlumberger,以及美国Sandia国家实验室等研究机构。2010年之后,随着页岩油气在全球范围内的大规模开发,水平井分段压裂成为页岩气成功开发的两个关键技术之一,越来越多的大学和科研院所也纷纷添置了真三轴大型水力压裂物理模拟装置,加入到相关的研究中来,其中包括中石油勘探开发研究院廊坊分院、中国科学院(以下简称中科院)地质与地球物理研究所、澳大利亚科廷大学、吉林大学、中石化石油勘探开发研究院等。

随着研究内容的不断丰富,为了深入了解水力裂缝扩展的机理,避免尺寸效应及边界效应的影响,物模试样尺寸从原来最初的153mm×457mm×305mm,发展到目前最大尺寸686mm×686mm×813mm,因而对实验设备的要求也越来越高。最初的研究中水力裂缝的观察是等实验完毕剖开试样后进行的,无法对水力裂缝的起裂及扩展进行动态的监测。随着技术的不断进步,由于压力传感器系统和声发射动态监测系统的应用,从而实现室内研究过程中对水力裂缝的动态监测。水力压裂物理模拟从早期研究直井裸眼起裂开始发展到现在，研究的内容已经非常广泛，下面从国外和国内两个层面进行阐述。

4.1.1 常规储层水力压裂物理模拟国外研究进展

目前，真三轴水力压裂物理模拟作为水力压裂基础研究的重要组成部分，其研究内容非常广泛，国外的研究大体分以下几个大的方面。

1. 裂缝形态的直观试验及监测

Daneshy[2]最早采用砂岩进行水力压裂实验，研究发现，单点源起裂的水力裂缝形态为 Penny 型，从单条线源起裂的水力裂缝形态为椭圆形，方法是用有机玻璃等透明材料作为试样，便于直接观察裂缝扩展的过程和形态。法国石油研究院(IFP)曾做过这类试验[3]。Thiercelin 等[4]采用高速照相机拍摄裂缝扩展过程，并用于扩展速度的分析。当试样为均质材料时，水力裂缝的缝长剖面和缝宽剖面形态近似为椭圆，但这一结论在裂缝穿过材料性质不同的隔层及不同的水平地应力层时是不适用的。除了直观实验，国际上目前有两种裂缝形态监测方法：以 Terra Tek 公司[5]为代表的压力传感器监测系统和加利福尼亚大学伯克利分校[6]为代表的声发射监测系统。

2. 水力裂缝起裂研究

Medlin 等[7]通过物理模拟实验来研究直井水力压裂裂缝起裂压力和起裂方位，发现裂缝起裂的方位主要取决于应力场的分布和井眼的尺寸大小。他们还把浸过原油的试样实验后的结果和没有浸过油的实验结果进行了比较，发现浸油对裂缝的起裂机理影响不大。Marangos[8]通过实验发现，水力压裂中泵压对起裂的影响要比流体滤失的影响小。流体滤失对裂缝起裂的影响，尤其是对天然裂缝地层的影响特别大。在这种情况下，有少量的压裂液会先于压裂液的主体进入，并且导致相对较低的起裂压力。David 等[9]从压力脉冲的角度通过实验，发现裂缝起裂过程中从产生水力压裂裂缝模式到产生多裂缝模式的临界增压速率。岩石的强度越高，则其对应的产生多裂缝的临界增压速率越大，并且从实验中回归出了一个临界增压速率和岩石的抗拉强度的线性关系以及临界增压速率和裂缝起裂时的净破裂压力的线性关系。Lhomme 和 de Peter[10]通过实验研究了水力裂缝起裂机理，采用牛顿流体的压裂液对干性砂岩进行压裂，通过改变流体的黏度和流体的泵注速率研究砂岩起裂过程中的滤失效应，同时还考虑了尺寸效应。研究表明，高黏度压裂液和低泵注速率的实验结果，与低黏度压裂液和高泵注速率的实验结果基本相同。

3. 射孔参数对水力裂缝起裂及水力裂缝形态的影响

Rabaa[11]通过实验研究水平井的起裂后多裂缝的问题发现，射孔的间距大于井眼直径的四倍及倾斜角低于 75°时(其中的倾斜角指偏离最小水平地应力的角度)，便会产生多裂缝。Bahrmann 和 Elbel[12]采用砂岩做试样，研究了射孔条件下裂缝形态及起裂机理，发现水力裂缝容易在射孔通道的端部或最大水平主应力平面与井筒轴线交叉处的井眼表面起裂。影响起裂的主要因素是射孔方位与最小水平主应力间的夹角、压裂流体特性和排量。Weijers 和 de Pater[13]的研究发现，在三轴应力条件下，射孔端裂缝起裂容易形成多裂缝，而且容易沿着井筒与试样的固结面延伸。Ketterij 和 Pater[14]研究了斜井条件下射孔因素对水力裂缝形态的影响，发现当射孔方位角为 90°时，不利于不同射孔端水力裂缝间的连通，容易造成扭曲缝；而当方位角为 180°时，最有利于形成单一裂缝。同时，较高的起裂压力有利于水力裂缝的连通。

4. 多裂缝扩展的模拟研究

Abass 等[15]在水平井筒裂缝的非平面扩展的研究中指出，非平面裂缝的类型包括多裂缝、扭曲裂缝及 T 形缝。多裂缝的开度要比单裂缝的开度小，随着裂缝数目的增多，流体的滤失也变多，容易造成早期的脱砂。重新定位裂缝波浪形的壁面，使摩擦力变大，近井筒摩阻增大，从而造成较高的施工压力。Papadopoulos 等[16]采用水泥试样研究了两条裂缝在压裂过程中的扩展和相互影响。Daneshy[17]研究了岩石中含有脆弱面时裂缝的延伸情况，发现小的闭合脆弱面(裂缝)的存在并不能改变裂缝走向，但存在大的张开裂缝时裂缝将发生偏转。

5. 天然裂缝因素对水力裂缝扩展的影响

Lamont 和 Jessen[18]做了一系列关于六种不同岩性岩石的室内三轴实验，发现水力裂缝贯穿天然裂缝的位置是随机的，它既不完全受裂缝尖端的应力梯度控制，也不完全由岩石基质的薄弱处决定。Blanton[19]分别用天然裂缝发育明显的泥页岩和石膏岩进行真三轴水力压裂物理模拟实验，发现在低逼近角度和低应力差的情况下，天然裂缝发生膨胀，容纳水压裂缝中的流体，能够暂时阻止裂缝的进一步延伸。在高逼近角度和高应力差(15MPa)情况下，水压裂缝穿过天然裂缝。Warpinski 和 Teufel[20]通过室内三轴实验和矿场试验研究了地质不连续对水压裂缝扩展的影响，发现水压裂缝贯穿天然裂缝是在高应力差(13.8MPa)情况下发生的，对中等和低应力差条件下，水压裂缝的扩展被阻止了，同时裂缝容易产生分支。Beugelsdiji[21]的室内研究表明，除了水平主应力差的影响之外，在构造应力场下，水力裂缝更加容易与天然裂缝干扰。

6. 层状介质和不同岩性非固结面对水力裂缝扩展的影响

Warpinski 和 Clark[22]采用一种称为应力环的装置向岩样的一部分施加三轴水平围压，用单一岩样研究水平应力差对垂向扩展的影响，用两种岩样组成多层体系，研究弹性模量差对垂向裂缝的影响。研究结果表明，当产层与隔层之间的地应力差达到 2~3MPa 时，裂缝的垂向延伸将受到限制。Anderson[23]研究了界面的容量问题，发现它被作用于界面上的摩擦剪应力控制。Renshaw 和 Pollard[24]及 Blair 等[25]的研究表明，当水力裂缝垂直于界面扩展时，流体首先会沿着界面渗透；当在界面上渗透一定距离之后，水力裂缝会突破界面沿着原方向扩展。

4.1.2 常规储层水力压裂物理模拟国内研究进展

从 20 世纪 90 年代开始，随着水力压裂和酸化压裂的兴起，国内石油行业的一些研究机构[26]开始和生产单位进行合作，采用真三轴水力压裂物理模拟进行相关的机理研究。尽管起步相对较晚，但是成果丰硕，目前已经在以下几个方面取得了长足的进展。

1. 水平井水力压裂物理模拟

李传华[27]研究发现，当水平主应力由原来的 1.5 变为 2.0 时，水平井压裂易生成的多裂缝明显减少；在水平井压裂过程中，最小水平地应力与最大水平地应力（$\sigma_v > \sigma_H$ 时）相差小于 2MPa，或最小水平地应力与上覆岩层应力（$\sigma_v < \sigma_h$ 时）相差小于 2MPa 时，裂缝方位未必与最小主应力垂直，而是位于裸眼段与最大主应力所在的平面内。张广清和陈勉[28]的研究表明，水平井井筒附近水力裂缝确实存在空间转向现象，裂缝在转向前与井筒的距离随井筒方位角增大而增加，但增加幅度不大，大致发生在 3 倍井筒直径的范围内。

2. 层状介质对水力裂缝缝高扩展的影响

李传华[27]的研究表明，当产层和隔层之间的断裂韧性差为 1～1.5MPa·$m^{0.5}$ 时（产层比隔层小），裂缝的扩展将在隔层受到阻挡。耿宇迪[29]的研究表明，层间地应力差为 4～6MPa 时能有效阻止裂缝进入高应力层，能有效抑制缝高的垂向扩展。

3. 岩性突变体对水力裂缝扩展的影响

耿宇迪[29]的研究表明，4MPa 左右的法向压应力可以促使水力裂缝穿透阻流带，继续沿原来的方向延伸。在较小的法向压应力作用下，裂缝易沿着界面延伸，甚至会绕过该突变体。当主应力比值（σ_1/σ_2）越大和弹性模量比值（E_2/E_1）越小时，水力裂缝越容易直接贯穿阻流带，沿原方向扩展。

4. 射孔方式对破裂压力及裂缝形态的影响

王祖文等[30]的研究表明，在地应力的大小和分布确定的情况下，破裂压力随着射孔排数的增加而降低，射孔排数越多（射孔密度越大），破裂压力越小。当射孔角度小于 30°时，沿最大水平应力方向形成平整的大裂缝；当射孔角度为 30°～75°时，多产生转向裂缝和多条裂缝，裂缝壁面粗糙不平；当射孔角度为 75°～90°时，有时沿最大水平应力方向产生裂缝，炮孔不起作用，有时沿射孔方向及其他方向同时产生多条裂缝。

5. 天然裂缝对水力裂缝扩展方向及形态的影响

周健等[31]采用纸质材料模拟了单条天然裂缝对水力裂缝扩展的影响，验证了 Blanton[19] 及 Warpinski 和 Teufel[20]关于逼近角和水平应力差对水力裂缝扩展方向的影响，但是与文献[19]和文献[20]的研究结果不同的是，他们发现水压裂缝贯穿天然裂缝是在高应力差（7MPa）的情况下发生的。进而首次研究发现，由于不同开度的天然裂缝的填充程度不同，导致了天然裂缝剪切强度的差异，这也是影响水力裂缝的扩展方向的重要因素[32]。在此研究的基础上，继续研究了平行多裂缝和随机天然裂缝对水力裂缝扩展的影响。

4.1.3 页岩油气水力压裂物理模拟研究进展

伴随着 2010 年以来北美页岩气革命在全球的推广，页岩气水力压裂物理模拟也变成了一个新的研究热点。Gu 等[33]对 Renshaw 和 Pollard[2]的模型做了完善，把断裂韧性加入到新的模型当中，建立了压裂裂缝穿过天然裂缝的新模型，并进行了页岩实验的验证。Weng 等[34,35]在 Gu[33]的研究基础上，提出了针对有复杂天然裂缝系统存在条件下的裂缝扩展模型，该模型可以用来模拟压裂后形成的复杂裂缝。Olson 等[36]针对美国 Barnett 等页岩储层中，天然裂缝或节理面大部分是"被固结"或"硬质闭合"这一地质特征，在石膏岩样中采用平面玻璃片模拟天然裂缝，揭示了其对压裂裂缝扩展路径的影响。在 Fan 和 Zhang[37]的研究中，揭示了天然裂缝密度和压裂排量对最终裂缝形态的影响。在页岩气水平井压裂微地震裂缝监测过程中，微地震事件点的分布往往比较宽，不同学者或工程师对此有不同的认识。Savitski 等[38]的研究认为，造成微地震事件分布广泛的原因有二：一种是在已经形成单一水力主缝后，压裂液通过压差渗滤到较远处的页岩裂缝中造成新的微破裂；第二种是直接形成了网络复杂裂缝。Muphy 和 Fehler[39]的研究认为，对渗透率比较低的页岩而言(其中大部分的天然裂缝已经被矿化了)，压裂液的渗滤进入天然裂缝中导致天然裂缝先膨胀，然后发生剪切滑移，也可能造成大范围的微地震，这一情况往往发生在水平应力差较大，且天然裂缝与最大水平应力夹角为 30°~60°时。张旭等[40]在国内首次采用彭水页岩露头的真实岩心进行了初步的真三轴水力压裂物理模拟实验。周健和蒋廷学[41]采用涪陵龙马溪露头，在压裂实验的基础上，结合理论模型探讨了深层页岩压裂裂缝扩展的力学特性。

4.2 相似理论及相似材料的选择

4.2.1 试验参数的选定

控制水力裂缝起裂扩展的七个关键参数如下：压裂时间 t、井筒半径 r_w、排量 i、裂缝张开模量 $\bar{E}$、断裂韧性 K_{IC}、有效黏度 $\bar{\mu}$ 和围压 σ_c。其中 $\bar{E} = \dfrac{E}{4(1-v^2)}$，$E$、$v$ 分别为弹性模量和泊松比；$\bar{\mu} = 12\mu$，μ 为流体的黏度。

以圆饼形裂缝(penny-shaped crack)的扩展为模型，对流体驱动裂缝扩展过程中涉及的控制方程进行无量纲化，得到以下无量纲因数：

$$N_t = \frac{ti}{r_w^3}, \quad N_{K_I} = \frac{K_{IC}^2}{\bar{E}^2 r_w}, \quad N_{\bar{E}} = \frac{\bar{E}r_w}{i\bar{\mu}}, \quad N_{\sigma_c} = \frac{\sigma_c}{\bar{E}} \tag{4-1}$$

这四个无量纲因数包括了七个关键压裂参数，形成一个完整的集合，从而实现了现场施工参数和室内试验参数的对应，是确定试验中各参数取值的依据。经初步估计，试验室内采用低排量和高黏度压裂液组合，可以实现现场压裂中观测到的裂缝的准静态扩展。

通过调研现场施工参数，结合以上推导得出的四个无量纲因数，计算得到室内模型试验的参数，如表 4-1 所示。

表 4-1　选定的试验参数

参数	现场	室内模型试验
时间 t/min	90~120	10
井筒半径 r_w/mm	57.50	12.5
排量 i/(mL/min)	12000000	30
弹性模量 E/GPa	25	10
断裂韧性 K_{IC}/(MPa·m$^{1/2}$)	1	0.16
黏度 μ/(mPa·s)	3	100
围压 σ_c/MPa	50	5

4.2.2　人工材料配比的选定

由相似原理计算得到的人工材料弹性模量的理想值为 10GPa，通过探索尝试不同的水泥和石英砂的混合比例，得到接近弹性模量理想值的人工材料试样(表 4-2)。

表 4-2　人工材料配比

材料配比(水泥：石英砂)	实际用量及三者质量比				弹性模量/GPa
	水泥/kg	石英砂/kg	水/kg	质量比	
1：2.25	4.9	11.1	2.34	1：2.25：0.478	21.2
1：2.50	4.6	11.4	2.28	1：2.50：0.496	22.5
1：2.75	4.3	11.7	2.03	1：2.75：0.472	25.6
1：3.00	4	12	2.65	1：3.00：0.663	23.2
1：3.25	3.8	12.2	2.60	1：3.25：0.686	14.0
1：4.00	4.2	16.8	2.35	1：4.00：0.560	9.9

由表 4-2 可知，随着水泥/石英砂的比值的减小，弹性模量呈降低趋势。水泥：石英砂=1：4 时的弹性模量为 9.9GPa，与理论值 10GPa 最接近，因此，选择该配比制作模型材料。

选定配比试样的单轴压缩试验和波速测试的结果如表 4-3 所示。之后，继续开展了人工材料试样的巴西劈裂试验，得到了试样的抗拉强度。选定配比试样的物理力学参数汇总于表 4-4 和表 4-5，单轴压缩试验前如图 4-1 所示，单轴压缩试验后如图 4-2 所示，巴西劈裂试样破坏后形态如图 4-3 所示。

表 4-3 单轴压缩试验和波速测试(配比 1∶4)

编号	直径/mm	高度/mm	质量/g	峰值应力/MPa	弹性模量/GPa	黏度 μ(水泥沙子质量比)	密度/(g/cm³)	纵波速度/(m/s)	横波速度/(m/s)
S-1	49.81	99.95	425.68	11.5	7.7	0.591	2.19	4014	2140
S-2	49.28	99.91	430.13	12.5	10.2	0.244	2.26	3888	2201
S-3	49.18	99.72	442.70	19.3	9.5	0.216	2.34	4452	2415
S-4	49.23	99.70	437.11	15.3	13.6	0.365	2.30	4335	2351
S-5	49.55	99.82	440.86	16.0	10.3	0.193	2.29	4359	2459
S-6	49.37	99.73	438.74	17.3	8.1	0.191	2.30	4299	2438
均值				15.3	9.9	0.297	2.28	4224.5	2334

表 4-4 巴西劈裂试验参数表

编号	直径/mm	厚度/mm	质量/g	峰值载荷/kN	峰值时刻/s	抗拉强度/MPa	密度/(g/cm³)
B-1	49.43	25.39	112.18	2.52	26.1	4.02	2.30
B-2	49.52	25.32	112.61	2.74	28.0	4.37	2.31
B-3	49.27	25.11	112.92	3.03	15.6	4.90	2.36
B-4	49.68	25.09	111.74	2.39	24.7	3.83	2.30
B-5	49.42	25.35	110.53	3.05	31.2	4.87	2.27
B-6	49.23	25.19	110.09	1.43	15.2	2.31	2.30
B-7	49.23	24.98	109.63	2.16	22.3	3.51	2.31
B-8	49.26	25.04	109.46	2.31	23.8	3.75	2.29
B-9	49.27	25.04	111.23	2.52	25.9	4.09	2.33
B-10	49.36	25.22	110.53	2.12	21.8	3.41	2.29
均值						4.08	2.31

注: 试样 B-6 未沿对径加载方向开裂,计算抗拉强度均值时剔除该数据。

表 4-5 人工材料试样物理力学参数汇总

密度/(g/cm³)	弹性模量/GPa	泊松比	单轴强度/MPa	巴西劈裂强度/MPa	纵波波速/(m/s)	横波波速/(m/s)
2.30	9.9	0.242	15.3	4.1	4224	2334

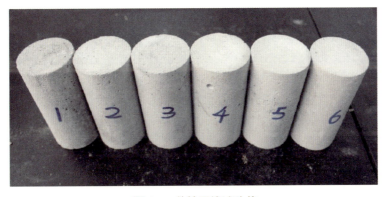

图 4-1 单轴压缩试验前

图 4-2　单轴压缩试验后

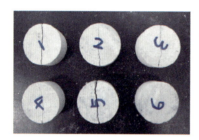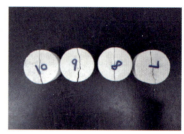

图 4-3　巴西劈裂试样破坏后形态

4.3　单簇及双簇射孔裂缝扩展实验研究

4.3.1　水力压裂物理模拟实验设备

为开展多簇射孔水力压裂物理模拟研究，进行了水力压裂物模试验系统的改造，并采用人工制备 300mm×300mm×600mm 试样进行了设备调试。室内水力压裂试验系统包括三部分，即真三轴加载系统、压裂液泵压伺服泵控制系统和 Disp 声发射测试系统。

1. 真三轴加载系统

室内水力压裂需模拟地层三向应力环境，大型岩土工程模型试验机是三向加载电液伺服真三轴水力压裂物理模拟试验机，如图 4-4 所示，在以下几方面具有创新性。

(1)该装置具有真三轴模型试验功能，X(左右向)、Y(垂直向)、Z(前后向)三个方向均由轴向加载系统独立加压，能更加真实地模拟地下岩层的受力情况。

(2)该装置加载的吨位较大，X、Y、Z 三个方向所加最大载荷均可达到 3000kN，可以模拟高应力条件地下工程的真实受力状态。

(3)加压过程中，X、Y、Z 三个方向通过连接板与传力板以及定向机构等装置，把三个轴向加载系统的力均匀地传到试件的各个受力面上，较好地解决了以往模型试验采用千斤顶直接加载压力均匀性偏差较大，采用柔性囊加载行程偏小、强度偏低的技术难题。

(4)放入模型试验机的试样同一受力方向两个面同时加载，在加载过程中试样的中心位置通过程序控制可以保持不变，有效避免了试样偏心受力和弯矩的产生。

考虑模拟水平井多簇射孔的要求，试样沿井轴方向的长度需要加大，改为 300mm×

300mm×600mm，对三向加载系统进行改造升级，主要是对传力板进行重新设计和加工，同时为满足水力压裂过程中声发射监测的要求，对试验机加载板进行了改造，增加了声发射探头放置孔，如图 4-5 所示。

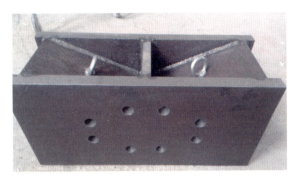

图 4-4　大型真三轴水力压裂物理模型试验机　　　　图 4-5　改造后的加载板

2. 压裂液泵压伺服控制系统

技术参数：配备 100MPa 压力传感器、分辨率 0.05MPa、测量精度 1%，配备 210mm 位移传感器、分辨率 0.04mm（折合成体积分辨率为 0.15mL）、精度 1%，增压器有效容积 800mL，进油口和回油口都配备蓄能器，以提高系统动态响应，并保证伺服阀的工作稳定性，如图 4-6 所示。

3. Disp 声发射测试系统

Disp 声发射测试系统是美国物理声学公司研制，应用于岩石及岩体声发射监测、金属材料检测、航空航天材料检测、压力容器检测、桥梁和管道检测等领域，如图 4-7 所示。

图 4-6　压裂液泵压伺服控制系统　　　　图 4-7　Disp 声发射测试系统

采用 8 只 ϕ22mm×36.8mm 声发射探头，工作频率为 15～70kHz，中心频率为 40kHz，并添置相应的放大器，为提高监测效果，前期进行了多次试验，优化后采用在模拟水平地应力方向（最大/最小）四个端面各非对称放置两只声发射探头，采用耦合剂将探头与试样黏结，以便有效监测内部裂缝起裂信息。

4.3.2 水力压裂方案与侧钻模拟射孔装置设计

对于天然页岩和人工制备试样，将整个试样视为压裂的一段，拟开展单簇、双簇射孔水力压裂试验研究，射孔布置如图 4-8 所示。采用螺旋射孔布置方式，进行单簇和双簇射孔压裂物模试验，双簇射孔其间距依次为 0mm、50mm、100mm。每种情况下完成有效试验个数不少于两个，具体的试验方案如表 4-6 所示。

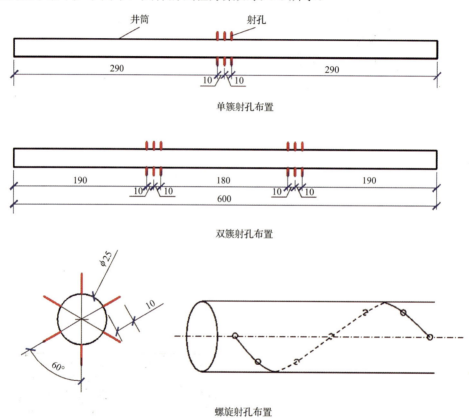

图 4-8　射孔布置方案(单位：mm)

表 4-6　多簇射孔压裂试验方案

试样	压裂簇数	射孔布置	单簇射孔个数	有效试验个数
人工材料	单簇	螺旋射孔	6	≥2
	双簇	螺旋射孔	6	≥6
天然页岩	单簇	螺旋射孔	6	≥2
	双簇	螺旋射孔	6	≥6

分段多簇射孔指的是射孔的具体布置方式，即将储层按长度分成若干段，在每段内选择若干位置进行密集射孔，从而在每段内形成若干密集射孔的区域(即簇)。

目前，国内有不少学者用物理模型材料(水泥试样)进行了射孔对水力压裂裂缝起裂以及扩展规律影响的物理模拟实验研究，主要采用预埋法模拟射孔，即在水泥块等模型材料制作过程中，沿井筒径向预埋可溶性材料，如食盐。埋深不做具体要求，直径根据实际设计需要事先确定，在进行压裂实验前用水溶解，形成小孔，用来模拟射孔。还有些学者采用大尺寸露头页岩模拟水平井及竖直井压裂，但射孔无法预埋。目前还没有发现在天然岩石试样中制作射孔的方法，故无法真实模拟分段多簇射孔压裂，本节研制了小钻头侧钻装置，解决了上述问题，如图 4-9 所示，主要操作步骤如下：

(1) 取一块大尺寸 (300mm×300mm×600mm) 天然页岩，切平端面，在端面中心使用普通钻机 (大功率电启动 HZ-20A 混凝土钻孔取心机) 钻一个直径为 25～40mm 的深孔。

(2) 以该深孔的孔心为坐标原点，在切平的端面上，用油漆笔建立坐标轴。

(3) 在深孔内注满水，如果是水溶性岩石，则可用冷却油 (如长城润滑油) 代替水，以免侧向钻孔时温度过高 (高达 120～150℃)，减少钻头磨损。

(4) 使用自主研发的钻孔机进行侧向钻孔。

(5) 过坐标轴记录钻孔的方位角，通过钻杆上面的刻度尺记录钻孔的深度，钻孔工作完成，并详细

图 4-9　小孔内侧钻装置

记录钻孔位置，可精确实现在模拟射孔时记录孔眼位置，可方便与井筒上的钻孔相对应。

4.3.3　单簇射孔和双簇射孔试验

由于侧向射孔深度较浅，水力裂缝不能从射孔处起裂，改用金刚石锯片对井筒进行环向割缝，模拟射孔簇对井壁围岩的损伤作用，预制起裂点，两条线之间的部分即为割缝在井筒附近造成的损伤区域，有利于裂缝起裂，如图 4-10 所示。

选定三种井筒布置类型，如表 4-7 所示。第一种类型，在试样中间位置用金刚石锯片设置割缝，割缝与井筒轴线垂直，割缝左侧用钢管和胶水固封，右侧全部用胶水充填，模拟水平井单簇射孔下的水力压裂，制备页岩试样两个，编号分别为 Y-1-1、Y-1-2。第二种类型，试样中间 10cm 的范围用 PVC 软管和胶水固封，塑料软管可沟通左右两段，紧邻塑料软管的两端设置两条割缝，割缝的另一端均用钢管和胶水固封，模拟水平井双簇射孔下的水力压裂，制备页岩试样两个，人工材料试样一个，编号分别为 Y-2-1、Y-2-2、S-2-1。第三种类型，在试样中间位置设置割缝，割缝左右两侧均用钢管和胶水固封，模拟水平井单簇射孔下的水力压裂，制备页岩试样和人工材料试样各一个。模拟三向应力根据涪陵焦石坝区块三向地应力修正值 (垂向应力：58～60MPa；最大水平主应力：63MPa；最小水平主应力：49～52MPa)，采用垂向应力 58MPa，水平最大主应力 63MPa，水平最小主应力 49MPa，根据加载条件进行同比例降低，试验设定三向应力分别为 5.8MPa、6.3MPa、4.9MPa。

试验参数设定如下：排量 0.5mL/s，地应力差异系数为 0.29，压裂液采用美孚液压油，40℃时的黏度约为 53mPa·s，如表 4-8 所示。

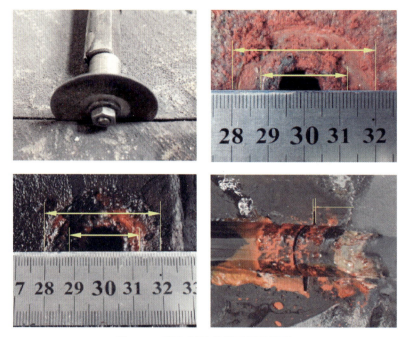

图 4-10　环向割缝装置及割缝效果

表 4-7　井筒布置类型

类型	示意图	描述	对应试样
单簇(割缝)		割缝位置在中间,一端灌胶封堵,另一端放置钢管	Y-1-1 Y-1-2
双簇(割缝)		中间 10cm 软管,紧邻软管两端割缝,两端各放置钢管	Y-2-1 Y-2-2 S-2-1
单簇(割缝)		割缝位置在中间,两端各放置一根钢管	Y-3-1 S-3-1

表 4-8　水力压裂参数设置

排量/(mL/s)	压裂液		三向应力/MPa			差异系数 $(\sigma_H + \sigma_h)/\sigma_h$
	类型	黏度/(mPa·s)	σ_v	σ_H	σ_h	
0.5	美孚 H46	53(40℃)	5.8	6.3	4.9	0.29

1. 第一种类型结果分析

1) 井筒布置

井筒全长 600mm,在中间 300mm 处设置割缝,割缝左右两侧各有 5mm 的裸眼段,试样的末端 295mm 范围内全部用胶水封堵,试样前端 295mm 范围内用钢管和胶水固封,实际的压裂液作用范围为割缝处 10mm 长的裸眼段,如图 4-11 所示。

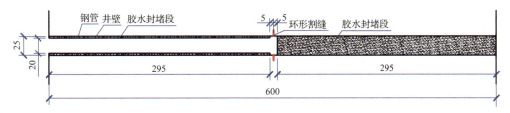

图 4-11　第一种类型井筒布置(单位：mm)

2)典型试样 Y-1-1 泵压曲线

由图 4-12 可知，试样 Y-1-1 的破裂压力为 23.9MPa。对应的泵压、累计注液量曲线如图 4-12 所示。

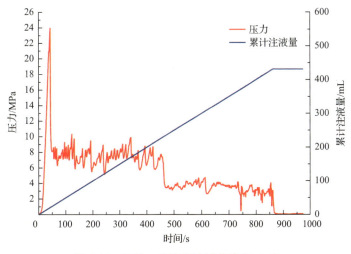

图 4-12　泵压、累计注液量曲线(Y-1-1)

3)典型试样 Y-1-1 剖切

建立如图 4-13 所示的直角坐标系，与 X 轴垂直的两个面命名为 X_1、X_2，与 Y 轴垂直的两个面命名为 Y_1、Y_2，与 Z 轴垂直的两个面命名为 Z_1、Z_2。在四个侧面(Y_1、Y_2、Z_1、Z_2)可以观察到延伸到试样表面的水力裂缝，并可判断水力裂缝是与井筒垂直的横向裂缝。横向裂缝在扩展的过程中切穿了层理面，部分层理面开启，可观察到层理面有红色示踪剂。将试样沿层理面剖开后，对割缝位置进行观察，发现水力裂缝在割缝处起裂并延伸，裂缝扩展轨迹并非一条直线，而是蜿蜒曲折的。

2. 第二种类型结果分析

1)井筒布置

井筒全长 600mm，中间 100mm 段用胶水和 PVC 软管固封，距井筒轴线 60mm 处，对称设置两条环形割缝，前端和末端均用长 230mm 钢管和胶水固封，末端的钢管底部焊堵，这样在井筒中形成了两段含割缝的长度为 20mm 的裸眼压裂段，模拟两簇射孔条件下的水力压裂。井筒布置细节如图 4-14 所示。

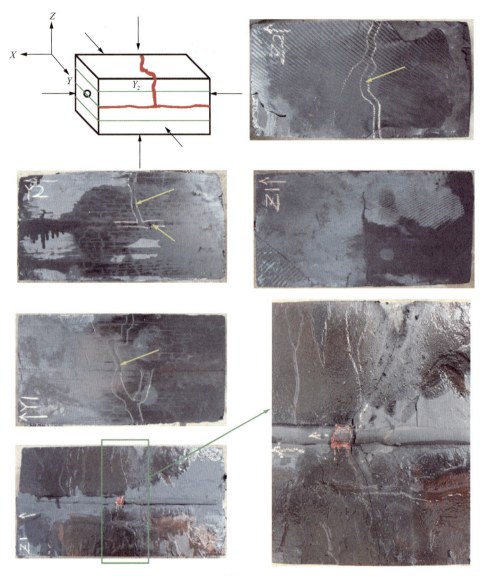

图 4-13　试样剖切分析(Y-1-1)

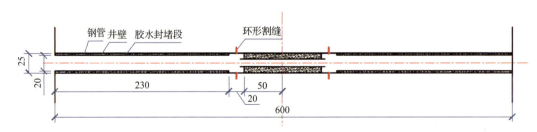

图 4-14　第二种类型井筒布置(单位：mm)

2) 典型试样 Y-2-1 剖切分析

由图 4-15 可知，试样 Y-2-1 的破裂压力为 16.4MPa。对应的泵压、累计注液量曲线如图 4-15 所示。

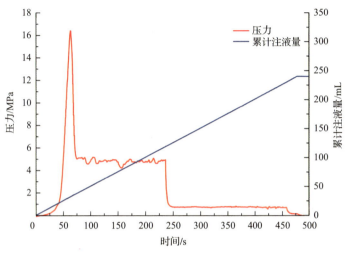

图 4-15　泵压、累计注液量曲线(Y-2-1)

3) 典型试样 Y-2-1 剖切分析

通过剖切发现，水力裂缝在第二条割缝处起裂并扩展，水力裂缝的扩展路径存在弯曲拐折，第一条割缝处未观察到宏观裂缝。试样剖切分析如图 4-16 所示。

3. 第二种类型人工材料试样结果分析

1) 人工试样 S-1-1 泵压曲线

人工试样 S-1-1 的泵压、累计注液量曲线如图 4-17 所示。

2) 人工试样 S-1-1 剖切分析

试样剖切分析如图 4-18 所示。

4. 第三种类型结果分析

1) 井筒布置细节

井筒长 600mm，在中间位置 300mm 处设置环形割缝，割缝左右两侧分别有 5mm 的裸眼段，井筒前端和后端 295mm 范围内用钢管和胶水固封，液体压裂作用的范围为含有割缝的 10mm 的裸眼段。井筒布置细节如图 4-19 所示。

2) 典型试样 Y-3-1 泵压曲线

试样 Y-3-1 的破裂压力为 12.0MPa。其对应泵压、累计注液量曲线如图 4-20 所示。

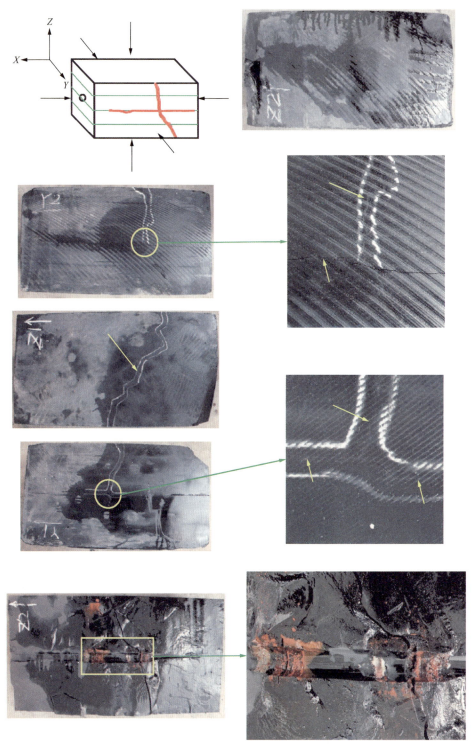

图 4-16　试样剖切分析(Y-2-1)

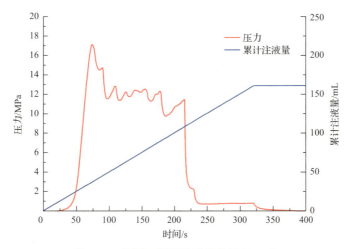

图 4-17 泵压、累计注液量曲线(S-1-1)

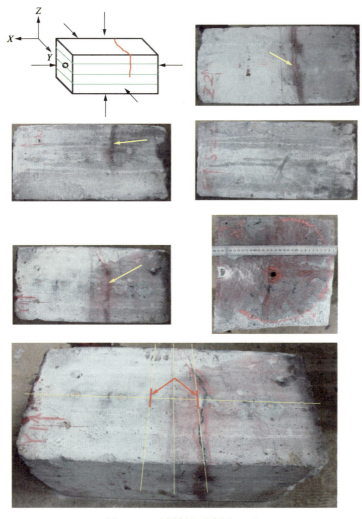

图 4-18 试样剖切分析(S-1-1)

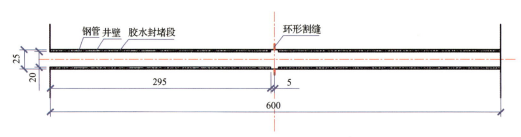

图 4-19 第三种类型井筒布置(单位：mm)

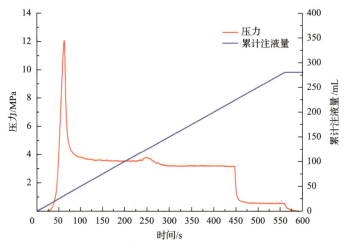

图 4-20 泵压、累计注液量曲线(Y-3-1)

3)典型试样 Y-3-1 剖切分析

试样剖切分析如图 4-21 所示。

5. 第三种类型人工试样结果分析

1)泵压曲线

试样 S-3-1 的破裂压力为 20.4MPa，其对应的泵压、累计注液量曲线如图 4-22 所示。

2)人工试样 S-3-1 剖切分析

试样 S-3-1 剖切分析如图 4-23 所示。

4.3.4 改进性双簇射孔起裂试验

前期开展了多组双簇同步起裂的水力压裂物理模拟实验，但受制于试样尺寸较小的限制，水力压裂裂缝只在其中一个割缝处起裂并扩展到边界形成水力通道，导致另一簇无法起裂，未能得到双簇同步起裂扩展的压裂效果。为此，对试样的封孔方式进行改进，分别在试样的两端形成独立的射孔簇(簇 1 和簇 2，如图 4-24～图 4-26 所示)，在两个井筒底部分别设置一个割缝，中间部分不钻穿，未钻穿的距离设定为 20cm。泵的出口由单出口调整为双出口，每个出口处各设置一个阀门，控制该出口的开关。

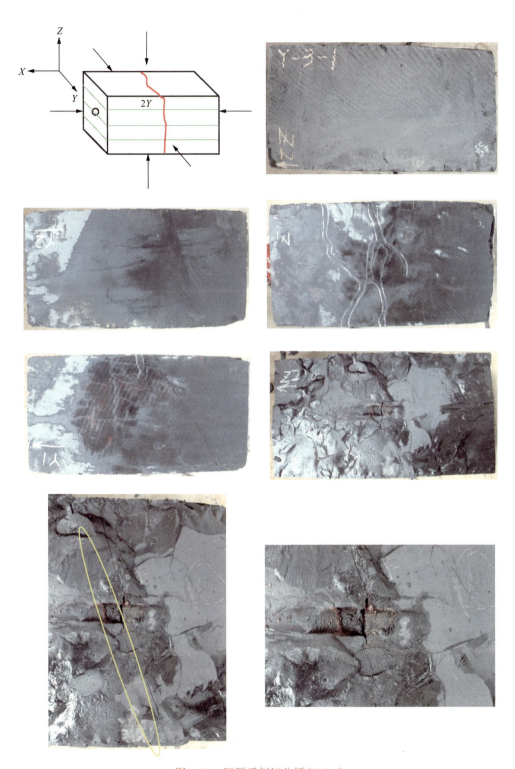

图 4-21　压裂后剖切分析(Y-3-1)

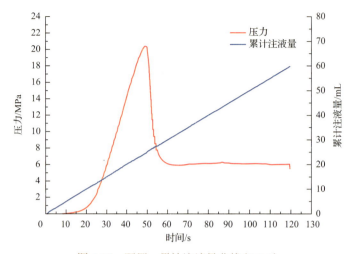

图 4-22　泵压、累计注液量曲线(S-3-1)

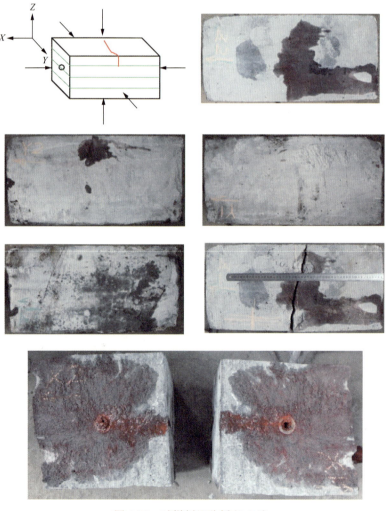

图 4-23　试样剖切分析(S-3-1)

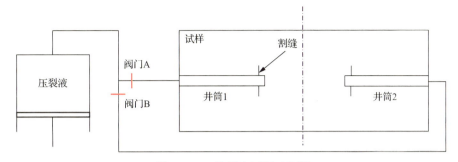

图 4-24　双簇同步压裂示意图

图 4-25　改进后的泵注系统

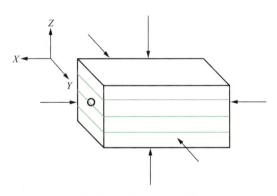

图 4-26　三向加载应力

　　每个出口通过两根耐高压管分别与井筒 1 和井筒 2 相连，压裂试验程序如下：①阀门 A 和阀门 B 同时开启，压裂液同时注入簇 1 和簇 2 中，待压力曲线达到峰值并跌落（裂缝可能在两个井筒中同时起裂）。②关闭阀门 B，待压力曲线再次达到峰值并跌落（让簇 1 内的裂缝充分扩展）。③打开阀门 B，关闭阀门 A，待压力曲线达到峰值并跌落（让簇 2 内的裂缝充分扩展）。④打开阀门 A，关闭阀门 B，待压力曲线稳定（让簇 1 内的裂缝再次开启）。⑤打开阀门 B，关闭阀门 A，待压力曲线稳定（让簇 2 内的裂缝再次开启）。⑥打开阀门 A，压力曲线稳定后停止试验（压裂液同时在簇 1 和簇 2 的裂缝中流动）。

1. 典型试样分析(N-3-2)

试样 N-3-2 的泵压、累计注液量曲线如图 4-27 所示,泵压曲线描述如表 4-9 所示,剖切试样描述如图 4-28 所示。

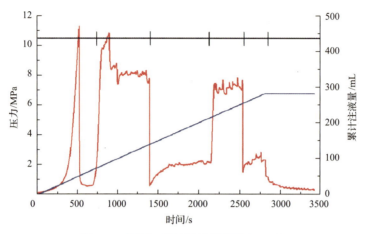

图 4-27 泵压、累计注液量曲线(N-3-2)

表 4-9 泵压曲线描述(N-3-2)

水压过程	阀门开关状态	描述
①	A 和 B 同时开启	期望裂缝在两个井筒同步起裂,峰值压力为 11.30MPa
②	A 开启,B 关闭	让簇 1 内的裂缝充分起裂延伸,峰值压力为 10.83MPa,压力跌落后,在 8.28MPa 附近波动;峰值压力略低于①过程的峰值压力,说明 A 和 B 同时开启时,井筒 1 内的裂缝有一定程度的开启,但并未完全起裂
③	A 关闭,B 开启	让簇 2 内的裂缝充分起裂延伸,峰值压力为 2.05MPa,压力曲线无明显跌落;峰值压力低于①过程的峰值压力,说明 A 和 B 同时开启时,簇 2 内的裂缝已经完全起裂
④	A 开启,B 关闭	让簇 1 内的裂缝再次开启,压力无峰值,在 7.18MPa 附近波动
⑤	A 和 B 同时开启	让压裂液在簇 1 和簇 2 内同时流动,压力曲线在 2.74MPa 附近波动
⑥	停止注入	压力曲线缓慢跌落

图 4-28 N-3-2 剖切试样描述

簇 1 处水力裂缝初始形成横向裂缝后转向,沟通弱层理面,水力通道沿层理面方向扩展到簇 2 横向裂缝处。

2. 典型试样分析(N-3-1)

试样 N-3-1 的泵压、累计注液量曲线如图 4-29 所示,泵压曲线描述如表 4-10 所示。

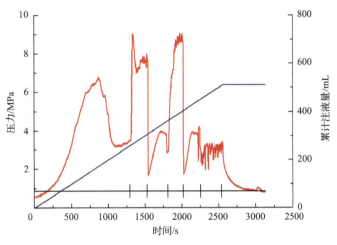

图 4-29　泵压、累计注液量曲线(N-3-1)

表 4-10　泵压曲线描述(N-3-1)

水压过程	阀门开关状态	描述
①	A 和 B 同时开启	期望裂缝在簇 1 和簇 2 同步起裂,峰值压力为 6.79MPa
②	A 开启,B 关闭	让簇 1 内的裂缝充分裂延伸,峰值压力为 9.02MPa,压力跌落后,在 7.65MPa 附近波动;峰值压力高于①过程的峰值压力,说明 A 和 B 同时开启时,簇 1 内的裂缝并未完全起裂
③	A 关闭,B 开启	让簇 2 内的裂缝充分起裂延伸,峰值压力为 4.00MPa,压力曲线无明显跌落;峰值压力低于①过程的峰值压力,说明 A 和 B 同时开启时,簇 2 内的裂缝已经完全起裂
④	A 开启,B 关闭	让簇 1 内的裂缝再次开启,压力无峰值,在 8.78MPa 附近波动
⑤	A 关闭,B 开启	让簇 2 内的裂缝再次开启,压力无峰值,在 4.00MPa 附近波动
⑥	A 和 B 同时开启	让压裂液在簇 1 和簇 2 内同时流动,压力曲线在 3.28MPa 附近波动
⑦	停止注入	压力曲线缓慢跌落

该试样剖切试样描述如图 4-30 所示,试样裂缝形态总结如图 4-31 所示。簇 2 在层理处起裂,形成与井轴线垂直的横向裂缝,横向裂缝遇到层理面,转向层理面扩展,形成交叉裂缝。

簇 2 的水力裂缝首先在个缝处起裂并充分扩展,形成横向裂缝;簇 1 内的水力裂缝后扩展,初始形成横向裂缝,后沟通弱层理面转向,将层理面压开,形成纵向裂缝,最终形成两横向裂缝与一条沿层理面张开的裂缝。簇 2 的水力裂缝首先在井壁处沿割缝形成横向裂缝并延伸,后转向将层理面压开,形成纵向裂缝;簇 1 的水力裂缝后起裂扩展,形成横向裂缝。

图 4-30 N-3-1 剖切试样描述

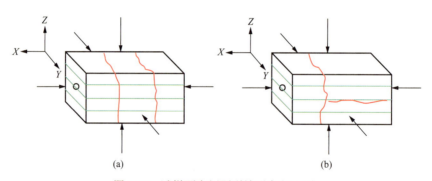

图 4-31 试样两个侧面裂缝形态(N-3-1)

3. 典型试样分析(Y-220-1)

1)试验参数

试样 Y-220-1 的试验参数如表 4-11 所示,试验前的试样如图 4-32 所示,试样三向加载如图 4-33 所示。双簇同步压裂示意图如图 4-34 所示。

表 4-11 试验参数(Y-220-1)

温度/℃	排量/(mL/s)	黏度/(mPa·s)	三向应力/MPa			破裂压力/MPa	簇数及间距
			σ_v	σ_H	σ_h		
25	2.0	90	5.80	6.30	4.90	15.1	双簇,160mm

图 4-32　试验前的试样五个面的照片（Y-220-1）

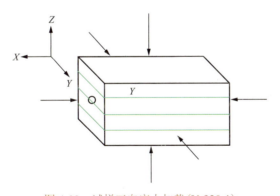

图 4-33　试样三向应力加载（Y-220-1）

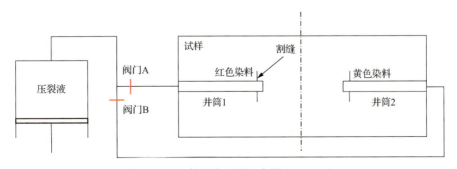

图 4-34　双簇同步压裂示意图（Y-220-1）

2) 泵压曲线分析

试样 Y-220-1 的泵压、累计注液量曲线如图 4-35 所示，压力曲线演化过程如表 4-12 所示。

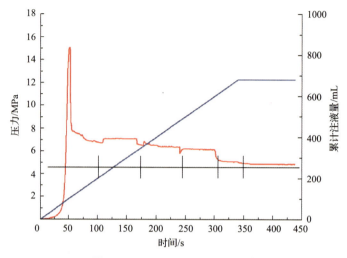

图 4-35　泵压、累计注液量曲线

表 4-12　压力曲线演化过程 (Y-220-1)

水压过程	阀门开关状态	描述
①	A 和 B 同时开启	曲线迅速上升，峰值压力 15.1MPa
②	A 开启，B 关闭	曲线没有大幅度上升，而是稳定在较低水平，说明簇 1 位置已经起裂
③	A 关闭，B 开启	曲线也没有大幅度上升，而是稳定在较低水平，说明簇 2 位置也已经起裂
④	A 和 B 同时开启	曲线稳定在较低水平
⑤	停止注入	曲线迅速跌落

3) 剖切分析

试样 Y-220-1 的剖切分析如图 4-36 所示。

4) 声发射分析

试样 Y-220-1 的声发射定位效果如图 4-37 所示。

试样 Y-220-1 的水力压裂后破裂模式如图 4-38 所示。

4. 典型试样分析 (Y-260-1)

1) 试验参数

试样 Y-260-1 的试验参数如表 4-13 所示，试验前的试样如图 4-39 所示，试样三向加载示意图如图 4-40 所示，双簇同步压裂示意图如图 4-41 所示。

(a)

(b)

图 4-36　试样剖切分析（Y-220-1）

（a）试样整体剖面图；（b）裂缝主体部分局部放大图

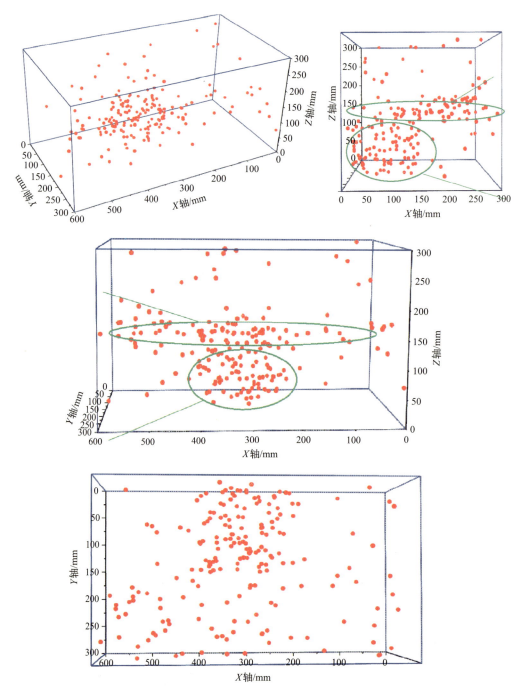

图 4-37　声发射定位效果(Y-220-1)

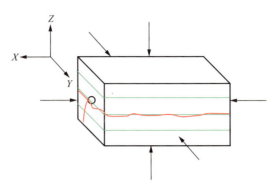

图 4-38　水力压裂后破裂模式（Y-220-1）

表 4-13　试验参数（Y-260-1）

温度/℃	排量/(mL/s)	黏度/(mPa·s)	三向应力/MPa			破裂压力/MPa	簇数及间距
			σ_v	σ_H	σ_h		
25	2.0	90	5.80	6.30	4.90	19.9/23.1	双簇，80mm

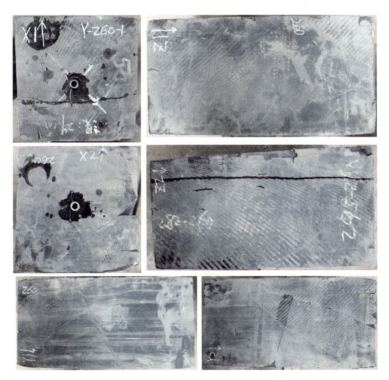

图 4-39　试验前的试样六个面的照片（Y-260-1）

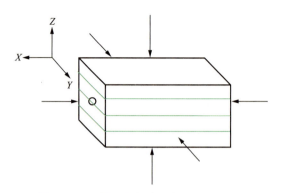

图 4-40 试样三向加载示意图(Y-260-1)

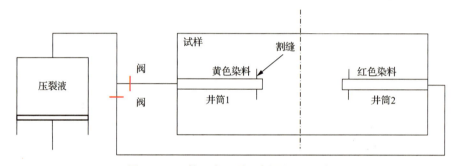

图 4-41 双簇同步压裂示意图(Y-260-1)

2) 泵压曲线分析

试样 Y-260-1 的泵压、累计注液量曲线如图 4-42 所示,压力曲线演化过程如表 4-14 所示。

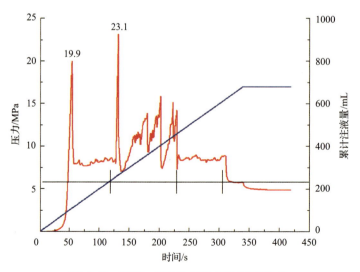

图 4-42 泵压、累计注液量曲线(Y-260-1)

表 4-14　压力曲线演化过程(Y-260-1)

水压过程	阀门开关状态	描述
①	A 和 B 同时开启	曲线迅速上升,达到峰值压力 19.9MPa,随后曲线快速下降,稳定在 8MPa 附近
②	A 开启,B 关闭	曲线在此快速上升,达到峰值压力 23.1MPa,随后剧烈波动,说明在①阶段中,只有簇 2 处起裂,簇 1 处是在本阶段起裂的,裂缝形态可能比较复杂
③	A 和 B 同时开启	曲线稳定在 8.4MPa 左右
④	停止注入	曲线迅速下降,最终维持在 5MPa 附近

3) 剖切分析

试样 Y-260-1 的剖切分析如图 4-43 所示。

图 4-43　剖切分析(Y-260-1)

4)声发射分析

试样 Y-260-1 的声发射定位效果如图 4-44 所示。

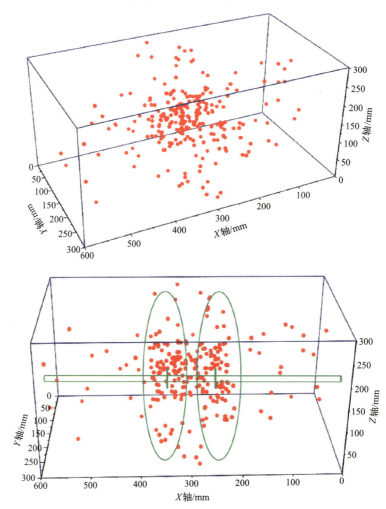

图 4-44　声发射定位效果(Y-260-1)

水力压裂后破裂模式如图 4-45 所示。

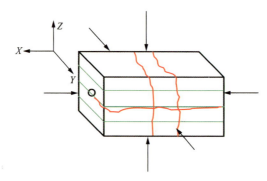

图 4-45　水力压裂后破裂模式(Y-260-1)

5. 典型试样分析(Y-220-2)

1)试验参数

试样 Y-220-2 的试验参数如表 4-15 所示,试验前的试样如图 4-46 所示,试样三向加载示意图如图 4-47 所示,双簇同步压裂示意图如图 4-48 所示。

表 4-15　试验参数(Y-220-2)

温度/℃	排量/(mL/s)	黏度/(mPa·s)	三向应力/MPa			破裂压力/MPa	簇数及间距
			σ_v	σ_H	σ_h		
25	0.1	1000	5.80	6.30	4.90	17.0	双簇,160mm

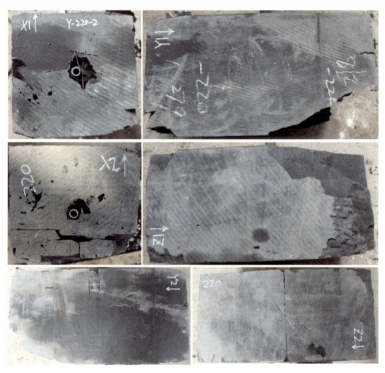

图 4-46　试验前的试样六个面的照片(Y-220-2)

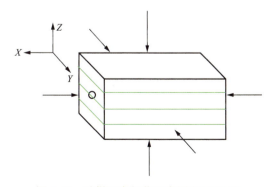

图 4-47　试样三向加载示意图(Y-220-2)

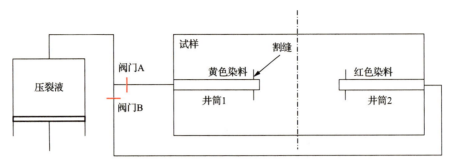

图 4-48　双簇同步压裂示意图（Y-220-2）

2）泵压曲线分析

试样 Y-220-2 的泵压、累计注液量曲线如图 4-49 所示，压力曲线演化过程如表 4-16 所示。

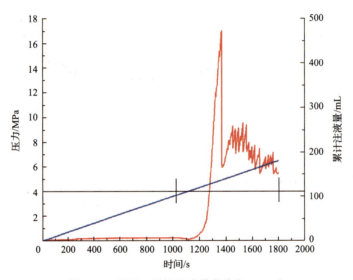

图 4-49　泵压、累计注液量曲线（Y-220-2）

表 4-16　压力曲线演化过程（Y-220-2）

水压过程	阀门开关状态	描述
①	A 开启，B 关闭	压力一直没有上升，说明井筒 1 已经漏液
②	A 关闭，B 开启	曲线快速上升，达到峰值压力 17.0MPa，随后剧烈波动，裂缝形态可能比较复杂
③	停止注入	

3）剖切分析

试样 Y-220-2 的剖切分析如图 4-50 所示。

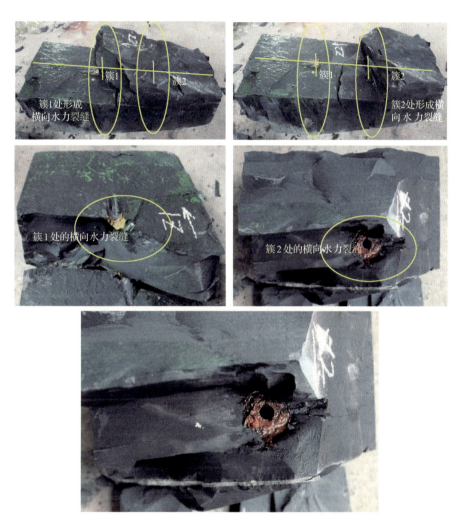

图 4-50 剖切分析（Y-220-2）

4）声发射分析

声发射定位效果如图 4-51 所示。

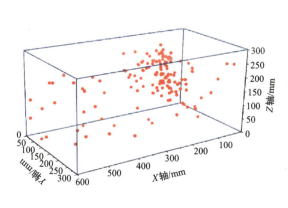
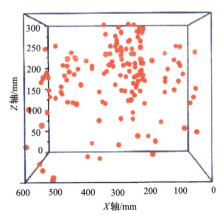

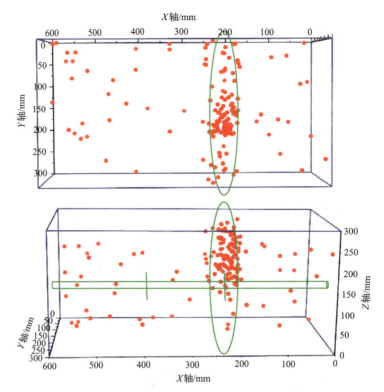

图 4-51　声发射定位效果(Y-220-2)

试样 Y-220-2 水力压裂后破裂模式如图 4-52 所示。

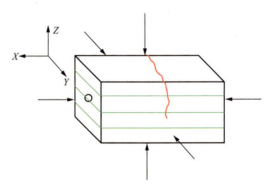

图 4-52　水力压裂后破裂模式(Y-220-2)

6. 典型试样分析(Y-260-2)

1)试验参数

试样 Y-260-2 的试验参数如表 4-17 所示,双簇同步压裂示意图如图 4-48 所示。

表 4-17　试验参数（Y-260-2）

温度/℃	排量/(mL/s)	黏度/(mPa·s)	三向应力/MPa			破裂压力/MPa	簇数及间距
			σ_v	σ_H	σ_h		
25	0.1	1000	5.80	6.30	4.90	11.0/11.3	双簇，80mm

2）泵压曲线分析

试样 Y-260-2 的泵压、累计注液量曲线如图 4-53 所示，压力曲线演化过程如表 4-18 所示。

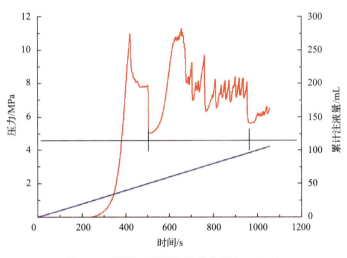

图 4-53　泵压、累计注液量曲线（Y-260-2）

表 4-18　压力曲线演化过程（Y-260-2）

水压过程	阀门开关状态	描述
①	A 开启，B 关闭	压力迅速上升，破裂压力 11.0MPa，之后压力下降，稳定在 7.8MPa
②	A 关闭，B 开启	压力迅速上升，破裂压力 11.3MPa，压力下降后剧烈波动
③	A、B 同时开启	压力波动范围减小
④	停止注入	

3）剖切分析

试样 Y-260-2 的剖切分析如图 4-54 所示。

4）声发射分析

试样 Y-260-2 的声发射定位效果如图 4-55 所示。试样 Y-260-2 的水力压裂后破裂模式如图 4-56 所示。全部压裂试验结果汇总如表 4-19 所示。

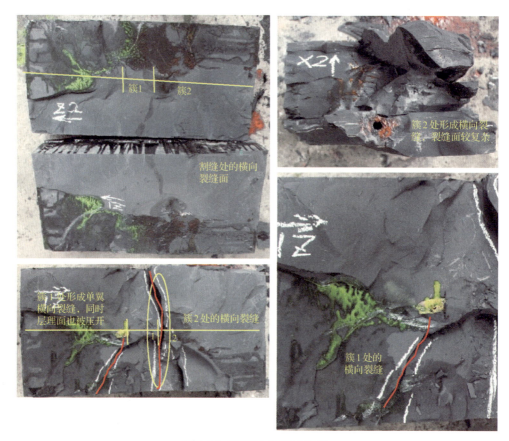

图 4-54 剖切分析(Y-260-2)

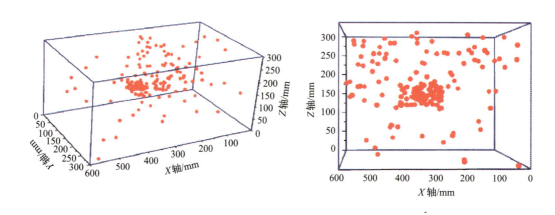

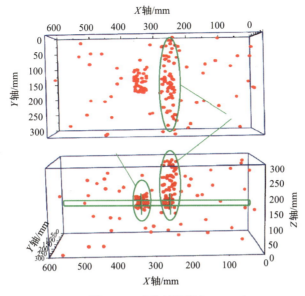

图 4-55　声发射效果（Y-260-2）

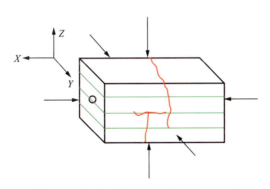

图 4-56　水力压裂后破裂模式（Y-260-2）

表 4-19　压裂结果汇总

试样编号	簇数	排量/(mL/s)	黏度(25℃)/(mPa·s)	簇间距/cm	三向应力/MPa			差异系数$(\sigma_H - \sigma_h)/\sigma_h$	破裂压力/MPa	裂缝形态
					σ_v	σ_H	σ_h			
Y-1-1	单簇	0.5	90	0	5.8	6.3	4.9	0.29	23.9	横向裂缝
Y-1-2	单簇	0.5	90	0	5.8	6.3	4.9	0.29	13.4	横向裂缝
Y-3-1	单簇	0.5	90	0	5.8	6.3	4.9	0.29	12.0	横向裂缝
S-3-1	单簇	0.5	90	0	5.8	6.3	4.9	0.29	20.4	横向裂缝
Y-2-1	双簇	0.5	90	120	5.8	6.3	4.9	0.29	16.4	横向裂缝，第 2 簇起裂
Y-2-2	双簇	0.5	90	120	5.8	6.3	4.9	0.29	11.5	横向裂缝，第 2 簇起裂
S-2-1	双簇	0.5	90	120	5.8	6.3	4.9	0.29	17.1	横向裂缝，第 2 簇起裂

续表

试样编号	簇数	排量/(mL/s)	黏度(25℃)/(mPa·s)	簇间距/cm	三向应力/MPa			差异系数$(\sigma_H-\sigma_h)/\sigma_h$	破裂压力/MPa	裂缝形态
					σ_v	σ_H	σ_h			
N-3-2	双簇	0.1	90	200	5.8	6.3	4.9	0.29	11.3	簇1、簇2横向裂缝
N-3-1	双簇	0.2	90	200	5.8	6.3	4.9	0.29	5.8	簇1、簇2横向裂缝
Y-220-1	双簇	2.0	90	160	5.8	6.3	4.9	0.29	15.1	簇1、簇2横向裂缝+纵向裂缝
Y-260-1	双簇	2.0	90	80	5.8	6.3	4.9	0.29	19.9	簇1、簇2横向裂缝+纵向裂缝
Y-220-2	双簇	0.1	1000	160	5.8	6.3	4.9	0.29	17.0	簇1、簇2横向裂缝
Y-260-2	双簇	0.1	1000	80	5.8	6.3	4.9	0.29	11.0	簇1、簇2横向裂缝+纵向裂缝
Y-240-1	双簇	0.1	1000	120	5.8	6.3	4.9	0.29	10.3	簇1纵向裂缝，簇2横向裂缝

在研究双簇或多簇水力压裂起裂模式时，采用传统预制双射孔簇模拟同步起裂物理试验，受制于试验尺度的限制，难以得到双簇相互干扰压裂缝形态，通过改进的试验方案可实现上述模拟。

由双簇起裂物理试验分析，当同一压裂段存在两簇或多簇射孔段时，随着压裂液的泵入，其中一簇先起裂，形成主压裂缝，在主裂缝延伸中，随着水力摩阻的增加，压裂缝不再继续扩展；在该过程中，另一簇经受压裂液泵压的持续作用，射孔段逐渐达到起裂压力，开始起裂，形成主压裂缝，当主压裂缝延伸遇到弱层理面时会发生转向，沟通弱层理面，并由弱层理面扩展至与初始压裂缝相交，形成裂缝网络结构。

图 4-57 为四个典型的压裂试验的微地震事件点在 X、Y、Z 平面的投影图，通过统计可以统计出裂缝的长度、裂缝的高度和裂缝的带宽。

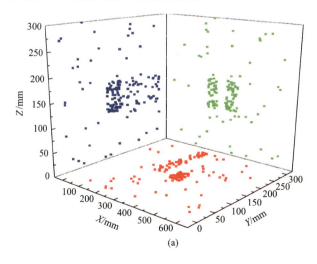

(a)

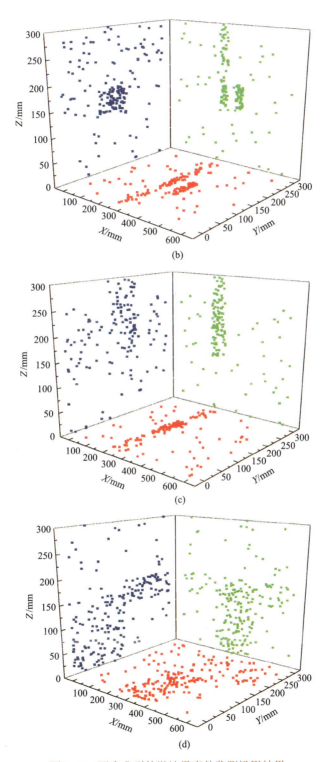

图 4-57　四个典型的微地震事件监测投影结果

(a) Y-2-4；(b) Y-1-2；(c) Y-4-2；(d) Y-4-1，从微地震事件投影图可以统计出裂缝长度、裂缝高度和裂缝带宽

定义快速计算有效改造体积(ESRV)的计算方法为

$$ESRV = \sum_{i=1}^{n} L_{f,i} \times H_{f,i} \times W_{fb,i} \qquad (4-2)$$

式中，n 为压裂实验中产生的裂缝条数；$L_{f,i}$ 为第 i 条裂缝的长度，mm；$H_{f,i}$ 为第 i 条裂缝的高度，mm；$W_{fb,i}$ 为第 i 条裂缝的带宽，mm。

从汇总的有效改造体积(ESRV)计算结果来看，成功实现体积改造的试样 Y-4-1 [图4-57(d)]的改造体积是最高的，这一结果也与现场压裂经验相符合，如表4-20所示。

表4-20　裂缝几何尺寸参数和有效改造体积汇总表(图4-57)

小图题	裂缝1			裂缝2			ESRV/mm^3
	$L_{f,1}$/mm	$H_{f,1}$/mm	$W_{fb,1}$/mm	$L_{f,2}$/mm	$H_{f,2}$/mm	$W_{fb,2}$/mm	
(a)	60	80	50	150	80	50	8.40×10^5
(b)	90	80	50	280	165	50	2.67×10^6
(c)	290	180	50	—	—	—	2.61×10^6
(d)	150	150	200	—	—	—	4.50×10^6

4.4　深层页岩压裂裂缝扩展实验及其力学特征表征研究

4.4.1　试验材料与方法

实验用的页岩岩样尺寸为边长 0.3m 的立方体，材质为四川某页岩地质露头点采集的新鲜的(非表面的)龙马溪组露头加工而成。在做真三轴水力压裂物理模拟实验之前，进行了小尺寸岩样取样和力学参数测试工作，测试的力学参数如表4-21所示。

表4-21　页岩岩样力学参数

力学参数	数值
单轴抗压强度 σ_c /MPa	100.8～120.1
弹性模量 E/GPa	23.9～28.8
泊松比	0.32～0.36
抗拉强度 T_0/MPa	9.70～11.67

同时，还做了页岩的微观矿物组分和微观孔隙分析。采用德国 Bruker AXS D8-Focus X 射线衍射仪对页岩矿物组分进行分析，送样数量为四组，岩心的石英含量为 27.33%～31.39%，黏土矿物以绿泥石与伊利石为主，占到总含量的 43.52%～50.32%，其余组分主要为钠长石、钾长石、方解石、黄铁矿。

采用 Quanta 250 扫描电子显微镜对岩心的微观结构进行分析，实验选择了四块试样，放大倍数设置为 100 倍、500 倍、1000 倍、2000 倍与 10000 倍，分别测试垂直与平行于层理面方向上页岩内部矿物组分的粒径、空间分布及内部孔隙特征。分析结果表明，由于页岩内部矿物颗粒小，相互之间胶结良好，没有观测到大孔隙存在；黏土矿物层与石英、长石等之间有少量的狭长缝隙，其延伸长度与层理面的发育程度有较大的关系，微观照片上其长度不超过 1mm；大块试样上，该类型缝隙长度为 3～4cm，总体来看，页岩内部的孔隙度小于 2%。

　　对每一个边长为 0.3m 的页岩立方体，在岩样的正中钻出直径为 24mm 的井眼，井眼深度为 170mm；割缝套管采用外径 20mm、内径 15mm 高强度钢管，在 135～165mm 位置，对称切割 1.5mm 宽的水力通道，底端焊接封闭，上端内置螺纹，与水力压裂泵管线密封连接；割缝套管放入井筒，采用环氧树脂胶结，便于水力裂缝的起裂，且设置割缝方位角与最大水平主应力方向夹角为 45°。

　　实验中采用真三轴系统，并且配备了声发射监测系统，通过该系统，可以实时接收到压裂过程中动态产生的微地震事件点。

　　页岩压裂试验采用的 Disp 声发射仪实时监测压裂过程中裂缝的扩展。采用八个声发射探头布置于模拟最大水平地应力与最小水平地应力方向的四个面，采用非对称放置，每个加载面放置两个探头，上下两个面不设置探头，如图 4-58 所示。

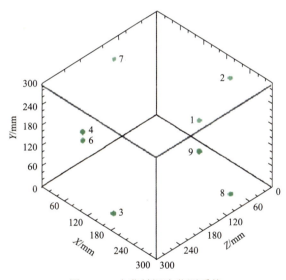

图 4-58　声发射探头监测系统

　　Renshaw 和 Pollard[24]认为在高水平主应力差条件下，容易产生较为平直的水力主缝。水平主应力差对水力裂缝形态的影响可以归结为水平应力差系数 K_h（无因次），定义为

$$K_h = \frac{\sigma_H - \sigma_h}{\sigma_h} \qquad (4\text{-}3)$$

式中，σ_H 和 σ_h 分别为水平最大主应力和水平最小主应力，MPa。

　　目前，四川盆地某页岩气田的产层龙马溪组大致分布在 2300～2880m，且上覆岩层压力为三向应力最大值。实验中采用的三向应力考虑了上述页岩储层的地应力情况，设置垂向应力 σ_v 为三向最大应力，且恒定为 20.41MPa，实验方案中考虑了水平地应力差系数和压裂排量的变化，具体方案见表 4-22。

表 4-22 页岩真三轴水力压裂物理模拟实验参数

试样编号	垂向应力 σ_v/MPa	水平应力差系数 K_h	液体黏度/(mPa·s)	排量/(mL/s)
S-1	20.41	0.058	3	1.0
S-2	20.41	0.058	3	0.5
S-3	20.41	0.058	3	0.5
S-4	20.41	0.106	3	0.5
S-5	20.41	0.106	3	0.5
S-6	20.41	0.106	3	1.0
S-7	20.41	0.252	3	0.5
S-8	20.41	0.252	3	1.0
S-9	20.41	0.252	3	1.0

采用水基滑溜水溶液作为实验用压裂液,压裂液的黏度为 3mPa·s,此外,压裂液中添加了红色示踪剂。

4.4.2 结果与分析

1. 地应力差对压裂裂缝形态的影响

表 4-23 中汇总了页岩真三轴水力压裂物理模拟实验的实验结果。从表中看出,随着水平应力差系数的增加,即水平应力差系数 K_h 从 0.058 增加到 0.252 时,压裂后的裂缝形态是不一样的。

表 4-23 页岩真三轴水力压裂物理模拟实验结果

编号	水平应力差系数 K_h	排量/(mL/s)	破裂压力/MPa	裂缝形态描述
S-1	0.058	1.0	19.12	网状复杂裂缝
S-2	0.058	0.5	25.12	网状复杂裂缝
S-3	0.058	0.5	22.37	网状复杂裂缝
S-4	0.106	0.5	21.02	网状复杂裂缝
S-5	0.106	0.5	19.41	主缝+多分支缝
S-6	0.106	1.0	23.71	主缝+多分支缝
S-7	0.252	0.5	18.47	主缝+多分支缝
S-8	0.252	1.0	22.40	主缝+多分支缝
S-9	0.252	1.0	23.87	主缝+多分支缝

当水平应力差系数较高时,容易形成单一的主缝+多分支缝,如图 4-59 所示,红色示踪剂显示形成了单一的压裂主缝,同时也形成了小的分支缝,由于压裂液的渗滤,分支缝是沿着天然裂缝或节理形成的。图 4-60 是样品 S-5 的压裂曲线,从曲线中可以看出,压力波动频率较高,说明在裂缝扩展过程中,主裂缝附近的天然裂缝频繁开启闭合,不断造成压裂液往天然裂缝中渗滤,但是压力曲线的整体趋势非常平稳,没有较大压力突降。此时影响裂缝形态的主控因素是地应力场和储层的天然裂缝。

图 4-59　S-5 号岩样照片
图中红色失踪剂显示，不仅形成了单一主缝，而且形成了沿着天然节理的分支缝

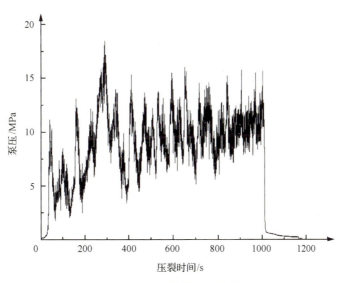

图 4-60　S-5 号样压裂曲线
压力波动频率较高，但压力曲线的趋势平稳

　　当两向水平应力差较低时，天然裂缝或层理成为影响压裂裂缝形态的主控因素，容易形成网状复杂裂缝，如图 4-61 所示。压裂实验后的水迹显示形成了网状复杂裂缝，由于页岩节理发育，水力裂缝起裂后，直接沿着天然裂缝渗滤，没有形成压裂主缝。在岩样剖开以后，也没有发现明显的压裂主缝。

　　图 4-62 是 S-2 岩样的压裂曲线，其中压力波动也很频繁，而且在 100s 和 350s 附近有两次比较大的压力陡降，说明沟通了发育的天然裂缝系统。

图 4-61　S-2 号岩样照片

天然裂缝控制了裂缝扩展路径，形成了网状复杂裂缝

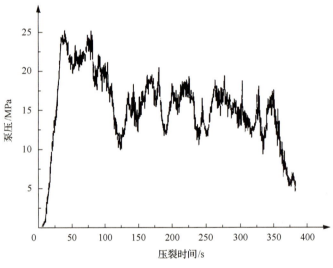

图 4-62　S-2 号岩样压裂曲线

曲线上存在两次较大的压力陡降

2. 声发射监测结果与分析

采用声发射事件点定位压裂裂缝扩展过程中产生的岩石微破裂事件，通过不同位置的传感器拾取 P(S) 波到达的时间差来反演岩石破裂源位置，通过该时间差和位置差，应用盖格尔算法反演声发射源位置，进而实现声发射事件点定位，即[42]

$$\sqrt{\left(x-x_i\right)^2+\left(y-y_i\right)^2+\left(z-z_i\right)^2}=v_\mathrm{p}\left(t_i-t\right) \tag{4-4}$$

式中，x、y、z 为某一个传感器的位置坐标，m；x_i、y_i、z_i 为某一个事件点的位置坐标，m；v_p 是纵波的传播速度，m/s。

图 4-63 是 S-5 号岩样实验，显示了压裂实验中不同时间段监测到的事件点分布图，

微地震事件总数为 256 个。实验的前两个阶段［图 4-63(a)、(b)］，声发射(微地震)事件点主要分布在主裂缝平面附近，说明形成了单一主裂缝，而此时远场几乎没有事件点；实验后两个阶段［图 4-63(c)、(d)］，声发射事件点除了在主裂缝平面有所增加外，同时在相对较远的地方也有增加，这是因为压裂液在天然裂缝中的渗滤也造成了微地震事件。该例中微地震事件点的动态分布，也印证了此前对裂缝形态的分析。

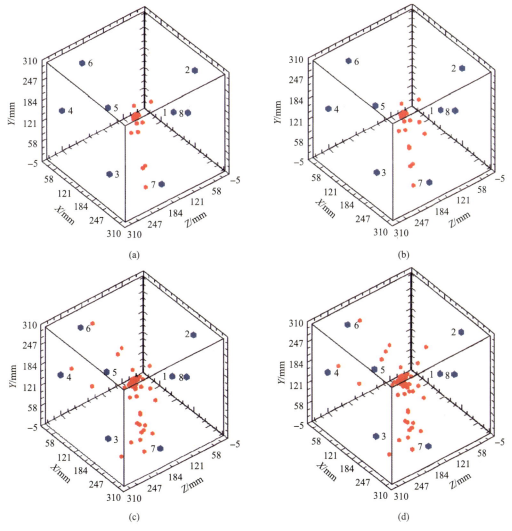

图 4-63 S-5 号岩样实验的微地震事件点分布图
(a) 180s；(b) 300s；(c) 420s；(d) 480s

图 4-64 显示了 S-2 号岩样实验监测到的事件点，包括在 X、Y、Z 平面的投影图，微地震事件总数为 189 个。从三个平面的投影图中看出，事件点是围着起裂点周围随机分布的，而没有沿着某一个裂缝平面分布，这是由于在低应力差条件下，天然裂缝主导了裂缝扩展路径，导致裂缝起裂后沿着天然裂缝系统渗滤，形成了网状复杂裂缝。

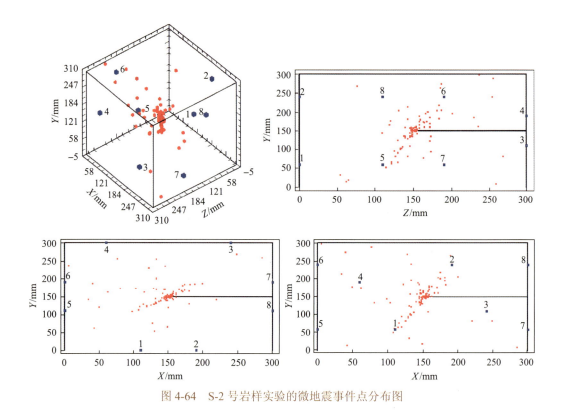

图 4-64　S-2 号岩样实验的微地震事件点分布图

4.4.3　天然层理对裂缝扩展行为影响的力学特性分析

针对第一种实验结果，即形成单一主缝+多分支缝的情况，结合力学实验，暂且讨论一下水力裂缝以垂直角度穿过天然裂缝，并沿着原来方向延伸，形成主裂缝的力学问题。

Renshaw 和 Pollard[24]建立了在线性条件下，水力裂缝以垂直方向穿过天然层理的力学准则如下：

$$\frac{\sigma_H}{T_0 + \sigma_h} > \frac{0.35 + \dfrac{0.35}{\lambda}}{1.06} \tag{4-5}$$

式中，σ_H 为最大水平主应力，MPa；σ_h 为最小水平主应力，MPa；T_0 为页岩的抗拉强度，MPa；λ 为天然层理面的摩擦系数，无因次。

针对实验中的第一种裂缝形态，即主裂缝+多分支缝形态，结合微地震事件的结果来看，在高水平应力差条件下，页岩压裂的起裂和前期扩展阶段，可以形成单一主缝，表明在上述实验条件下，水力裂缝以垂直方向穿过天然层理(考虑最容易穿过的情况，逼近角为 90°)，那么基于实验数据，可以分析水平地应力差系数与天然裂缝(层理)摩擦系数的关系。

定义水力裂缝在以垂直角度刚好穿过页岩层理面时的摩擦系数为临界摩擦系数 λ_0，则

$$\frac{\sigma_{\mathrm{H}}}{T_0 + \sigma_{\mathrm{h}}} = \frac{0.35 + \dfrac{0.35}{\lambda_0}}{1.06} \qquad (4\text{-}6)$$

式中，λ_0 为临界天然裂缝或层理的摩擦系数，无因次。

通过式(4-6)，基于实验参数，可以计算出临界摩擦系数 λ_0，其中页岩的抗拉强度采用实测值的平均值，计算参数和结果如表 4-24 所示。

表 4-24 应力参数、抗拉强度和裂缝参数

最大水平应力 σ_{H}/MPa	最小水平应力 σ_{h}/MPa	水平应力差系数 K_{h}	平均抗拉强度 T_0/MPa	临界摩擦系数 λ_0
18.37	17.35	0.095	10.55	1.006
18.37	16.60	0.107	10.55	0.945
18.37	14.67	0.253	10.55	0.829

根据表 4-24 中的数据绘制了图 4-65。从图中可以看出，随着水平应力差系数的增大，天然层理的临界摩擦系数也显著减小，表明水力裂缝容易穿过层理面，从而易形成主裂缝+多分支缝的裂缝形态。临界摩擦系数决定了天然裂缝或节理的强度，其影响因素包括地质成因、填充物的组分等。对于深层页岩气的压裂来说，由于水平应力差较大，再加上地质原因，水力裂缝往往易穿过天然层理缝，并形成水力主缝+多分支缝的情况。

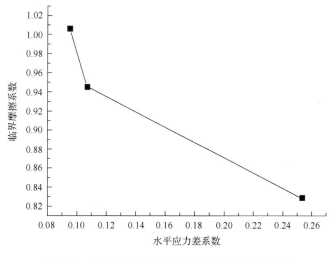

图 4-65 水平应力差系数与临界摩擦系数的关系

综上所述，在低水平应力差条件下，天然裂缝特性及复杂性对裂缝形态的影响最大，易形成复杂网状裂缝。实验中微地震事件点的分布直接印证了页岩压裂裂缝的复杂性；在较高应力差条件下，地应力参数和天然裂缝参数同时影响着压裂裂缝的形态，易形成主裂缝+多分支裂缝的裂缝形态。声发射动态监测数据表明，压裂前期，裂缝扩展主要形成的是单一主缝；而后期，由于压裂液沿着天然裂缝渗滤，往往形成多分支缝。天然裂缝或节理的强度对裂缝扩展也有影响。基于实验数据，采用天然裂缝垂直穿过天然裂缝(层理)的力学模型，揭示了水平应力差系数与天然裂缝临界摩擦系数之间的关系。

4.5 页岩水平井簇射孔破裂压力数值模拟

水力压裂技术已经在低渗地层的石油天然气开采中得到广泛应用。射孔可以有效地降低破裂压力，在一定程度上避免裂缝扭曲和多裂缝等不利现象，因此水力压裂中一般都进行射孔作业压裂，裂缝一般都是通过射入目标储层的射孔孔眼开始起裂和延伸的，然而射孔的存在会使原来的平衡状态遭到破坏，尤其是井眼与孔眼接合的位置，导致井壁围岩应力发生重新分布，研究射孔后井壁围岩应力场的分布规律可为射孔条件下地层破裂压力的预测和射孔参数的优化提供理论支持。

目前水力压裂实际施工中，大多采用套管完井再进行射孔，直接射穿套管和水泥环。引起地层岩石破裂的力主要分为两部分：一是直接作用在射孔内岩石壁面的流体压力；二是井筒内液柱的压力作用在套管上，并经由水泥环传至地层岩石上的力。这与裸眼完井的情况有很大的区别，因此必须考虑套管和水泥环对地层破裂压力的影响。有必要在综合考虑了水泥环和套管对破裂压力的影响，以及射孔间的应力干扰因素的基础上，建立与真实情况一致的计算模型，采用有限元方法研究螺旋射孔条件下地层破裂应力与射孔参数之间的关系。

4.5.1 模型关键参数的选取和计算

ABAQUS 是一套功能强大的工程模拟有限元软件，其解决问题的范围从相对简单的线性分析到许多复杂的非线性问题。采用 ABAQUS 软件建模，优选现场压裂施工数据如：井筒、套管等尺寸，岩石力学参数以及地应力大小等参数，部分参数需在现场数据的基础上进行计算得出。

1. 钻完井相关参数的选取

通过调研现场资料可知，永页某井在 3605.00m 左右处侧钻，钻井完井采用 ϕ139.7mm、壁厚 10.54mm 的套管完井，具体见表 4-25，井身结构示意图如图 4-66 所示。

根据现场数据确定有限元模型的几何参数如表 4-26 所示，其中套管和水泥环的材料参数通过参考相关文献得到。

表 4-25 永页某井井身结构

开钻程序	钻头程序		套管程序		水泥返高
	井眼尺寸/mm	完钻深度/m	尺寸/mm	下入井段/m	
套管	ϕ664	102	ϕ508.0	0～101.68	
套管1	ϕ464.5	1553	ϕ339.7	0～1551.23	
套管2	ϕ329.2	3400	ϕ244.5	0～3398.23	地面
套管3	ϕ231.9	5578	ϕ139.7	0～5576.33	

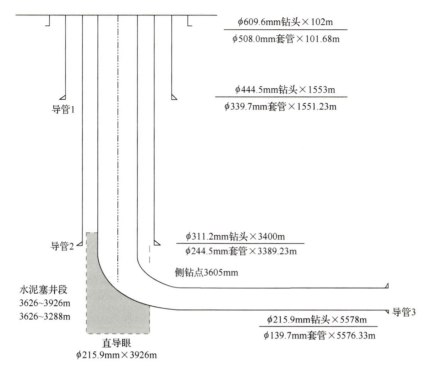

ϕ609.6mm钻头×102m

ϕ508.0mm套管×101.68m

ϕ444.5mm钻头×1553m

ϕ339.7mm套管×1551.23m

导管1

ϕ311.2mm钻头×3400m

ϕ244.5mm套管×3389.23m

导管2

侧钻点3605mm

水泥塞井段
3626~3926m
3626~3288m

ϕ215.9mm钻头×5578m　导管3

ϕ139.7mm套管×5576.33m

直导眼
ϕ215.9mm×3926m

图 4-66　永页某井井身结构示意图

表 4-26　钻完井相关参数

参数	参数值
井眼直径/mm	215.9
套管外径/mm	139.7
套管内径/mm	115.62
套管弹性模量/GPa	210
套管泊松比	0.3
水泥环弹性模量/GPa	30
水泥环泊松比	0.19
射孔密度/(孔/m)	20
射孔簇长/m	1.5
孔间距/m	0.06
相位/(°)	60
孔长/cm	40
孔径/mm	14

2. 页岩性质参数

用永页某井岩石力学的实验参数(表 4-27)作为有限元模型中的材料参数,其中用于计算的力学参数都用的平均值。

表 4-27　永页某井岩石力学及地应力实验参数汇总

层位	小层编号	深度/m	抗压强度/MPa	杨氏模量/MPa	泊松比	抗拉强度/MPa	垂直应力/MPa	水平最大主应力/MPa	水平最小主应力/MPa	水平应力差系数
S_1l	⑧	3802.62	139.3	32379.3	0.233	5.93	93.19	85.25	76.19	0.12
S_1l	⑦	3812.22	124.0	24187.2	0.233	8.91	92.6	83.93	74.33	0.13
S_1l	⑤	3834.81	115.2	29004.8	0.241	7.46	94.1	86.4	76.28	0.13
S_1l	④	3839.67	135.2	32958.5	0.218	9.1	95.95	88.78	76.93	0.15
S_1l	③	3847	53.5	27209.3	0.210	9.60	95.01	88.28	75.63	0.17
S_1l	③	3854.08	129.8	30949.7	0.242	4.55	95.09	89.46	77.71	0.15
S_1l	③	3861.21	104.8	28988.3	0.204	13.96	95.84	90.08	78.33	0.15
O_3w	①	3868.25	189.9	36425.0	0.241	12.05	96.1	89.15	79.08	0.13
O_3l	—	3879.69	134.0	36473.2	0.220	—	95.84	89.83	80.55	0.12

模型基于流固耦合理论建立，因此需要页岩孔隙比和渗透系数两个参数。

孔隙比的定义为材料中孔隙体积与材料中颗粒体积之比，孔隙度的定义为岩样中所有孔隙空间体积之和与该岩样体积的比值。孔隙比一般设定为 0.06186。

渗透系数公式为

$$\kappa = k\rho g/\eta$$

式中，κ 为渗透系数；k 为孔隙介质的渗透率，它只与固体骨架的性质有关；η 为动力黏滞性系数；ρ 为流体密度；g 为重力加速度。

目前目的层页岩的渗透率数据缺失，渗透系数采用页岩计算常用的数值，即渗透系数 $\kappa = 1.22 \times 10^{-11}$ m/s。

总结得到页岩性质参数如表 4-28 所示。

表 4-28　页岩性质参数

参数	参数值
平均弹性模量/GPa	31.45
平均泊松比	0.228
抗拉强度/MPa	8.945
孔隙比	0.06168
渗透系数/(m/s)	1.22×10^{-11}

3. 地应力参数

根据表 4-29 关于永页某井的地应力参数，取得实验测定的九个层位的垂直应力、最大和最小水平主地应力的平均值，通过测井曲线模拟获得地层孔隙压力为 59.6MPa。

表 4-29 地应力参数 (单位：MPa)

参数	参数值
孔隙压力	59.6
上覆岩层压力	94.85
最小水平主地应力	87.91
最大水平主地应力	77.22

4.5.2 计算假定及关键参数选取

1. 计算假定

为计算方便且在保证模型计算结果准确的前提下，对模型做如下假定：

(1) 在起裂前射孔和井筒内的流体是接近静止状态的，因此可以在井筒和射孔孔壁上施加均布载荷来代替液压。

(2) 井筒、水泥环和地层之间完好胶结，不考虑它们之间的相对滑移变形。

(3) 考虑了压裂液渗滤对破裂压力的影响。

(4) 岩石满足最大拉应力准则，当最大拉应力超过岩石的抗张强度时，岩石受拉破坏，裂缝起裂。

2. 模型几何及射孔参数

模型整体为立方体形状，考虑模型区域对计算结果的影响，计算模型尺寸为 5m×5m×5m，满足要求。

永页某井在压裂层段的射孔方案如下：①射孔枪外径为 89mm，枪身(盲孔)耐压 120MPa 以上；②射孔弹为 89 深穿透型；③输送方式为电缆或连续油管；④点火方式为多级点火；⑤射孔密度为 20 孔/m；⑥相位角为 60°。

在本节数值计算中，采用的井筒和射孔参数如表 4-30 所示。

表 4-30 井筒参数和射孔参数汇总

参数	参数值
井眼直径/mm	215.9
套管外径/mm	139.7
套管内径/mm	115.62
套管弹性模量/GPa	210
套管泊松比	0.3
水泥环弹性模量/GPa	30
水泥环泊松比	0.19
射孔密度/(孔/m)	20
射孔簇长/m	1.5
孔间距/m	0.06
相位/(°)	60
孔长/cm	45
孔径/mm	14

参考上述实际数据选取井筒及射孔数据，建立了三维模型，图 4-67 和图 4-68 为套管、水泥环以及射孔孔眼的三维显示图。

3. 网格划分

为保证模型计算的准确高效及网格的对称规则，模型尽量采用了六面体网格。围岩体的应力由于受到井眼及孔眼的影响，在井眼及孔眼附近易发生应力集中现象，因此在井眼及孔眼附近对网格进行细化，远处适当增大网格以满足数值模拟精度及速度的要求。最终网格划分效果如图 4-69 所示，无错误和警告网格，岩石单元类型为 C3D8RP，套管和水泥环单元类型为 C3D8R。

图 4-67　60°相位角螺旋射孔模型

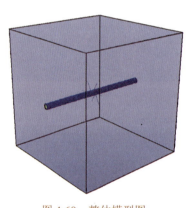

图 4-68　整体模型图

图 4-69　模型网格划分效果

4. 材料本构模型的建立

本小节分析页岩非线性变形对破裂压力的影响，需要对岩石的弹塑性变形状态进行描述，反映到数模计算中，就需要选取合适的弹性模型和塑性模型。

通过对现场岩心岩石力学实验结果的统计分析可知，页岩存在横观各向同性，并且屈服之后有比较明显的硬化阶段。因此在模型选取中，针对页岩横观各向同性的特征选取弹性模型中的各向异性模型。

正交各向异性的独立模型参数为三个正交方向的杨氏模量 E_1、E_2 和 E_3，三个泊松比 v_{12}、v_{13} 和 v_{23}，三个剪切模量 G_{12}、G_{13} 和 G_{23}。

在正交各向异性模型中，如果材料的某个平面上的性质相同，即为横观各向同性弹性体，假定 1～2 平面为各向同性平面，那么有 $E_1=E_2=E_p$，$v_{13}=v_{23}=v_{tp}$，$G_{13}=G_{23}=G_t$，

其中下角 p 和 t 分别代表横观各向同性的横向和纵向，其中 $G_p = E_p/2(1+\nu_p)$。所以该模型独立模型参数为五个。又因为 $G_t = E_p E_t/(E_p + E_t + 2E_p \nu_{tp})$（近似解），所以只要知道 E_p、E_t、ν_p 和 ν_{tp} 就可以了。这四个数值可以从现场岩心的岩石力学实验结果中求出。

选取弹塑性本构模型中的塑性模型，这里采用的是扩展的 Drucker-Prager 模型。

ABAQUS 对经典的 Drucker-Prager 模型进行了扩展，屈服面在子午面的形状则可以通过线性函数、双曲线函数或指数函数模型模拟，其在 π 面上的形状也有所区别。

1）屈服面

线性 Drucker-Prager 模型的屈服面如图 4-70 所示，函数为

$$F = t - p\tan\beta - d = 0 \tag{4-7}$$

式中，β 为屈服面在 p-t 应力空间上的倾角，与摩擦角 φ 有关；$t = \dfrac{q}{2}\left[1 + \dfrac{1}{k} - \left(1 - \dfrac{1}{k}\right)\left(\dfrac{r}{q}\right)^3\right]$，

这里不采用 q 作为偏应力是为了反映中主应力的影响，k 为三轴拉伸强度与三轴压缩强度之比，反映了中主应力对屈服的影响，为了保证屈服面是凸面，要求 $0.778 \leqslant k \leqslant 1.0$，不同 k 值的屈服面在 π 面上的形状是不一样的，当 $k=1$ 时，有 $t=q$，此时屈服面为米塞斯屈服面的圆形；d 为屈服面在 p-t 应力空间 t 轴上的截距，可按如下方式确定：① $d = (1 - 1/3\tan\beta)\sigma_c$，根据单轴抗压强度 σ_c 定义；② $d = \left(\dfrac{1}{k} + 1/3\tan\beta\right)\sigma_t$，根据单轴抗压强度 σ_t 定义；③ $d = \dfrac{\sqrt{3}}{2}\tau\left(1 + \dfrac{1}{k}\right)$，根据剪切强度 τ 定义。

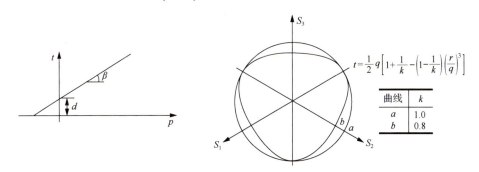

图 4-70　线性 Drucker-Prager 模型的屈服面

$S_1 \sim S_3$ 为屈服偏差平面的三个轴；a、b 代表两种屈服迹线

2）塑性势面

线性 Drucker-Prager 模型的塑性势面函数为

$$G = t - p\tan\psi \tag{4-8}$$

式中，ψ 为 p-t 平面内的剪胀角。

由于塑性势面与屈服面不相同，流动法则是非关联的。

3) 硬化规律

硬化规律的实质是控制屈服面大小的变化。ABAQUS 中的扩展 Drucker-Prager 模型允许屈服面放大(硬化)或缩小(软化)。屈服面大小的变化是由某一个等效应力 $\bar{\sigma}$ 控制的,用户通过给出 $\bar{\sigma}$ 与等效塑性应变 $\bar{\varepsilon}^{pl}$ 的关系来控制,其中等效塑性应变为 $\bar{\varepsilon}^{pl} = \int \Delta \bar{\varepsilon}^{pl} dt$。

对岩石力学实验数据进行拟合,k 是三轴拉伸强度与三轴压缩强度之比,反映了中主应力对屈服的影响,为了保证屈服面是凸面,要求 $0.778 \leqslant k \leqslant 1.0$。由于三轴压缩强度数据缺失,这里 k 取经验值 0.778。

对于硬化参数设置,选取 yy1-6-3-108-cz1 号岩心数据曲线。$\bar{\sigma}$ 与等效塑性应变 $\bar{\varepsilon}^{pl}$ 的关系如表 4-31 所示。

表 4-31 $\bar{\sigma}$ 与等效塑性应变 $\bar{\varepsilon}^{pl}$ 关系

$\bar{\sigma}$	$\bar{\varepsilon}^{pl}$
105.464	0
108.524	0.024038322
111.278	0.048111111
116.48	0.084098158
119.846	0.108101012
121.988	0.120049738
124.743	0.144123496

4.5.3 模型分析方法

1. 加载方式

模型首先在边界施加三向地应力 σ_v、σ_H、σ_h,并同时对边界施加初始孔隙压力(图 4-72),进行平衡地应力场分析步。之后,在井筒及射孔孔眼内壁单元上施加流体压力和孔隙压力的面载荷(这个面载荷在每一个分析步都增加相同压力值)来模拟压裂液加压过程。模型单元的应力状态随着计算的进行而改变。

2. 地层破裂压力的破裂准则

地层破裂的判断依据很多,这里采用最大拉应力准则,即当岩石的最大应力大于岩石的抗拉强度时岩石发生破裂,数学表达式为

$$\sigma_{max} \geqslant P_s \tag{4-9}$$

式中,σ_{max} 为最大主应力,由数值模拟结果直接得到,MPa;P_s 为岩石的抗拉强度,由室内物性实验得到,MPa。

在保持其他边界条件不变的情况下，随着注入压裂液压力逐渐增大，直至最大主应力达到地层岩石的抗拉强度，岩石起裂，此时的压裂液压力为地层起裂压力。模型的加载方式如图 4-71 所示。

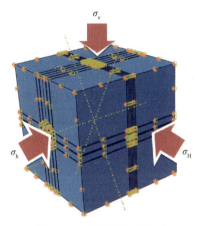

图 4-71　模型的加载方式

4.5.4　模型计算结果及验证

采用永页某井岩石力学实验结果，取页岩抗拉强度 8.945MPa 作为模型起裂标准，当模型中射孔孔壁上某点最大主应力数值达到 8.945MPa 时，认为模型从该点起裂。图 4-72 和图 4-73 分别为模型起裂时井眼周围孔隙压力以及最大张应力分布情况。

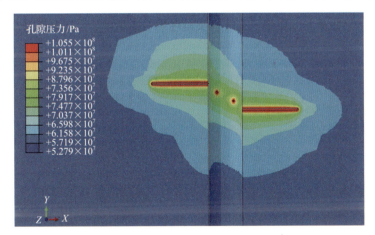

图 4-72　渗滤导致孔压增加的效果图

图 4-73 表明，压裂液渗透使射孔孔眼周围孔隙压力增加，孔眼表面孔压最高，接近注入液体压力；渗滤导致孔眼周围约 0.5m 范围内的页岩孔隙压力不同程度增大，有利于降低破裂压力。

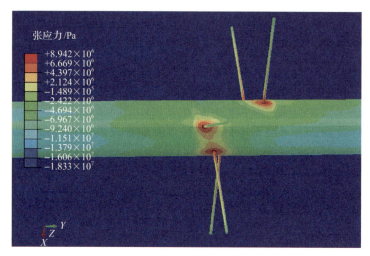

图 4-73　最大张应力云图(套管和水泥环已移除)

　　图 4-74 为俯视图，显示为射孔孔眼周围单元所受最大主应力大小。可见在射孔的根部，即射孔与井筒连接的部位处的单元所受张应力最大，水力裂缝最先从该部位起裂；靠近射孔簇中部的射孔孔眼受到的主应力比两边孔眼要大，水力裂缝会从射孔簇中部起裂。

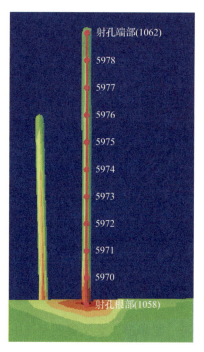

图 4-74　最大主应力从射孔根部到顶部的变化趋势(俯视图)
数据表示射孔模型中有限元节点编号

　　利用 options-contour 中的选项，可以找到最大拉应力点即为起裂点，如图 4-75 所示，起裂点位于射孔孔眼根部与井筒相连的部位，取起裂点所在孔眼上的 10 个节点，绘制最大主应力沿孔眼轴线的分布图，如图 4-75 所示。

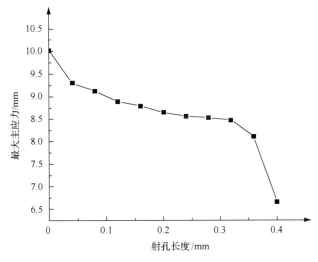

图 4-75 最大主应力从射孔根部到顶部的变化趋势

由图 4-75 曲线可知，最大主应力从射孔根部到端部最大主应力迅速减小。以页岩抗拉强度 8.945MPa 为标准，本节算例计算的井底射孔处破裂压力为 94.63～105.5MPa，折合到地面泵压（减去液柱压力 39.4MPa，加上摩阻约 10MPa）为 65.23～76.1MPa，与现场施工每一段的破裂压力对比发现（图 4-76），符合率达 90%以上。

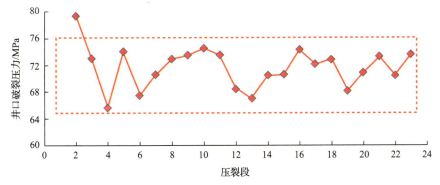

图 4-76 永页某井现场压裂施工各个压裂段破裂压力统计
虚线框内的实际破裂压力点都在预测范围之内

参 考 文 献

[1] Gidley J L. Recent advances in hydraulic fracturing[C]//SPE Monograph, Richardson, 1989.

[2] Daneshy A A. Experimental investigation of hydraulic fracture extension in isotropic media[R]. SPE 3820, Duncan, 1971.

[3] Bouteca M J. 3D analytical model for hydraulic fracturing: Theory and field test[C]//SPE Annual Technical Conference and Exhibition, Houston, 1984.

[4] Thiercelin M J, Ben-Naceur K, Lemanczyk Z R. Simulation of three-dimensional propagation of a vertical hydraulic fracture[C]//SPE/DOE Low Permeability Gas Reservoirs Symposium, Denver, 1985.

[5] Roberto S R, Jrn S, Gadde P, et al. An experimental investigation of fracture propagation during water injection[C]//International Symposium and Exhibition on Formation Damage Control, Lafayette, 2002.

[6] Glaser S D, Ii J W D, Shlyapobersky J. Active and passive acoustic imaging inside a large-scale polyaxial hydraulic fracture test[J]. Journal of Petroleum Technology, 1999, 44(1): 102-106.

[7] Medlin W L, Masse L. Laboratory investigation of fracture initiation pressure and orientation[J]. Society of Petroleum Engineers Journal, 1979, 19(2): 129-144.

[8] Marangos Ch. The effect of fluid loss on fracture initiation during squeeze cementing operations[J]. Journal of Petroleum Technology, 1989, 34(1): 235-241.

[9] David W, Yang D, Risnes R. Experimental study on fracture initiation by pressure pulses[C]//SPE Annual Technical Conference and Exhibition, Dallas, 2000.

[10] Lhomme T P, de Pater C J. Experimental study of hydraulic fracture initiation in colton sandstone[C]//SPE/ISRM Rock Mechanics Conference, Irving, 2002.

[11] Rabaa W E. Experimental study of hydraulic fracture geometry initiated from horizontal wells[C]//SPE Annual Technical Conference and Exhibition, San Antonio, 1989.

[12] Behrmann L A, Elbel J L. Effect of perforations on fracture initiation[J]. Journal of Petroleum Technology, 1991, 43(5): 608-615.

[13] Weijers L, de Pater C J. Fracture reorientation in model tests[C]//SPE Formation Damage Control Symposium, Lafayette, 1992.

[14] Ketterij R G, Pater C J D. Impact of perforations on hydraulic fracture tortuosity[J]. SPE Production & Facilities, 1999, 14(2): 117-130.

[15] Abass H H, Hedayati S, Meadows D L. Nonplanar fracture propagation from a horizontal wellbore: Experimental study[J]. SPE Production & Facilities, 1996, 11(1-6): 133-137.

[16] Papadopoulos J M, Narendran V M, Cleary M P. Laboratory simulations of hydraulic fracturing[C]//SPE/DOE Low Permeability Gas Reservoirs Symposium, Denver, 1983.

[17] Daneshy A A. Hydraulic fracture propagation in the presence of planes of weakness[C]//SPE-European Spring Meeting, Amsterdam, 1974.

[18] Lamont N, Jessen F. The effects of existing fractures in rocks on the extension of hydraulic fractures[J]. Journal of Petroleum Technology, 1963: 203-209.

[19] Blanton T L. Propagation of Hydraulically and Dynamically Induced Fractures in Naturally Fractured Reservoirs[C]//SPE/DOE Unconventional Gas Technology Symposium, Loouisville, 1986.

[20] Warpinski N R, Teufel L W. Influence of geologic discontinuities on hydraulic fracture propagation[J]. Journal of Petroleum Technology, 1987: 209-220.

[21] Reugelsdijk L J L, de Pater C J, Sato K. Experimental hydraulic fracture propagation in multi-fractured medium[C]//SPE Asia Pacific Conference on Integrated Modeling, Yokohoma, 2000.

[22] Warpinski N R, Clark J A. Laboratory investigation on the effect of in-situ stress on hydraulic fracture containment[J]. Society of Petroleum Engineers Journal, 1982, 22(3): 55-66.

[23] Anderson G D. Effects of friction on hydraulic fracture growth near unbonded interfaces in rocks[J]. Society of Petroleum Engineers Journal, 1981: 21-29.

[24] Renshaw C E, Pollard D D. An experimentally verified criterion for propagation across unbonded frictional interfaces in brittle, linear elastic materials[J]. International Journal of Rock Mechanics Mining Science and Geomechanics, 1995, 32(3): 237-249.

[25] Blair S C, Thorpe R K, Heuze F E, et al. Laboratory observations of the effect of geological discontinuities on hydrofracture propagation[C]//Proceedings 30th US Symposium on Rock Mechanics, Morgantown, 1989.

[26] 陈勉, 庞飞, 金衍. 大尺寸真三轴水力压裂模拟与分析[J]. 岩石力学与工程学报, 2000, 19(增): 868-872.

[27] 李传华. 水平井水力压裂裂缝形态模拟研究[D]. 北京: 中国石油大学(北京), 2002.

[28] 张广清, 陈勉. 水平井水力裂缝非平面扩展研究[J]. 石油学报, 2005, 26(3): 95-101.

[29] 耿宇迪. 层状介质水力裂缝垂向扩展规律的物理模拟研究[D]. 北京: 中国石油大学(北京), 2004.

[30] 王祖文, 郭大立, 邓金根, 等. 射孔方式对压裂压力及裂缝形态的影响[J]. 西南石油学院学报, 2005, 27(5): 47-50.

[31] 周健, 陈勉, 金衍, 等. 裂缝性储层水力裂缝扩展机理试验研究[J]. 石油学报, 2007, 28 (5): 109-113.

[32] Zhou J, Chen M, Jin Y, et al. Analysis of fracture propagation behavior and fracture geometry using a tri-axial fracturing system in naturally fractured reservoirs[J]. International Journal of Rock Mechanics & Mining Sciences, 2008, 45 (7): 1143-1152.

[33] Gu H, Weng X, Lund J, et al. Hydraulic fracture crossing natural fracture at nonorthogonal angles: A criterion and its validation[C]//SPE Hydraulic Fracturing Technology Conference and Exhibition, The Woodlands, 2011.

[34] Weng X W, Kresse O, Chuprokov D, et al. Applying complex fracture model and integrated workflow in unconventional reservoirs[J]. Journal of Petroleum Science and Engineering, 2014, 124: 468-483.

[35] Weng X W. Modeling of complex hydraulic fractures in naturally fractured formation[J]. Journal of Unconventional Oil and Gas Resources, 2015, 9: 114-135.

[36] Olson J E, Bahorich B, Holder J. Examining hydraulic fracture-natural fracture interaction in hydrostone block experiments [C]//SPE Hydraulic Fracturing Technology Conference, The Woodlands, 2012.

[37] Fan T G, Zhang G Q. Laboratory investigation of hydraulic fracture networks in formations with continuous orthogonal fractures[J]. Energy, 2014, 74: 164-173.

[38] Savitski A A, Lin M, Riahi A, et al. Explicit modeling of hydraulic fracture propagation in fractured shales[C]//International Petroleum Technology Conference, Beijing, 2013.

[39] Muphy H D, Fehler M C. Hydraulic fracturing of jointed formations[C]//International Meeting on Petroleum Engineering, Beijing, 1986.

[40] 张旭, 蒋廷学, 贾长贵, 等. 页岩气储层水力压裂物理模拟试验研究[J]. 石油钻探技术, 2013, 41 (2): 70-74.

[41] 周健, 蒋廷学. 四川页岩压裂裂缝扩展实验及力学特性研究[J]. 中国科学: 物理学 力学 天文学, 2017, (11): 153-160.

[42] 宋维琪, 陈泽东, 毛中华. 水力压裂裂缝微地震监测技术[M]. 东营: 中国石油大学出版社, 2008.

第5章 页岩复杂裂缝内支撑剂动态运移规律

本章系统阐述了支撑剂动态运移规律研究历史，总结分析了国内外主要研究机构在支撑剂输送研究方面建立的物理模型，重点介绍了复杂裂缝内支撑剂运移研究的最新实验进展，建立了复杂裂缝输砂关键参数的计算方法，给出了提高裂缝导流能力综合方法。

5.1 复杂裂缝支撑剂动态运移模拟方法

支撑剂动态运移模拟的研究最早可以追溯到 1967 年，Babcock 等[1]研制了平行的树脂有机玻璃板实验装置，可视化地研究了支撑剂在单缝中铺置的规律。主要考虑了支撑剂目数、液体浓度、裂缝宽度对支撑剂铺置的影响。在实验中，提出了平衡流速和平衡高度为目标参数，围绕这两个参数，进行支撑剂铺置规律实验研究。按照研究的先后顺序，可以把支撑剂动态运移模拟研究分为：单一裂缝内的支撑剂运移模拟、复杂裂缝内的支撑剂运移模拟及其数值模拟。

1. 单一裂缝内的支撑剂运移模拟

单一裂缝内的支撑剂运移模拟相对简单，Babcock 在最早的研究中已经提出了单缝输砂的核心问题，即平衡流速、平衡高度等支撑剂堆积参数，后续的研究者主要在裂缝壁面粗糙度、实验设备尺寸等方面做了进一步的改进研究。

Shah[2]对以往研究者的装置进行了改进，其模拟装置同样由玻璃板模拟垂直单裂缝，其中包括流体混合罐、离心泵、莫依诺泵、磁性流量计、质量流量计、管道换热器、温度探针，以及不同压力下的传感器。其中所模拟的裂缝长为 2.44m、高为 25.4cm、宽为 1.3cm。实验主要介绍了非牛顿流体携带支撑剂进入裂缝模型，在不同的排量、浓度、支撑剂粒径情况下研究支撑剂的沉降问题，并提出颗粒速度的变化是颗粒间相互影响所致，对实验所获得的结果与颗粒在牛顿和非牛顿流体中的沉降也做了对比，并且说明了通过实验所修正的公式能够很好地运用于二维和三维裂缝模拟器中。

Al-Quraishi 等[3]为了研究支撑剂在裂缝中运移的无因次参数的解释。设计了一个的平板玻璃模型，为了减小壁面末端效应，使长度的尺寸是高度的两倍，以该装置来模拟裂缝中支撑剂的铺置规律情况。通过改变流体的密度、黏度、裂缝宽度、支撑剂浓度，以及排量进行实验，研究各个变量因素、扩散和对流对铺置的影响。结果发现对流的影响在密度稍微改变时就特别的明显，但减少裂缝宽度、增加黏度和重力比率时，对流的影响就不明显了。

进入 21 世纪，学者注重多学科之间的交叉。Shah 等[4]研发了一种耐高压的平行平板，用来模拟地层下的裂缝单元，并运用纤维光学和二极管进行实验参数测量。在实验中通过改变不同的因素，特别是调节上、中、下射孔处的开口，以光学的信号反映支撑剂的动态铺置情况。通过改变不同的排量、支撑剂的大小,以及流体的类型来研究支撑剂的铺置规律情况。

另外,有学者提出了实际的支撑剂的分布很可能与传统理论的模型有很大的出入,原因主要在于前人的研究都未考虑滤失的情况。Barree 和 Conway[5]主要介绍了支撑剂在滤失地层中经过裂缝时的运移和铺置情况。通过实验发现支撑剂在滤失处会有砂堤沉积,随着滤失情况越来越严重,支撑剂很难填充裂缝的主要通道,最后导致支撑剂沉积了下来。另一方面,随着流体的不断注入和流体的高剪切作用,砂堤高度不断降低。

随着可视化装置的发展,2002 年,McEifresh 等[6]将可视化装置与高压仪相结合,运用光学的原理研究支撑剂的运移规律。McEifresh 等[6]设计了两套狭槽模型(图 5-1),一套为透明的平行板玻璃设备,宽为 6mm、长为 3.6m、高为 0.49m,该设备主要用摄像机记录支撑剂砂堤的铺置情况。另外一套设备即高压探测仪(HPS),该仪器宽度可变,高为 0.17m、长为 2.7m,通过设计透明的狭槽,以及高压裂缝探测器的观察,在实验室小规模地测试支撑剂的沉降问题。除此以外,该装置的设计能够很好地预测支撑剂的运移规律并呈现砂浓度剖面,为进一步研究支撑剂的铺置提供了有利依据。

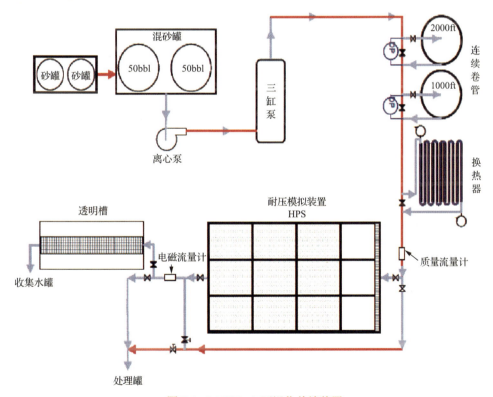

图 5-1　McEifresh 可视化单缝装置

研究人员还努力使可视化装置更加接近实际的地层,以便研究流体的特性、裂缝宽度、壁面粗糙度对支撑剂铺置的影响。2005 年,Liu 和 Sharma[7]主要介绍了通过有机玻璃板模拟单缝实验(图 5-2)。该实验主要研究裂缝宽度和流体流变学对支撑剂铺置的影响。其中包括颗粒的水平运移和沉降。通过实验结果发现,当支撑剂和裂缝宽度相差无几时，颗粒的沉降速度将会大幅度降低，支撑剂在缝中速度的变化主要取决于支撑剂的大小与裂缝宽度的比值。当该比值比较小时，支撑剂的速度会超过平均的流速；当该比值比较大时，支撑剂的速度将会小于平衡流速。以此说明裂缝的壁面对支撑剂的沉降有很大影响。同时，Liu 等[8]利用平板装置又进行了压裂液性能的研究，提出了利用平板装置研究压裂液指进现象的问题。

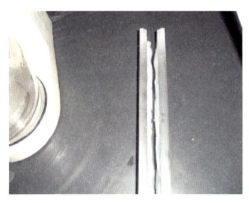

图 5-2 考虑壁面效应的可视化单缝模拟装置

2006 年，Brannon 等[9]设计了主体为两块玻璃般材质的平板用以模拟地层的裂缝，该模拟装置的特点是尺寸大，平板长 4.87m、高 0.559m、宽度 12.7mm。在实验方案设计中，主要考虑了流体黏度、支撑剂大小、排量大、流体类型和支撑剂粒径大小，以及裂缝形态对支撑剂铺置效果的影响。通过实验，发现了新规律并建立了新模型。新模型能够对压裂设计分析提供有利的依据，除此以外还能优化支撑剂在裂缝长度的最优铺置。基于 Brannon 的思想，有研究者开始实验和数值模拟水力压裂中支撑剂的铺置研究。Shokir 和 Al-Quraishi[10]主要利用小的玻璃板模拟地层单裂缝，以此研究支撑剂在裂缝中的铺置过程。实验发现在支撑剂的铺置过程中对流现象很明显，排量增加(支撑剂浓度减少)则黏度和重力比减少，支撑剂铺置得更远。

此外，Woodworth 和 Miskimins[11]采用该模拟装置进行了实验。该实验主要进行了影响支撑剂砂堤高度的敏感性分析，其中包括流体的密度、支撑剂密度、支撑剂粒径、流体黏度、裂缝宽度、流体的速度及支撑剂的浓度。

2. 复杂裂缝内的支撑剂运移模拟

随着页岩气的成功开发，大规模水力压裂技术将地层进一步"打碎"，通过低黏压裂液制造缝网体系裂缝，实现渗透率极低气藏的体积改造，在这样的工程背景下，复杂裂缝内的支撑剂运移模拟研究应运而生。2009 年，Dayan 等[12]尝试了复杂裂缝内支撑剂运移的模拟研究，研究人员设计了一套模拟主缝以及两个相同长度的次生缝的装置(图 5-3)。该次生裂缝角度固定。通过不同的变量因素，得到了在不同因素下的实验结果。通过实验结果，总结出了门槛排量对支缝进砂的影响，以及支撑剂在缝网中的铺置规律。

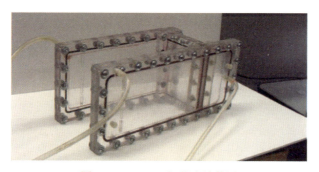

图 5-3　Dayan 可视化多缝装置

此后，在该领域研究最深入的机构为美国的 KT 研究中心和科罗拉多矿业学院，两者采用了相似的研究方法，抽象并建立了复杂裂缝室内实验模型，并采用各自的模型进行了小型化的机理实验，研究了清水携带支撑剂在复杂裂缝内的输送机理。

2015 年，Klingensmith 等[13]研发了一套实验设备用于支撑剂在复杂裂缝内的输送模拟，该装置包括由平行板组成的主裂缝和二级、三级、四级支缝，且支缝与主缝呈不同角度，主裂缝宽 6.35mm，二级支缝宽 3.18mm，三级和四级支缝宽 1.59mm，如图 5-4 所示。每个裂缝末端都有一个阀门用于控制缝内压裂液的流速，混砂液以每分钟

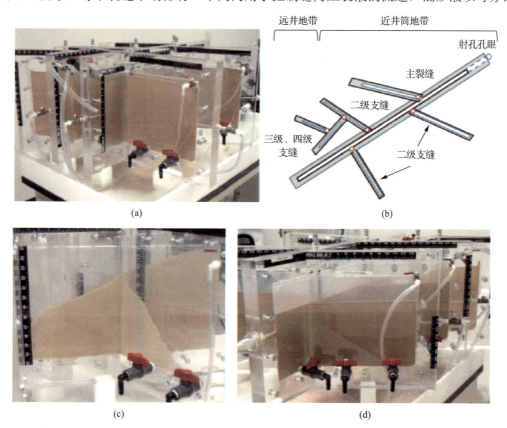

图 5-4　KT 研究中心复杂缝网支撑剂输送模拟装置

1～10gal^①的排量注入，通过改变压裂液黏度、流速、支撑剂粒径、密度及混砂浓度等参数，模拟不同泵注参数下，支撑剂在复杂裂缝中的运移情况，并优选支撑剂能够进入四级复杂裂缝的泵注参数组合。

实验结果表明，20/40 目的支撑剂难以进入支缝，当采用 100 目及以上的支撑剂时，支撑剂能够实现在复杂裂缝处的转向，在二级、三级甚至四级支缝中，均有支撑剂进入，因此，建议选用小粒径+低密度+大排量的组合方法确保支撑剂进入支缝，虽然大粒径的支撑剂难以进入支缝，但可以在压裂后期，采用大粒径+低排量的方式，尾追大粒径支撑剂保证主裂缝的有效支撑。

2014 年，Sahai 等[14]通过实验发现了支撑剂向复杂裂缝转向运移的两个机理，分别是：①堆积的支撑剂在重力作用下落入支缝；②当混砂液流速高于临界流速值时，支撑剂在混砂液的携带作用下进入支缝。此外，研究者采用如图 5-5 所示的实验设备，分别研究了排量、支撑剂浓度、支撑剂粒径及裂缝复杂程度对支撑剂运移的影响。对复杂裂缝的描述，选用如图 5-5 所示的三种不同类型的物理模型，分别为 T-1（单一分支缝）、T-2（多分支缝）和 H-1（水平分支缝）型。

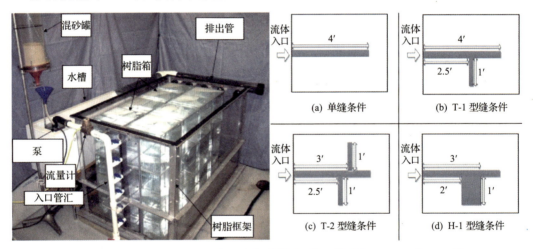

图 5-5　科罗拉多矿业学院复杂裂缝实验模型及物理模型（T-1、T-2 和 H-1 型）

主要的实验结论如下。

（1）排量对携砂的影响。实验测得支撑剂由主裂缝向分支缝转向运移的临界排量范围为 5～12gal/min，相当于 20～45ft/min（0.10～0.23m/s）。混砂液进入裂缝后发生固液分离，并在裂缝底部堆积，使过流断面不断减小，流速不断增加，当达到临界转向流速时，支撑剂向分支缝运移。而在此之前，由于重力作用，支撑剂由堆积的砂堤落入分支裂缝。对于水平分支裂缝（H-1 型）而言，重力作用不明显，支撑剂的进入主要靠混砂液的携带作用。

（2）支撑剂浓度的影响。支撑剂浓度对携砂液的影响远小于排量对携砂的影响。对分支缝而言，低浓度混砂液注入时，支撑剂主要靠重力作用进入分支缝，而高浓度混砂液则在重力和携带双重作用下进入分支缝，因此分支缝内的支撑剂量更多。

---

① 1gal=3.78543L。

（3）支撑剂粒径的影响。对于 T-1 和 T-2 型复杂裂缝，粒径较大的支撑剂倾向于沉降在主裂缝中，而粒径较小的支撑剂更容易被携带至分支缝。对于 H-1 型复杂裂缝，分支缝中的支撑剂主要为小粒径支撑剂，这是由于 H-1 型复杂缝主要靠携带作用输砂。

2015 年，Alotaibi 和 Miskimins[15]采用同样的实验设备，进一步研究了复杂裂缝中，低黏滑溜水输送支撑剂的规律。实验设备进行了如图 5-6 所示的改进，采用主裂缝、二级支缝和三级支缝组成的复杂裂缝系统，主裂缝宽 5.1mm，二级和三级支缝宽为 2.54mm，支撑剂选用 30/70 目的棕砂。

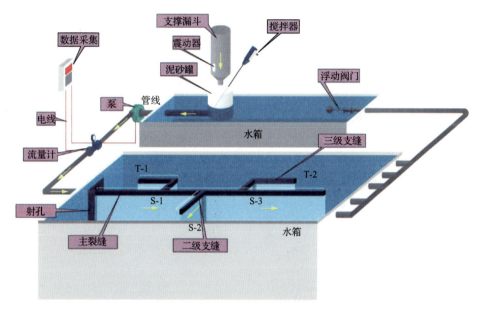

图 5-6　改进的 Colorado School of Mines 复杂裂缝支撑剂运移实验模型

针对二级和三级支缝的实验结果表明，研究者认为，裂缝的复杂程度和支撑剂的转向输送都不是支撑剂输送的核心问题。图 5-7 显示的是主裂缝、二级支缝和三级支缝中，

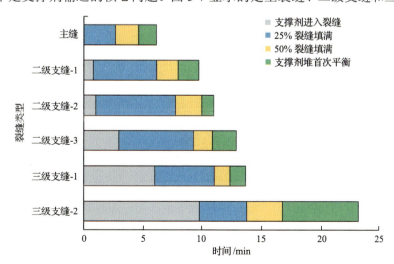

图 5-7　复杂裂缝系统中支撑剂堆积程度和相应的时间

支撑剂堆积高度和相应所需要的时间。可见，裂缝的级数越多，支撑剂堆积得越慢，达到平衡高度所需要的时间越长，同时，距离入口越近的分支缝，达到砂堤平衡高度所需要的时间越短，换言之，近井的分支缝容易得到支撑剂，而远井的分支缝需要较长的时间，才能使支撑剂得到有效的输送。

目前，国内机构主要包括中国石油大学(华东)、西南石油大学等，相继开展了复杂裂缝内支撑剂运移模拟的研究，其中具有代表性的是西南石油大学研制的复杂裂缝支撑剂运移模拟装置，该装置模拟主缝长 4m、宽 6mm、高 1m，一级支缝长 1m、宽为 2~10mm、高 0.5m，与主缝角度 0°~90°可调；二级支缝长 0.5m、宽 2mm、高 0.25m，与主缝角度 0°~90°可调，如图 5-8 所示。

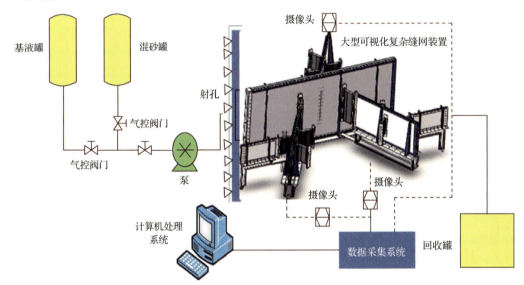

图 5-8　西南石油大学多尺度裂缝实验装置实物图

3. 支撑剂运移数值模拟

根据建模理论，描述支撑剂输送规律的数值模型大致可以分为两类：连续介质理论模型和沉降理论模型。连续介质理论模型是把压裂液及支撑剂颗粒看作连续介质，针对悬浮体系中的两相流体建立输送方程并进行数值求解。Mortimer 等[16]首先建立了支撑剂运动方程和压裂液运动方程，模拟了支撑剂的输送过程。Barree 和 Conway[17]认为支撑剂在裂缝中的运移主要受携砂液运动速度的控制，并对影响压裂液速度的因素对支撑剂运移的影响进行了模拟。乔继彤等[18]在考虑支撑剂沉降基础上，建立了支撑剂二维输送方程。李超等[19]在引入支撑剂对流质量传递方程的基础上建立了支撑剂运移模型。赵金洲等[20]通过综合分析固液两相流中颗粒受力情况及其非平衡状态下的运动机理，建立了裂缝内支撑剂输送的数学模型。连续介质理论模型通常认为支撑剂和压裂之间无相对运动，其描述的支撑剂输送过程符合常规高黏压裂液携砂过程。

对于低黏压裂液，沉降理论模型更适用。Kern 等[21]最早通过实验的方法描述了低黏压裂液的基本携砂形态：低黏携砂液注入裂缝后，支撑剂迅速发生沉积，在底部形成稳定的堆积床，随着堆积床高度的增加，裂缝的过流断面减小，携砂液流速增加，堆积床表面的支撑剂在高速携砂液的带动下重新被卷起，当支撑剂的沉降和卷起达到平衡时，砂堤高度不再增加，此后，支撑剂随着携砂液进一步向裂缝深处运移，并不断重复这一过程。此后，Novotny[22]和 Daneshy[23]最早提出了沉降模型中基本参数的计算方法，在此基础上，Clark 等[24]、Gadde 等[25]研究了雷诺数、流体流变性及壁面效应等因素对沉降基本参数的影响，并提出了各自的经验公式。Patankar 等[26]研究了沉降颗粒被举升流体化的受力和运动过程，以经典的 Richardson-Zaki 公式为基础，通过数值计算，模拟了裂缝中单个和多个颗粒的举升和流动规律，并分析和拟合 STIM-LAB 实验得到的低黏压裂液携砂实验结果，最终给出了描述支撑剂分层输送的幂律模型。

根据 Patankar 等[26]的描述，低黏压裂液携带支撑剂进入裂缝后，支撑剂立即发生沉降，沉降的支撑剂导致压裂液固液分离，在裂缝底部堆积的支撑剂形成堆积砂堤，顶部压裂液由于固液分离，形成单相纯液区，而砂堤和纯液区之间则是输砂层，该位置的支撑剂以悬浮形态跟随压裂液一同向裂缝深处运移。因此，在裂缝纵向缝高方向上，低黏压裂液呈现典型的分层输送形态。随着携砂液的不断注入，裂缝底部的支撑剂不断沉降并堆积，砂堤高度不断增加，导致流动区域不断减小，在携砂液以固定排量注入的情况下，减小的过留断面导致流动区域的流速不断增加，当流速增加到一定程度时，输砂层沉降的支撑剂颗粒在砂堤表面，由于高速流动的携带作用，重新被卷起进入输砂层，此时，沉降的支撑剂量与重新卷起的支撑剂量达到平衡，砂堤的高度达到最大值，并保持动态平衡，此后的支撑剂主要通过输砂层进一步向裂缝深处运移，并在裂缝深处重复支撑剂的堆积和平衡过程，直至携砂液注入完毕。

5.2　复杂裂缝支撑剂动态运移规律

美国的 KT 研究中心和科罗拉多矿业学院是最早开展复杂裂缝内支撑剂输送实验的研究机构，两者采用了相似的研究方法，通过室内实验模型，开展了小型化的机理实验，定性描述了支撑剂在复杂裂缝内输送的主要机理。在两者研究成果的基础上，笔者提出了复杂裂缝内支撑剂输送的两个关键参数：压裂液分流量和支撑剂转向条件。通过建立压裂液分流量模型和支撑剂转向条件算法，以这两个参数为依据，对以往实验条件下的支撑剂转向输送情况进行了计算和判断，评价结果与实验结果吻合。

压裂设计时，常用低黏压裂液(如滑溜水、清水等)提高造缝的复杂程度，并且分支缝缝宽较小，流动阻力较大，低黏压裂液更有利于携砂进入分支缝。Kern 等[21]和Novotny[22]对于低黏压裂液携砂的研究结果表明，低黏压裂液主要通过提高流速来提高支撑剂的携带能力，因此，压裂液在分支缝内的分流量情况决定了分支缝内支撑剂的运移形式、输送距离以及能否继续向下一级分支缝进一步转向输送等，是复杂裂缝内支撑剂输送的关键参数之一。以往的研究认为，压裂裂缝为两条对称的主裂缝，因此，首先需要针对压裂液在复杂裂缝内的分流量进行研究。

此外，Alotaibi 和 Miskimins[15]采用科罗拉多矿业学院的实验设备进行模拟，定性描述了支撑剂转向输送的两个机理：表层堆积支撑剂在重力作用下的自然滑落和临界流速下的压裂液携带作用。但研究没有给出相应的支撑转向条件计算方法。在重力作用下落入分支缝的支撑剂量十分有限，并且只能落入裂缝入口端部，难以形成有效支撑，因此，笔者以临界流速作为支撑剂转向输送的条件，在 Alotaibi 和 Miskimins[15]实验研究结论的基础上，提出支撑剂由主裂缝向分支缝转向输送的条件是复杂裂缝输砂的另一个关键参数，并进一步给出了支撑剂转向条件算法。

1. 复杂裂缝物理模型的抽象

参考 KT 研究中心和科罗拉多矿业学院的室内实验模型，以及以往学者关于复杂裂缝形态的研究成果，将复杂裂缝形态进行抽象，得到简化的物理模型，如图 5-9 所示。模型假设主缝和支缝均为垂直缝，且主缝与支缝夹角为 90°。将相邻的次级缝与上级缝划归同一个裂缝单元进行研究，图 5-9 的模型中可以划分出主裂缝与二级支缝、二级支缝与三级支缝、三级支缝与四级支缝等不同的裂缝单元，每个单元具有相同的构成，从而将复杂裂缝系统简化为若干个具有相同构架的裂缝单元的集合，因此，以一个裂缝单元(如主裂缝与二级支缝单元)为研究对象，研究压裂液和支撑剂的流动规律，将结果作为下一级裂缝单元(如二级支缝与三级支缝单元)的初始条件，采用同样的方法研究下一级裂缝单元的携砂流动规律，依此类推，就可以得到复杂裂缝系统内的支撑剂输送规律。

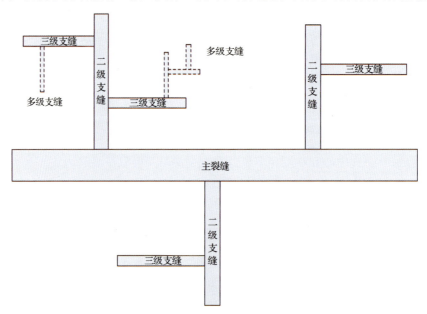

图 5-9 抽象的复杂裂缝物理模型

采用上述的裂缝单元概念，将图 5-9 的复杂物理模型做进一步简化，得到如图 5-10 所示的上级缝与次级缝组成的复杂裂缝单元模型，从而将复杂裂缝系统单元化处理，降低了数值模拟的难度。将单元模型与限流法压裂技术的物理模型进行对比，发现两者的流体分流方式相同，因此，可以借鉴限流法压裂的分流量计算方法，研究复杂裂缝单元模型内的压裂液分流量情况。

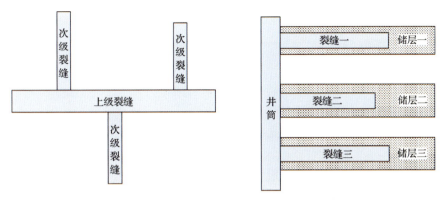

图 5-10 复杂裂缝单元模型对比限流法压裂原理图

2. 压裂液分流量模型的建立

限流法压裂分流量模型仿照了并联电路中的电流分流原理，每个小层相当于一个并联的支路，单层的分流量相当于支路的电流量。而各小层的注入量与地应力、裂缝几何参数及压裂液参数等因素有关[27]:

$$q_i \propto (p_{fi} - \delta_i)^{\frac{2n'+3}{n'+1}} w_i^3 E_i'^{-2} \eta_i^{-\frac{1}{n'+1}} \tag{5-1}$$

式中，q_i 为第 i 个小层的注入量，m^3/min；p_{fi} 为第 i 个小层的破裂压力，MPa；δ_i 为第 i 个小层的最小主应力，MPa；n' 为压裂液流变指数，无量纲；w_i 为第 i 个小层的缝宽，m；E_i' 为第 i 个小层的平面应变模量，MPa；η_i 为第 i 个小层的压裂液效率，无量纲。

因此，各层的分流量比可以表示为

$$\frac{q_i}{q_j} = \left(\frac{p_{fi} - \delta_i}{p_{fj} - \delta_j}\right)^{\frac{2n'+3}{n'+1}} \left(\frac{w_i}{w_j}\right)^3 \left(\frac{E_i}{E_j}\right)^{-2} \left(\frac{\eta_i}{\eta_j}\right)^{-\frac{1}{n'+1}} \tag{5-2}$$

与限流法压裂相比，压裂液在复杂裂缝中的分流量具有其特殊性。

(1)压裂液主流道不同。限流法压裂中，压裂液的主流道为井筒；复杂裂缝系统中，压裂液的主流道为上级裂缝。

(2)压裂液分流道的层系特性不同。限流法压裂中，分流裂缝处于不同的地层，其岩性特征等不同；复杂裂缝系统中，所有流道处于同一地层，储层特性相同。

(3)压裂液在分流处的摩阻不同。限流法压裂中，压裂液在分流处的摩阻为炮眼摩阻；复杂裂缝系统中，压裂液在分流处的摩阻为流道变窄并转向的摩阻。

(4)压裂液的主流道为横向，与纵向的井筒相比，可以忽略压裂液静压力的影响。

鉴于以上不同之处，对复杂裂缝而言，各分支缝的地应力、压裂液参数均相同，分流量比只与裂缝的几何尺寸有关(本书研究理想裂缝条件下的支撑剂输送，忽略压裂液滤失对支撑剂输送的影响)。此外，假设复杂裂缝系统中，压裂液只向各个支缝分流，即各支缝的分流量总和等于主缝的总排量，因此，参照限流法压裂建立的复杂裂缝分流量模型为

$$\begin{cases} Q = \sum_{i=1}^{n} q_i \\ \dfrac{q_i}{q_j} = \left(\dfrac{w_i}{w_j} \right)^3 \end{cases} \tag{5-3}$$

式中，Q 为施工排量，m^3/min。由式(5-3)的模型可知，各分支缝的分流量与缝宽的三次方成正比。

参照限流法压裂建立的复杂裂缝分流量模型[式(5-3)]，只考虑了缝宽因素对分流量的影响，计算精度有待验证。为了进一步提高模型精度，本节仿照并联电路中电流分流特点，建立改进的压裂液分流量模型。

对于并联电路而言，各支路的电流量与各支路的电阻成反比。同理，在地层参数、压裂液参数均相同的情况下，分支缝的分流量与压裂液进入分支缝的阻力成反比。分析压裂液在复杂裂缝中的流动阻力包括裂缝的壁面摩阻和裂缝转向处的摩阻(在理想模型中，假设裂缝已经形成，忽略裂缝的延伸阻力)，其中裂缝转向处的摩阻为压裂液流动的主要阻力。目前，裂缝转向处的摩阻还没有针对性的研究，也没有现成的理论或者经验公式。在此，参考限流法压裂中炮眼摩阻的计算公式，裂缝转向处的摩阻应与压裂液排量、压裂液密度以及裂缝几何尺寸等因素有关：

$$\Delta P_{zf} \propto \frac{\rho_f Q^2}{H^2 w^2 C_p^2} \tag{5-4}$$

式中，ΔP_{zf} 为裂缝转向摩阻，MPa；ρ_f 为压裂液密度，kg/m^3；H 为分支缝缝高，m；C_p 为流量系数，无量纲。

将转向摩阻设定为压裂液分流的主要阻力，而分支裂缝的分流量与转向摩阻成反比，即

$$\frac{q_i}{q_j} = \left(\frac{q_j^2}{H_j^2 w_j^2} \right) \bigg/ \left(\frac{q_i^2}{H_i^2 w_i^2} \right) \tag{5-5}$$

从而得到改进的复杂裂缝分流量模型

$$\begin{cases} Q = \sum_{i=1}^{n} q_i \\ \dfrac{q_i}{q_j} = \sqrt[3]{\dfrac{H_i^2 w_i^2}{H_j^2 w_j^2}} \end{cases} \tag{5-6}$$

分流量算法的意义在于得到各分支缝内压裂液的流量情况，再根据流量情况，可以判别支撑剂在分支缝内的运移形式、运移距离及能否继续向下一级裂缝转向输送等。分支缝分流量是复杂裂缝携砂最基础最关键的参数之一，分流量算法也是复杂裂缝携砂模拟的基础算法之一。

为了对比并验证式(5-3)和式(5-6)的模型计算结果，采用 Fluent 软件模拟裂缝单元模型中的压裂液分流量情况。由一条主裂缝和三条垂直于主裂缝的分支缝组成的复杂裂缝物理模型(理想裂缝条件下，忽略裂缝壁面的滤失情况)，其中主裂缝宽 1cm、高 5m、长 10m，三条分支缝 T-1、T-2、T-3 沿主裂缝开裂方向分布，每条分支缝的长和高相同，依次为 5m、4m、3m，缝宽依次为 5mm、4mm、3mm，压裂液选用清水。复杂裂缝的几何模型及网格划分如图 5-11 所示，主裂缝的一段设为入口，另一端设为边界，三个分支缝的端面设为出口，因此，压裂液由主裂缝流入，由三个分支缝流出。此外，在支缝与主缝的三个连接处进行了网格的局部加密。

图 5-11　复杂裂缝几何模型及网格划分

在求解设置中，本次模拟选用 κ-ε 双方程模型，计算方法选择瞬态情况下的 SIMPLEC 算法，在迭代计算过程中，选用较小的松弛因子和时间步长(时间步长选为 0.001s，计算时间为 20s)，以提高计算精度。计算结束后，输出三个分支缝出口界面的质量流量参数，并换算为分支缝的分流量数据。

图 5-12 表示的是压裂液在复杂裂缝内的速度云图，通过数据的后处理，得到三个分支缝出口的质量流量分别为 71.7333kg/m³、48.6523kg/m³ 及 29.5167kg/m³，相应的体积流量分别为 4.304m³/min，2.929m³/min 及 1.771m³/min。采用同样的方法，分别模拟主裂缝入口排量为 7m³/min、5m³/min 以及 3m³/min 条件下的分流量情况，并通过后处理得到分支缝出口的分流量数据。同时，应用式(5-3)和式(5-6)的模型分别计算相同裂缝和排量条件下，分支缝的分流量情况，并将模型计算的结果与 Fluent 模拟的结果进行对比分析。

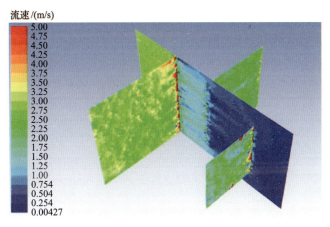

图 5-12　主裂缝入口速度为 0.3m/s 时的压裂液流速云图

为了对比清晰，将三条分支缝(T-1、T-2 和 T-3)的模拟结果和计算结果分别绘图，结果如图 5-13 所示。对于 T-1 支缝而言，式(5-3)和式(5-6)的模型计算结果小于 Fluent 的模拟结果，对于 T-3 支缝而言，式(5-3)和式(5-6)的模型计算结果大于 Fluent 的模拟结果，三者在 T-2 支缝的分流量计算中，结果最接近。以 Fluent 模拟结果为标准，式(5-3)模型计算结果的相对误差为 11.36%，绝对误差为 21.58%；式(5-6)模型计算结果的相对误差为-2.76%，绝对误差为 10.54%。因此，改进的式(5-6)模型对复杂裂缝分流量的计算结果更准确，可用于预测分支缝的分流量情况。

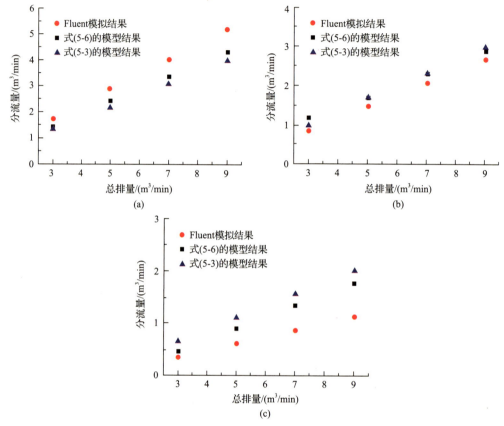

图 5-13　分支缝分流量的 Fluent 模拟结果与模型计算结果对比
(a)T-1；(b)T-2；(c)T-3

3. 支撑剂转向输送条件的算法

关于临界转向流速的判定方法，Sahai 等[14]在实验条件下，测量得到的临界流速为 0.10～0.23m/s，此外未见其他相关的数值和实验研究结果。分析支撑剂在复杂裂缝中的输送特点，携砂液进入主裂缝后，支撑剂首先发生沉降，并堆积形成砂堤，使裂缝的过流断面减小，携砂液的流速增加，当达到某一临界流速时，支撑剂在压裂液的携带下，开始向分支缝转向运移。分析认为，支撑剂的转向输送条件与支撑剂的起动条件接近，因此，本节将表层堆积支撑剂的临界起动流速作为支撑剂转向输送的条件，即当主裂缝内的流速达到临界起动流速时，支撑剂开始转向输送至分支缝。

支撑剂起动条件的算法，可以通过 Shields 准数进行推导。颗粒在流体携带作用下，由静止产生运动的判别准数 Shields 数一般表示为[28]

$$S = \frac{\tau_c}{(\rho_p - \rho_f)gd} \quad (5\text{-}7)$$

式中，S 为 Shields 数，无量纲，表征颗粒起动的难易程度；τ_c 为流体流动剪切力，Pa；d 为起动颗粒粒径，m；ρ_p 为支撑剂的密度，kg/m³；ρ_f 为流体的密度，kg/m³。

对支撑剂而言，黏结力的影响较小，可以认为是散体的颗粒起动情况，在这种情况下，流动流体的拖拽力是颗粒起动的主要因素，对裂缝中的堆积支撑剂而言，能够使表层颗粒起动的流体流动剪切力为

$$\tau_c = \mu\dot{\gamma} \quad (5\text{-}8)$$

式中，μ 为流体黏度，cP[①]；$\dot{\gamma}$ 为流体剪切速率，s⁻¹。

对于裂缝中的流体而言，剪切速度可以表示为

$$\dot{\gamma} = \frac{8Q}{w^2(H-h)} \quad (5\text{-}9)$$

式中，Q 为缝内压裂液排量，m³/s；w 为裂缝缝宽，m；H 为裂缝高度，m；h 为堆积支撑剂高度，m。

通过推导，得到裂缝流动环境中，支撑剂起动临界 Shields 数的表达式为

$$S = \frac{8\mu Q}{(\rho_p - \rho_f)gdw^2(H-h)} \quad (5\text{-}10)$$

式中，S 与流体物性有关，对于水而言，S 可取 0.05。

将式(5-10)进一步变形，就可以得到支撑剂的临界起动流速表达式，即支撑剂向分支缝转向输送的临界流速计算公式

$$\upsilon = 0.00625\frac{(\rho_p - \rho_f)gdw}{\mu} \quad (5\text{-}11)$$

应用式(5-9)，在 Sahai 等[14]的实验条件下(表 5-1)，计算支撑剂向分支缝转向输送的临界流速为 0.077～0.28m/s，平均值为 0.1785m/s，而 Sahai 等[14]实验测量的临界转向流速为 0.10～0.23m/s，平均值为 0.165m/s，以实验平均值为准，式(5-9)的误差为 8.18%，由此说明支撑剂的临界起动流速能够较好地表征支撑剂的临界转向输送流速。

表 5-1　科罗拉多矿业学院实验条件及结果对比

裂缝条件			支撑剂条件		压裂液条件		实验结果 (实测转向流速) /(m/s)	计算结果 (预测转向流速) /(m/s)
缝长/m	缝宽/mm	缝高/m	粒径/mm	密度/(kg/m³)	密度/(kg/m³)	黏度/cP		
1.22	0.51	0.61	0.15～0.55	2650	1000	1	0.10～0.23	0.077～0.28

---

① 注：1cP=1×10⁻³Pa·s。

支撑剂转向的判别计算是复杂裂缝内支撑剂输送研究的核心之一，此前只有科罗拉多矿业学院的研究者开展了室内的实验测量工作。本次研究进一步提出了理论算法，并通过实验结果进行了检验。支撑剂转向输送判别算法[式(5-11)]的意义在于判断支撑剂能否继续向下一级裂缝转向运移，从而判断支撑剂对各级分支缝的支撑剂情况。作为主要的判别依据，支撑剂转向条件算法是复杂裂缝携砂模拟的关键和基础。

综合压裂液分流量算法和支撑剂转向条件算法，可以预测支撑剂能否进入分支缝，以及能够进入几级分支缝。以 KT 研究中心的实验为例，应用分流量模型[式(5-6)]和支撑剂转向判别算法[式(5-11)]，对实验条件下的支撑剂输送情况进行预测，并与实验结果进行对比分析。需要说明的是，KT 研究中心的实验模型中，分支缝与主缝呈不规则夹角，且没有针对压裂液的分流量和支撑剂的转向条件给出定量实验结论，因此，本节只针对支撑剂能否进入分支缝的定性结果进行对比。

已知实验采用的支撑剂密度范围为 2960～3760kg/m³，粒径选用 100 目和 20/40 目两种，分别为 0.15mm 和 0.38～0.83mm，液体选用密度为 1000kg/m³、黏度小于 10cP 的滑溜水，主缝和各支缝高均为 11.5cm，主缝宽 6.35mm，二级支缝宽 3.18mm，三级支缝和四级支缝宽均为 1.59mm，实验过程中，排量为 1～10gal/min，合 0.63×10^{-4}～6.3×10^{-4}m³/min。实验结果表明，100 目支撑剂能够进入二级、三级以及四级支缝，而 20/40 目支撑剂很难进入二级支缝。

应用支撑剂转向条件算法[式(5-11)]，在上述实验条件下，计算得到 100 目和 20/40 目支撑剂转向所需的临界流速分别为 0.161m/s 和 0.890m/s。应用压裂液分流量算法[式(5-6)]，在上述裂缝条件下，分别计算主缝、二级支缝、三级支缝以及四级支缝内的压裂液流速，结果如图 5-14 所示。

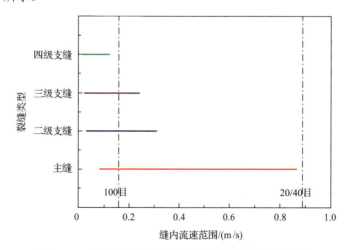

图 5-14 各级缝的流速与支撑剂临界转向流速的关系

其中左侧虚线为 100 目支撑剂的转向临界流速值(0.161m/s)，当缝内流速大于该流速值时，100 目支撑剂可以向下一级裂缝转向输送；右侧虚线为 20/40 目支撑剂的转向临界流速值(0.890m/s)，当缝内流速大于该流速值时，20/40 目支撑剂可以向下一级裂缝转向输送。根据图 5-14 可知，各级缝流速范围和两种支撑剂转向条件的关系，可以清晰地看出：20/40 目支撑剂的临界转向流速大于各级缝的最大流速，因此，20/40 目支撑剂很难进入分支缝；100 目支撑剂的临界转向流速小于主缝、二级支缝及三级支缝的最大流速，因此，100 目支撑剂能够进入二级、三级以及四级支缝。这与 KT 研究中心的实验结论一致，从而说明，综合压裂液分流量算法和支撑剂转向条件算法，可以预测支撑剂能否进入支缝，以及能够进入几级支缝。此外，在图 5-14 中，四级支缝的最大流速已经小于 100 目支撑剂的临界转向流速，因此可以预测，若实验增加第五级支缝，那么即便是 100 目的支撑剂也很难进入其中。

通过 KT 研究中心实验结果验证了以分流量和转向条件为关键参数，可以计算支撑剂在复杂裂缝内的输送情况，从而将复杂裂缝内支撑剂输送研究由单一的实验模拟向理论计算推进，为进一步优化支撑剂输送提供了理论参考。

参 考 文 献

[1] Babcock R E, Prokop C L, Kehle R O. Distribution of propping agents in vertical fractures[J]. American Petroleum Institute Publisher, 1967: 851.

[2] Shah S N. Rheological characterization of hydraulic fracturing slurries[J]. SPE Production and Facilities, 1993, 8(2): 541.

[3] Al-Quraishi A A, Abdulaziz K, Christiansen R L. Dimensionless groups for interpreting proppant transport in hydraulic fractures[C]//Middle East Oil Show and Conference, Houston, 1999.

[4] Shah S N, Mahmoud A, Lord D L. Proppant transport characterization of hydraulic-fracturing fluids using a high-pressure simulator integrated with a fiber-optic/light-emitting-diode(LED)vision system[J]. SPE Production & Facilities, 2001, 16(1): 42-49.

[5] Barree R D, Conway M W. Proppant holdup, bridging, and screenout behavior in naturally fractured reservoirs[C]//SPE Production and Operations Symposium, Denver, 2001.

[6] McElfresh P M, Wood W R, Williams C F, et al. A study of the friction pressure and proppant transport behavior of surfactant-based gels[C]//SPE Annual Technical Conference and Exhibition, The Woodford, 2002.

[7] Liu Y, Sharma M M. Effect of fracture width and fluid rheology on proppant settling and retardation: An Experimental study[C]//SPE Annual Technical Conference and Exhibition, Dallas, 2005.

[8] Liu Y, Gadde P B, Sharma M M. Proppant placement using reverse-hybrid fracs[J]. SPE Production & Operations, 2007, 22(3): 348-356.

[9] Brannon H D, Wood W D, Wheeler R S. Improved understanding of proppant transport yields new insight to the design and placement of fracturing treatments[C]//SPE Annual Technical Conference and Exhibition, Texas, 2006.

[10] Shokir E M, Al-Quraishi A A. Experimental and numerical investigation of proppant placement in hydraulic fractures[J]. Petroleum Science and Technology, 2009, 27(15): 1690-1703.

[11] Woodworth T R, Miskimins J L. Extrapolation of laboratory proppant placement behavior to the field in slickwater fracturing applications[C]//SPE Hydraulic Fracturing Technology Conference, Houston, 2007.

[12] Dayan A, Stracener S M, Clark P E. Proppant transport in slickwater fracturing of shale gas formations[C]//SPE Annual Technical Conference and Exhibition, New Orleans, 2009.

[13] Klingensmith B C, Hossaini M, Fleeror S. Considering far-field fracture connectivity in stimulation treatment designs in the Permian Basin[C]//Unconventional Resources Technology Conference, San Antonio, 2015.

[14] Sahai R, Miskimins J, Karen O, et al. Laboratory results of proppant transport in complex fracture systems[C]//SPE Hydraulic Fracturing Technology Conference, The Woodlands, 2014.

[15] Alotaibi M, Miskimins J. Slickwater proppant transport in comples fractures: New experimental findings & scalable correlation[C]//SPE Annual Technical Conference and Exhibition, Houston, 2015.

[16] Mortimer R J G, Davey J T, Krom M D, et al. The effect of macrofauna on porewater profiles and nutrient fluxes in the intertidal zone of the humber estuary[J]. Estuarine Coastal and Shelf Science, 1999, 48(6): 683-699.

[17] Barree R D, Conway M W. Experimental and numerical modeling of convective proppant transport[J]. Journal of Petroleum Technology, 1995, 47: 216-227.

[18] 乔继彤, 张若京, 姚飞. 水力压裂的支撑剂输送分析[J]. 工程力学, 2000(5): 88-91.

[19] 李超, 赵志红, 郭建春, 等. 致密油储层支撑剂嵌入导流能力伤害实验分析[J]. 油气地质与采收率. 2016(4): 122-126.

[20] 赵金洲, 王松, 李勇明. 页岩气藏压裂改造难点与技术关键[J]. 天然气工业, 2012(4): 46-49.

[21] Kern L R, Perkins T X, Wyant R E. The mechanics of sand movement in fracturing[J]. SPE Journal, 1958, 7: 95-102.

[22] Novotny E. Proppant transport[C]//SPE Annual Fall Technical Conference and Exhibition, Denver, 1977.

[23] Daneshy A A. Numerical solution of sand transport in hydraulic fracturing[J]. SPE Journal, 1978, 30: 114-120.

[24] Clark P E, Manning F S, Quadir J A, et al. Prop transport in vertical fractures[C]//SPE Annual Technical Conference and Exhibition, Houston, 1981.

[25] Gadde P B, Liu Y, Norman J, et al. Modeling proppant settling in water-fracs[C]//SPE Annual Technical Conference and Exhibition, Houston, 2004.

[26] Patankar N A, Joseph D D, Wang J, et al. Bi-power law correlations for sediment transport in pressure driven channel flows[J]. International Journal of Multiphase Flow, 2003, 29: 475-494.

[27] 王鸿勋, 张士诚. 水力压裂设计数值计算方法[M]. 北京: 石油工业出版社, 1998.

[28] Kennedy J F. The albert shields story[J]. Journal of Hydraulic Engineering, 1995, 121: 766-772.

第6章 多尺度复杂缝网提高有效改造体积的优化设计方法

本章着重从多尺度复杂缝网的概念及表征方法、复杂缝网的裂缝改造体积及有效改造体积的区别及影响与控制因素、多尺度复杂缝网造缝工艺及分级支撑工艺等方面，进行详细阐述。

6.1 多尺度复杂缝网的概念及表征方法

6.1.1 多尺度复杂缝网的概念

顾名思义，所谓多尺度复杂缝网包含三个层次的概念：一是缝网；二是复杂缝网；三是多尺度复杂缝网。所谓缝网是指以主裂缝为主导裂缝，同时由不同方向的转向支裂缝及微裂缝构成的裂缝网络。显然，不管是主裂缝、支裂缝还是微裂缝，都是缝网的组成部分，且方向各异，从而保证页岩气的流动(这里之所以说流动而不是渗流，是因为页岩气的流动形式更多，不仅包括常规意义上的渗流，还包括扩散及分子尺度的流动等，因此统一称之为流动，以下含义同)通道四通八达。因此，缝网的内涵还包括主裂缝与转向支裂缝间，以及支裂缝与微裂缝间是高效连通的，如果上述不同裂缝系统间完全不连通则仅剩常规的主裂缝了。如果是部分连通，则该缝网也是部分缝网或不完整缝网。所谓复杂缝网，指的是不同转向支裂缝及微裂缝的分布具有随机性，毫无规律可循。因此，有的转向支裂缝或微裂缝间可能存在流动干扰效应，即裂缝密度过高；而有的转向支裂缝或微裂缝间可能存在流动未波及区，即裂缝密度过小。所谓多尺度复杂缝网，指的是上述主裂缝、转向支裂缝及微裂缝的长度、宽度及高度都不相同，且一般更倾向于指代裂缝宽度的不同(以下含义同)。由于上述三级裂缝的进缝排量不同，主裂缝一般只有一条，且因主裂缝延伸方向的阻力相对最小，转向支裂缝一般为多个同时或依次扩展，而微裂缝更是多个同时或依次开启与延伸，有的与转向支裂缝连通，有的与主裂缝直接连通。显然的，排量分配也是从主裂缝、转向支裂缝到微裂缝逐级降低，且降低的比例还相对较大。相应的，上述三级裂缝的宽度也是逐级大幅度降低，当然，长度及高度降低的比例也相当高[1-5]。

值得指出的是，上述多尺度复杂缝网的定义中，还应包括水平层理缝及纹理缝，如果这些缝也能张开，则其尺度可以与转向支裂缝相当[6]。但即使张开也是少部分层理缝及纹理缝可以张开，大部分仍处于闭合状态或微张开状态，微张开的层理缝及纹理缝的长度相对较低，这些未张开或微张开的层理缝及纹理缝，可以等同于上述微裂缝[7]。因此，即使考虑了水平层理缝及纹理缝，不管其张开与否，实际上最后形成的还是三级复杂缝网系统(如能真正形成的话)。

6.1.2 多尺度复杂缝网的表征方法

常规的裂缝复杂性程度采用复杂性指数来表征，即等效的裂缝宽度与裂缝全长的比值(小数)。所谓等效的裂缝宽度指的是不管有多少条转向支裂缝及微裂缝，它们在一定时间(一般指压裂有效期)内流动波及面积之和与裂缝全长的比值(小数)。此流动波及面积如相互干扰(有面积叠合效应)就应取叠合后的面积。

但上述裂缝复杂性指数的定义来源于直井垂直裂缝压裂，如果是水平井分段压裂就不能完全适应。如果主裂缝的长度(全缝长)最大值就是水平井网中水平井筒的井距，裂缝宽度的最大值是平均的缝间距。注意在不同段压裂中，因段间距(不是段长，段间距指的是相邻两段的桥塞位置处不同侧射孔间的距离)的不同，簇间距也不同。因此，水平井中裂缝复杂性指数的表征更为复杂，不同段的裂缝复杂性指数都可能不同。且井间距及平均缝间距不同，即使裂缝的复杂性程度相同，最终的裂缝复杂性指数也不相同，这显然会给技术人员带来一定的困扰。因此，需要研究一种更易理解和解释的裂缝复杂性指数的表征方法。由此可推及到多尺度复杂缝网的复杂性程度的定量表征中[8]。

与上述垂直裂缝复杂性指数的表征方法相同的是把不同尺度裂缝在压裂有效期内的流动波及叠合面积之和作为分子，不同的是分母采用以水平井的水平段长度为长边、主裂缝全长为短边而形成的矩形面积。

上述新定义的好处是采用了统一的对比标准，最佳的复杂性指数是1(完全的缝网)，最小的复杂性指数是 0(完全的单一主裂缝，无任何转向支裂缝及微裂缝产生)。不管水平井的井距及簇间距如何变化，只要裂缝的复杂性程度相当，则最终计算的裂缝复杂性指数都相等[9]。

按上述新的定义，上述多尺度复杂缝网的复杂性指数表征方法的示意图如图 6-1 所示。

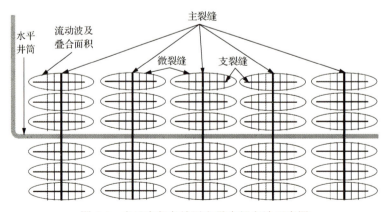

图 6-1　多尺度复杂缝网定量表征方法示意图

为简化起见，图 6-1 只展示了支裂缝与主裂缝垂直、微裂缝与支裂缝垂直的情况，没有考虑斜交及微裂缝与主裂缝沟通情况，但实际现场上会出现这种情况的。

需要指出，上述只计算流动干扰区的叠合面积但没有考虑缝高的影响，即假设上述三种尺度的裂缝高度都相等，且等于目的层的页岩厚度，这显然是极不合理的。为此，可将上述只考虑平面上面积的方法转换为考虑压裂有效期内三维立体的流动波及叠合区体积与水平井筒及裂缝全长及页岩目的层厚度包络的体积之比(小数)，将其作为最终的多尺度复杂缝网的复杂性指数表征方法。但如考虑到上述三级支缝高度不是恒定值而是随缝长的不同而不同(实际情况正是如此)，则可考虑用平面上流动干扰叠合区面积及裂缝高度的积分来计算最终的波及体积及最终的裂缝复杂性指数。

显然的，上述三级支缝对复杂缝网复杂性指数的贡献是不同的：大尺度的主裂缝流动波及体积相对最大，中尺度的转向支裂缝及小尺度的微裂缝的流动波及体积依次大幅度降低。除非转向支裂缝或微裂缝的数量相当大，则总的流动波及区的叠合体积可能大幅度增加，最终可能超过单一主裂缝的流动波及体积。对于页岩这种极低渗透率地层，单一主裂缝的流动波及体积并不像常规渗透性地层那样有明显优势。换言之，渗透率越低，则转向支裂缝及微裂缝的条数对压后产量的影响程度越大。因此，如果想取得预期的页岩气经济产量，最大限度地提高上述复杂缝网指数意义重大[10]。

值得指出的是，即使按上述方法计算的复杂性指数相同，但可能因转向支裂缝或微裂缝的位置不同，沟通的页岩气甜点区不同，则最终的产量差异性可能也相当大。因此，上述表征方法实际上暗含了页岩气甜点分布相对均匀的假设条件。

为此，为将多尺度复杂缝网的复杂性指数与压后产量直接关联起来，可以定义一个新的复杂性指数，即在计算上述不同尺度裂缝与压裂有效期内流动干扰叠合区体积的基础上，如果该流动叠合区内的地质甜点指标相同，则可简单地将上述计算的复杂缝网指数与地质甜点指标相乘；如果流动叠合区内的地质甜点指标不相同，可基于地质甜点分区域特征进行体积积分求解。

至于水平层理缝及纹理缝的影响，按上述表征方法，如果其影响区域已被其他三种尺度的裂缝包络，则可以不考虑其影响；如果未能完全包络，则增加的影响区域也应重新涵盖进去。

6.2　裂缝改造体积的影响机制及主控因素

三级支缝的改造体积指的都是造缝体积。实际上，三级支缝的造缝体积是相互关联的，即主裂缝的体积越大，则主裂缝内的净压力及诱导应力也越大，则应力反转区及相应的转向支裂缝及微裂缝产生的概率也越高，相应的支裂缝及微裂缝的条数也越多，支裂缝的延伸长度(或转向半径)及体积也越大(图 6-2)。

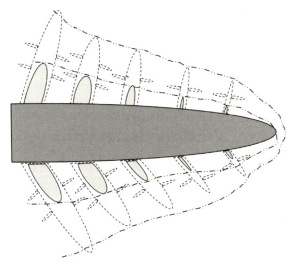

图 6-2　主裂缝与支裂缝及微裂缝延伸示意图

下面分别论述影响主裂缝造缝体积的机制及主控因素。

6.2.1　页岩地质力学参数的影响

岩石力学参数、三向应力、水平层理缝和纹理缝发育情况及高角度天然裂缝发育及充填情况等，对裂缝的起裂与扩展规律的影响尤其巨大。其中，岩石力学参数中的杨氏模量对造缝宽度影响几乎是线性的，且呈反向关系。断裂韧性对裂缝长度的延伸影响极大，如果断裂韧性小，则裂缝长度的延伸速度远远高于宽度及高度。此时再大的排量与液量也难以大幅度提高缝内净压力。矿场上经常出现大型压裂后的停泵压力与小型压裂后的停泵压力相比，提高幅度在 1MPa 以下的情况，就是有的页岩断裂韧性太小的缘故。

在三向应力中，最小水平主应力的大小(考虑了构造应力效应)，严重影响造缝宽度及缝内净压力。两向水平应力差严重影响裂缝的复杂性程度。而上覆应力与最小水平应力差对裂缝高度影响至关重要。如上述应力差相对较小，当缝内净压力接近或突破上述应力差时，水平层理缝及纹理缝会大量张开，导致压裂液的能量大幅度降低，纵向上劈开多个层理缝及纹理缝的能力大幅衰减，因而最终的主裂缝高度会严重受限。这也是许多页岩气井压裂效果不好的重要原因。在此情况下，即使形成了完全的缝网，从页岩纵向上看，也是局部的缝网，缝网的改造体积仍然有限，因为还有相当一部分页岩厚度未能有效动用[11,12]。

在水平层理缝及纹理缝与高角度天然裂缝同时存在的情况下，水力裂缝的三维扩展规律更复杂。即使此时的天然裂缝是全充填的，也是地质力学上的弱面，因此，水力裂缝的三维扩展到底是水平层理缝和纹理缝起主导作用，还是高角度天然裂缝起主导作用，还是二者共同起作用，需要结合目标井层的实际露头岩样进行水力裂缝扩展的大型物理模拟实验，由实验结果确定压裂液的黏度与排量组合施工参数。此外，如果在裂缝延伸过程中遇到断层，且该断层还是处于应力挤压的逆断层，则裂缝可能与断层沟通，导致压裂液大量漏失，裂缝改造体积会终止增加，甚至因断层的大量漏失而有所降低。

6.2.2 水平井筒穿行的页岩不同小层参数的影响

要综合考虑纵向上水平井筒穿行不同小层的应力、岩石力学参数及距离相邻两个小层的界面距离等因素，尤其是相邻小层界面距离，有时影响更为剧烈。如果某段水平井筒靠近上述相邻的小层界面，则绝大多数情况下，水力裂缝会沿该界面延伸，即相当于延伸一个水平缝，而水平缝一般只吸收压裂液而难以加入预期的支撑剂，因裂缝的高度（即缝宽）太小，支撑剂很难运移到远处，大部分在近井筒裂缝内就会发生砂堵现象。此外，水平井筒与最小水平主应力方向的夹角不同也会影响近井裂缝弯曲摩阻，如果近井裂缝弯曲摩阻过高，会严重制约注入排量及施工砂液比，有时甚至引发早期砂堵效应[13]。

图 6-3 为 2-3 小层界面内聚力为 0MPa 时的情况，经模拟，水力裂缝易沿着 2-3 小层界面穿行。

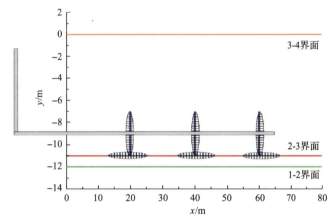

图 6-3　沿 2-3 小层界面穿行形成的 T 字形裂缝

如果 2-3 小层的内聚力增加到 4.3MPa，则水力裂缝易突破 2-3 小层界面，如图 6-4 所示。

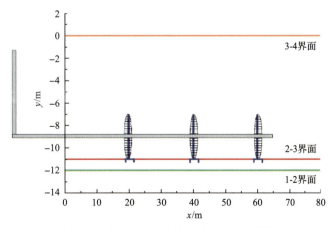

图 6-4　突破 2-3 小层界面形成的垂直裂缝

6.2.3 射孔参数的影响

射孔参数包括射孔的相位、射孔密度、孔径及穿透深度等。对直井垂直裂缝而言，一般采用 60°相位角[14]，此时不管裂缝方向如何，近井裂缝弯曲摩阻都相对较低。如裂缝延伸方向可以精准求取，则采用 180°定向射孔的方式，可使近井筒裂缝弯曲摩阻降为零。对水平井分段压裂而言，射孔相位影响都不大。射孔密度与孔径主要影响单孔排量大小及孔眼摩阻，进而影响井口施工压力大小。但若单孔排量低于 0.3m³/min，则孔眼摩阻基本上可以忽略。而若孔眼穿深超过泥浆污染带深度，则对压裂施工的影响不大[15,16]。

1. 射孔参数优化

目前，国内外学者对水力裂缝扩展过程的数值模拟已做了大量研究，然而受限于力学参数分布规律的复杂性，大量的研究成果都是在假设地层为均质各向同性基础上得到的。页岩在成岩过程中形成的沉积层理对岩体的强度、破裂过程及稳定性均起主要控制作用，因此，在分析页岩地层水力裂缝扩展过程时考虑层理的作用极其必要。

除页岩储层的基本物理力学参数外，还需地应力参数。为对比页岩室内大型水力压裂物理模拟试验观察到的水力裂缝扩展规律，数值计算时采用与压裂试验相同的地应力参数。该过程中，水压加载方式为单步增量 0.1MPa，逐渐加载至地层完全破裂。边界条件为模型四个边的渗流边界设定为水头初始值和增量均为零。地应力分别设定为垂向地应力和水平最大地应力。

由于射孔完井方式下射孔通道处最先开始起裂，以下数值模型都以射孔孔眼附近地层为研究对象，分别开展了射孔完井方式下，不同射孔直径、射孔间距、射孔深度对破裂压力及裂缝演化的影响研究，具体模拟参数如表 6-1 所示。

表 6-1 页岩基质体力学及层理力学参数表

参数	页岩基质体	页岩层理
均质度系数	10	10
平均弹性模量/GPa	21.7	11.9
平均抗压强度/MPa	104.2	43.3
内摩擦角/(°)	29	25
压拉比	11	1
泊松比	0.23	0.21
密度/(g/cm³)	2.55	1.6
孔隙度/%	2	10
渗透率/mD	0.00001	0.001
残余强度系数	0.1	0.1
最大拉应变系数	1.5	1.5
最大压应变系数	200	200

　　数模计算中三向地应力根据涪陵焦石坝实测值选取，垂向应力取 58MPa，水平最大地应力为 63MPa，水平最小地应力为 49MPa。边界荷载为：σ_v=58MPa，σ_h=49MPa。由于页岩地层层理相对发育，在模型计算中分别考虑含天然弱层理面与不含弱层理面两种情况进行数模研究。通过对涪陵焦石坝对应储层露头页岩的观测描述及室内水力压裂物理模拟实验分析，设定页岩储层的强胶结与弱胶结比为 19∶1。

　　计算得出了含天然弱层理面与不含弱层理面条件下射孔孔眼破裂时的裂缝演化图，分别如图 6-5 和图 6-6 所示。由图 6-5 和图 6-6 可知，页岩天然弱层理面为裂缝扩展提供了屏障，在数值模拟中需考虑天然弱层理面的影响。

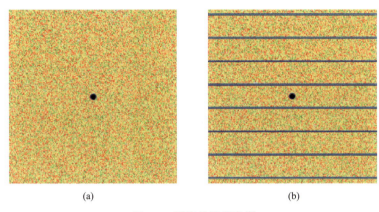

(a)　　　　　　　　　　　　　　　　(b)

图 6-5　页岩储层示意图

(a)不含天然弱层理面；(b)含天然弱层理面

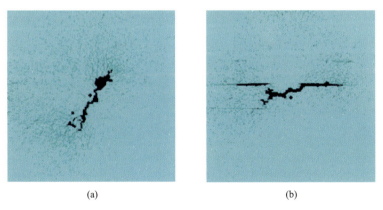

(a)　　　　　　　　　　　　　　　　(b)

图 6-6　水力裂缝演化图

(a)不含天然弱层理面；(b)含天然弱层理面

1）射孔直径对裂缝形态及破裂压力的影响

　　射孔直径是射孔设计的一个重要参数。考虑到射孔孔眼尺寸较小，而初始起裂影响范围较小，为减小计算规模，同时保持数值分析模型与压裂物理模拟试验的一致性，选择数值模型尺寸为 300mm×300mm，单元划分规模为 300×300。对不同射孔参数情况下页岩储层的水力压裂过程进行了数值模拟。设定模型横切射孔孔眼，使射孔方向沿最大水平地应力方向。射孔直径分别为 6mm、8mm、10mm、12mm、14mm、16mm、18mm、20mm 时，其破裂时裂缝演化如图 6-7 所示。

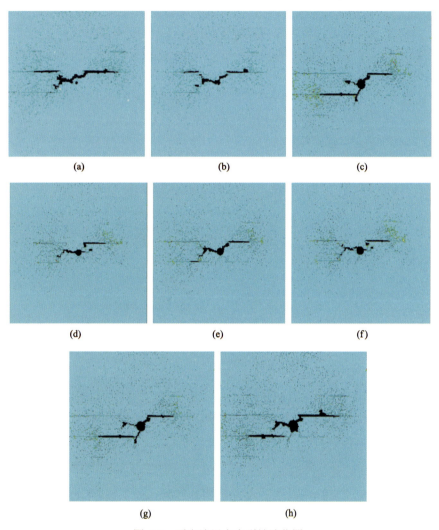

图 6-7　页岩地层水力裂缝演化图

(a)射孔直径 6mm；　(b)射孔直径 8mm；　(c)射孔直径 10mm；　(d)射孔直径 12mm；　(e)射孔直径 14mm；
(f)射孔直径 16mm；　(g)射孔直径 18mm；　(h)射孔直径 20mm

　　在含弱层理面页岩地层，随着注入压裂液的增加，水力裂缝在射孔两端部首先起裂，裂缝初始垂直于水平最小主应力；当水力裂缝扩展至层理时，由于层理强度较低、渗透性较强，压裂液更易沿层理渗透，水力裂缝在层理处垂直分叉、转向，产生了沿层理扩展的次生裂缝，而主裂缝继续沿垂直层理方向延伸，但其扩展速度明显较沿次生裂缝慢；当沿层理扩展的次生裂缝延伸一定距离后，由于压裂液在水力通道内流动时沿程摩擦及滤失增大，压裂液已不足以使沿层理扩展的次生裂缝继续快速延伸，故在井眼层理处又起裂了沿层理扩展的次生裂缝，复杂水力通道的形成阻止了裂缝的快速扩展，只有加大排量才能保证水力主裂缝和次生裂缝的继续快速延伸，从而沟通更多的层理或天然裂缝，形成更复杂的裂缝网络，具体裂缝演化如图 6-7 所示。

根据声发射事件-加载步曲线来判断其破裂压力，由此得到了其破裂压力随射孔直径变化的关系曲线，如图 6-8 所示。

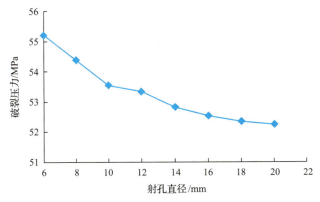

图 6-8　含层理页岩射孔直径与破裂压力关系图

当射孔直径变大时，破裂压力整体呈缓慢下降，且幅度较小，影响趋势较弱。当射孔直径由 6mm 增大到 20mm 时，含层理页岩破裂压力由 55.20MPa 降低到 52.30MPa，而不同射孔直径条件下的破裂模式基本类似，发生拉伸破坏的裂缝主要发生在孔眼附近位置，裂缝初始垂直于水平最小主应力。结合现场射孔枪参数，优选射孔直径参数以 10～14mm 为宜。

2) 射孔密度对裂缝形态及破裂压力的影响

模型取 3000mm×3000mm，单元划分规模为 300×300。设定射孔方向沿水平最大地应力方向，孔径为 10mm，射孔密度分别为 10 孔/m、12 孔/m、14 孔/m、16 孔/m、18 孔/m、20 孔/m、22 孔/m、24 孔/m，射孔位于模型的中心位置，并在同一水平方向的中心线上。

图 6-9 为不同射孔密度对应的页岩地层水力裂缝演化图。可以看出，压裂液持续泵注条件下，三射孔孔眼周围存在明显的应力干扰，各射孔之间相互贯通，且当其中一个或两个射孔起裂后，会抑制其余射孔的起裂。先起裂射孔周围裂缝扩展起主导作用，在扩展过程中三射孔之间的裂缝逐渐合并为一条主裂缝。图 6-10 为不同射孔密度对破裂压力的影响，破裂压力随射孔密度的增加而减小，并不是呈线性关系，当射孔密度增大到 16 孔/m、18 孔/m 时，破裂压裂随射孔密度的减小趋于平缓，多孔应力集中效应的相互影响程度逐渐增加，因此可以将 16 孔/m、18 孔/m 作为优化后的射孔密度，这样既保证了地层破裂压力较低，也兼顾考虑了过多射孔给套管强度所带来的问题。

射孔密度与破裂压力关系如图 6-10 所示。

3) 射孔深度对裂缝形态及破裂压力的影响

计算模型取 3000mm×3000mm，单元划分规模为 300×300，射孔直径为 10mm，井筒直径为 150mm。建立射孔方向垂直于水平最大地应力的计算模型，射孔深度分别取 0.1～1.0m，以 0.1m 为间隔，裂缝扩展演化图如图 6-11 所示。

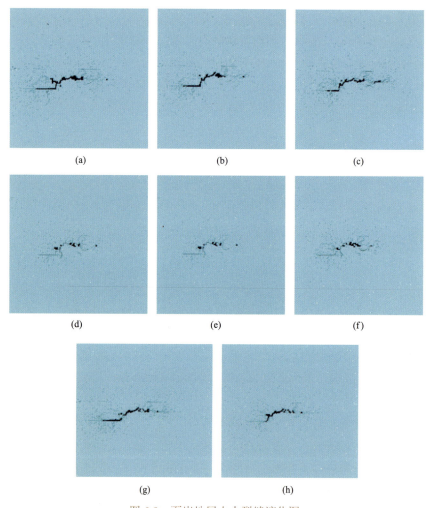

图 6-9 页岩地层水力裂缝演化图

(a)射孔密度 10 孔/m；(b)射孔密度 12 孔/m；(c)射孔密度 14 孔/m；(d)射孔密度 16 孔/m；(e)射孔密度 18 孔/m；
(f)射孔密度 20 孔/m；(g)射孔密度 22 孔/m；(h)射孔密度 24 孔/m

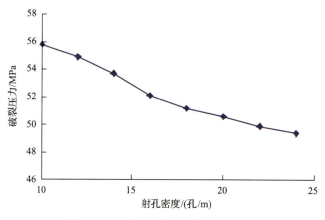

图 6-10 射孔密度与破裂压力关系图

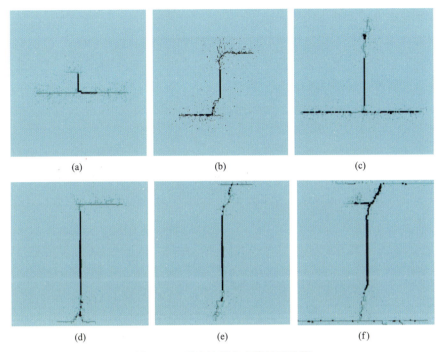

图 6-11 页岩地层水力裂缝演化图

(a)射孔深度 0.1m；(b)射孔深度 0.2m；(c)射孔深度 0.4m；(d)射孔深度 0.6m；
(e)射孔深度 0.8m；(f)射孔深度 1.0m

射孔深度与破裂压力的关系见图 6-12。

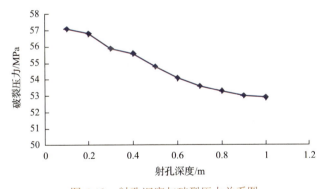

图 6-12 射孔深度与破裂压力关系图

由图 6-12 可知，在射孔深为 0.1m 时，射孔端部恰好位于预设弱层理位置，起裂后裂缝即转向沿层理面方向扩展；其余射孔深度条件下，初始裂缝沿射孔方向扩展，在主裂缝延伸中遇到弱层理后沟通层理面，各射孔深度之间的演化趋势大致类似。在主裂缝方向对地层进行局部弱化，在主压裂缝周围一定范围内形成次生裂缝，在弱层理面延伸受阻后，主裂缝仍可继续扩展，形成复杂裂缝。随射孔深度增加，对应初始破裂压力有小幅降低，当射孔深度为 0.5m、0.6m 时，随射孔深度的增加，破裂压力变化不大，且更利于主裂缝与层理裂缝的沟通，优选射孔深度不小于 0.5m。

4) 多簇射孔对裂缝形态的影响

模拟双簇不同间距下裂缝延伸形态,模型尺寸取为 100m×100m,在模型中预制双簇起裂位置。分别研究了双簇间距为 5m、15m、20m、30m、40m 时,双簇射孔裂缝起裂及扩展演化情况,如图 6-13 所示。

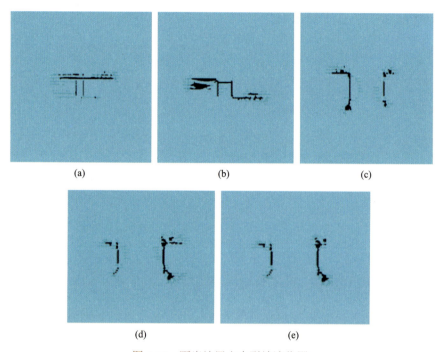

图 6-13 页岩地层水力裂缝演化图

(a)簇间距 5m;(b)簇间距 15m;(c)簇间距 20m;(d)簇间距 30m;(e)簇间距 40m

由裂缝演化形态图可知(图 6-13),当簇间距在 15m 以内时,缝间干扰特征明显,主压裂缝周围层理弱面相互沟通,在小范围内形成团簇状的压裂缝,缝高延伸距离有限;当簇间距为 20m 以上时,簇间干扰逐渐减弱,主裂缝继续延伸过程中形成具有一定缝高的复杂裂缝。簇间距宜选为 20~30m。

2. 推荐的簇射孔方案

综上所述,最优的簇射孔方案推荐数据如表 6-2 所示。同时射孔位置的选取一般应遵循以下基本原则:TOC 含量较高的部位;气测显示较好的部位;高孔隙度部位;脆性矿物含量高、黏土含量低的部位;地应力差异较小的部位;固井质量好的部位。

表 6-2 推荐最优簇射孔方案

簇间距/m	孔径/mm	射孔密度/(孔/m)	射孔深度/m
20~30	10~14	16~18	≥0.5

6.2.4 压裂井口装置

显然的，耐压 140 型压裂井口比 105 型井口可以承受更高的井口施工限压，因此，注入排量可提高一定的幅度，这对充分造缝并提高裂缝改造体积非常有利。

6.2.5 压裂施工参数的影响

压裂施工参数主要包括压裂液黏度、注入排量、压裂液量及支撑剂段塞设计是否合理等。其中，压裂液黏度越高，注入排量越大，越利于提高主裂缝的改造体积。转向支裂缝及微裂缝改造体积的提高，必须依赖于中低黏度及中低排量的参数组合。因为中低黏度压裂液的黏滞阻力相对较小，利于沟通与延伸中尺度支裂缝及小尺度微裂缝，再配合以中低排量组合，可使压裂液有更多时间沟通与延伸流动阻力相对较大的中尺度支裂缝及小尺度微裂缝系统。

此外，不同黏度压裂液的注入模式也非常关键，无论顺序注入还是交替注入，尽管总的压裂液量相当，但三级裂缝系统的造缝体积可能有较大差距。理想的做法应是先注入低黏度压裂液，在近井筒附近沟通与延伸小尺度的微裂缝系统。然后注入中黏度压裂液，在继续保持井筒内较高井底压力的同时，除了可促进先前小尺度微裂缝系统的进一步延伸外，也可沟通与延伸中尺度支裂缝系统。当然，中黏度压裂液也可能产生不了中尺度支裂缝而是在最大水平主应力方向延伸主裂缝。但因黏度还不足够高，主裂缝的延伸效率相对不高。再换用高黏度压裂液后，主裂缝的造缝效率相对升高。这是注入的第一个阶段，分为三个亚阶段。之后再按上述黏度压裂液的注入顺序，再次注入。由于低黏度压裂液与上阶段高黏度压裂液的黏滞指进效应(室内实验结果表明，高黏度是低黏度的 6～10 倍以上容易形成黏滞指进效应)，在降低低黏度压裂液滤失的同时，低黏度压裂液可快速指进到高黏度压裂液形成的主裂缝前缘，继续沟通与延伸小尺度的微裂缝系统。中黏度压裂液黏滞指进效果差，估计还是主要在主裂缝中延伸。不取消中黏度压裂液的主要原因一是防止施工压力的大幅波动，二是万一有中尺度的支裂缝也可有效沟通与延伸。这里并不是说低黏度及高黏度压裂液不能有效沟通与延伸支裂缝系统，但高黏度压裂液进入支裂缝的比例估计要相对受限，而低黏度压裂液因滤失大对支裂缝延伸的液体效率相对偏低。

此外，支撑剂段塞设计也影响造缝体积。如设计的支撑剂段塞的时机过早，或砂液比过大，可能造成施工压力的快速升高，致使施工早于预期的时间结束，肯定会影响最终的造缝体积。实际上，主裂缝的造缝体积减小了，肯定也会降低转向支裂缝及微裂缝的造缝体积。因为如果主裂缝延伸进程被某种原因中途打断的话，则与其连通的转向支裂缝或微裂缝也会同时或在较短时间内终止延伸。

值得指出的是，在上述三级支缝改造体积的影响机制中，大多数可以用定量参数描述，少部分参数只能定性描述。但考虑到地质力学参数等是不可人为改变的参数，在特定区域进行裂缝改造体积的影响因素定量分析时，只考虑可人为改变的参数，如压裂施工参数及压裂液黏度等。

采用页岩气压裂设计常用的商业模拟软件 MEYER，考察压裂施工参数及压裂液黏度等对裂缝改造体积的敏感性，选取影响压裂施工的关键参数(簇数、排量、液量和压裂液体黏度)进行正交方案设计，总体结果表明施工前 1/5 时间段对裂缝的形成至关重要。典型裂缝形态演化曲线显示，裂缝延伸扩展可分为三个阶段，即裂缝快速增加阶段、裂缝稳步增加阶段和裂缝缓慢增加阶段。不同时间的裂缝三维几何尺寸及裂缝改造体积(SRV)模拟参数如表 6-3 所示，模拟结果如图 6-14～图 6-17 所示。

表 6-3　裂缝扩展模型 16 个正交方案设计

方案	液量/m³	排量/(m³/min)	簇数	黏度/(mPa·s)
1	1400	10	2	40
2	1400	12	3	60
3	1400	14	4	80
4	1400	16	5	100
5	1600	10	3	80
6	1600	12	2	100
7	1600	14	5	40
8	1600	16	4	60
9	1800	10	4	100
10	1800	12	5	80
11	1800	14	2	60
12	1800	16	3	40
13	2000	10	5	60
14	2000	12	4	40
15	2000	14	3	100
16	2000	16	2	80

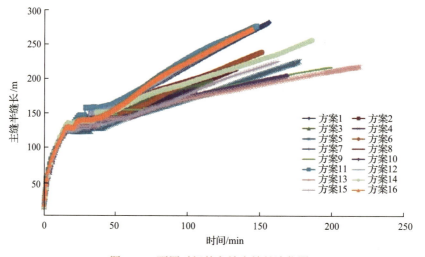

图 6-14　不同时间的主缝半缝长演化图

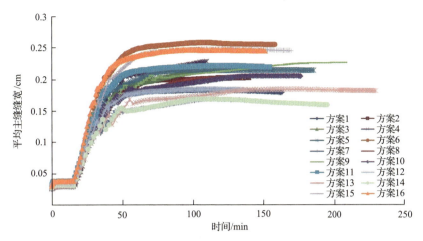

图 6-15 不同时间的主缝缝宽演化图

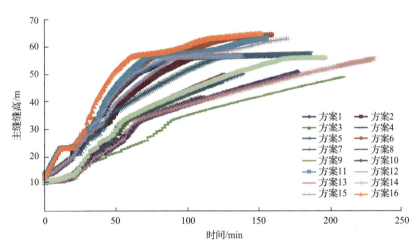

图 6-16 不同时间的主缝缝高演化图

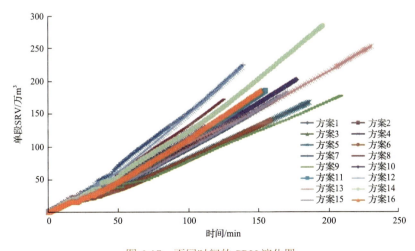

图 6-17 不同时间的 SRV 演化图

通过方差对各影响因素进行分析，结果如图 6-18 和图 6-19 所示。

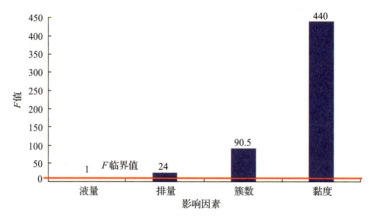

图 6-18　不同参数下缝宽的影响因素方差分析

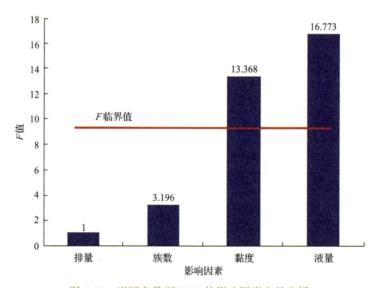

图 6-19　不同参数下 SRV 的影响因素方差分析

由图 6-18 和图 6-19 的模拟结果可见，缝宽影响因素排序：黏度＞簇数＞排量＞液量；SRV 影响因素排序：液量＞黏度＞簇数＞排量。总之，压裂液黏度是影响缝宽和 SRV 最显著的因素。

6.3　裂缝有效改造体积的影响机制及主控因素

所谓有效的裂缝改造体积指的是对压后产气量有贡献的裂缝体积，应当既包括有支撑剂支撑的体积，也包括没有支撑剂充填的裂缝体积。没有支撑剂充填的裂缝通道，一般为裂缝上下末梢处及裂缝前缘，靠裂缝壁面凸凹不平的粗糙度形成某种程度上的页岩自支撑效应。在有效闭合应力相对不大的情况下，压裂有效期内也可提供一定的裂缝导流能力。但如果有效的裂缝闭合应力相对偏大(如大于 60MPa)，则上述靠页岩自支撑形成的裂缝导流能力会快速降低，如果导流能力降低到零左右，则相应的裂缝改造体积也应趋近于零。

上述裂缝改造体积，不仅指裂缝本身的体积，还包括在压裂有效期内上述裂缝对页岩气流动有影响的体积，即页岩内发生压力扰动的体积。显然的，裂缝本身的体积越大，其影响的页岩气流动体积也越大。

影响复杂缝网有效改造体积的机制主要有以下几点。

(1) 三级支缝的造缝体积。这是第一因素，否则即使三级支缝内支撑剂的充满度都是100%，有效的裂缝改造体积也相对有限。三级支缝都存在同样的缝高受限问题，尤其当水平层理缝和纹理缝相对发育，且目的层上覆应力与最小水平主应力差又相对较小的情况下更是如此。与国外同样垂深的页岩气储层相比，中国的页岩气储层一般经历过复杂的构造运动，且应力大多呈挤压状态，导致上覆应力与最小水平主应力差异小的情况非常普遍。因此，在同样的压裂施工参数条件下，中国的页岩气压裂裂缝高度相对更小，尤其是远井裂缝高度更是如此，这是影响裂缝改造体积的重要制约因素。

(2) 复杂缝网中转向支裂缝及微裂缝的发育情况。如上述支裂缝及微裂缝相对发育，则不同粒径支撑剂在上述复杂缝网中的运移规律要相对复杂得多。即使小粒径支撑剂可以转向运移到上述支裂缝及微裂缝系统中，但因与主裂缝相比，缝宽都有较大幅度的降低，因此，转向支裂缝及微裂缝中的壁面粗糙度对支撑剂运移规律的影响就要比在主裂缝中的影响大得多，往往造成支撑剂运移距离相对较短的不利影响。但上述凸凹度的影响对防止支撑剂的垂向沉降又是非常有利的。

(3) 不同粒径支撑剂的长期导流能力特性。裂缝长期导流能力大小主要取决于充填于不同尺度裂缝中的支撑剂导流能力特性。如导流能力递减快，甚至降为零，则相应的裂缝有效改造体积也趋于零。一般而言，与主裂缝不同方向的转向支裂缝及微裂缝的存在，对主裂缝承受的有效闭合应力有一定的缓冲效应，有利于主裂缝导流能力保持相对较长的时间或递减率相对降低。而转向支裂缝及微裂缝中，由于支撑剂进入的比例相对较少，受支撑剂压碎及嵌入的双重作用，上述裂缝中的导流能力可能递减相对较快，一旦它们的导流能力降为零，则所谓的复杂缝网就是单一的主裂缝在起作用。即使转向支裂缝及微裂缝中的导流能力还保持相对较高的水平，但如果它们与主裂缝的连通性差或后来连通性变差后，最终起流动作用或对压后产量有贡献的也仅限于大尺度的主裂缝。在这种情况下，由于页岩基质的超低渗透性，其向主裂缝中供气的能力特别差，因此产量快速降低，从而失去商业开发价值。

(4) 不同尺度裂缝系统间的有效连通性。所谓有效连通性指的是不同尺度裂缝系统间有同种粒径的支撑剂提供足够高的导流能力。该导流能力的界限主要基于节点系统分析原理得到，即从页岩基质到微裂缝、从微裂缝到转向支裂缝(虽然微裂缝可能与主裂缝直接连通，但与连接的转向支裂缝相比还非常少，因此，可忽略从微裂缝向主裂缝的流动环节)、从转向支裂缝到主裂缝、从主裂缝到水平井筒中的连接点、从该连接点到垂直井底、从垂直井底到井口、从井口到分离器七个流动节点上，满足流量与压力协调性原理。换言之，在上述七个流动环节中，都没有产生附加的流动阻力。当然，若上述不同尺度裂缝系统连接处的导流能力超过上述节点协调性要求的最低导流能力就更好了。如果不同尺度裂缝系统间连接处的导流能力低于上述临界值要求,则三级支缝的总体改造体积就会有一定程度的降低。如果因某种原因导致不同尺度裂缝系统间连接处的导流能力完全丧失,则三级支缝的改造体积只剩下大尺度的主裂缝系统的体积。这里就牵涉到支撑剂段塞参数的合理优化问题,尤其是换为不同粒径支撑剂注入时,隔离液的体积优化特别关键。因为相同粒径支撑剂一般以进入同一种尺度的裂缝系统为主。如上述隔离液体积过大,很有可能造成不同尺度裂缝系统间连接处的导流能力大幅度降低甚至为零(尽管无支撑剂也可提供一定的导流能力,但导流能力不稳定,在深井高闭合应力条件下更易失去导流能力)。为避免上述不利的情况发生,在换用下一个相对较大粒径的支撑剂时,尽量不用或少用隔离液。此外,为避免小粒径支撑剂用量设计偏大的被动局面,建议用高黏度压裂液进行中顶或尾追加入支撑剂,以利用其高黏特性将小粒径支撑剂携带和运移到主裂缝的端部位置,防止小粒径支撑剂与大粒径支撑剂混合对主裂缝整体导流能力的损害。

(5)压后返排及生产制度。有时压后适当焖井,压裂液与页岩长时间作用的结果提高了裂缝壁面滤失带内的岩石孔隙度(有实验结果表明可提高20%以上)及渗透率,这对提高有效的裂缝改造体积是非常有利的。如果页岩的脆性相对较好,压后适当焖井也利于利用裂缝内净压力继续沟通和延伸更多的小微裂缝系统。但如果页岩的塑性相对较强,此时页岩的断裂韧性也会相对较高,若压后关井,则难以继续沟通和延伸小微尺度的裂缝系统,而支撑剂却会大量沉降,这会在很大程度上降低有效的裂缝改造体积。此时,应先放喷少量的压裂液,如 $30\sim50m^3$,可以迫使缝口处裂缝优先闭合,而后带动其他位置的裂缝依次闭合。然后再关井一段时间,让压裂液与不同尺度裂缝滤失带内的页岩充分溶蚀,进一步提高压裂液波及范围内页岩的孔隙度及渗透率。至于压后生产制度对三级支缝系统有效改造体积的影响,显然的,压后生产压差应小于主裂缝中支撑剂发生二次运移时的临界压差。否则,支撑剂在主裂缝中再次运移会极大地破坏支撑剂层的力学稳定性,进而导致主裂缝导流能力的大幅度降低。而在转向支裂缝及微裂缝中,因其中参与流动的页岩气量相对较少,且上述尺度的裂缝宽度都相对较窄,对支撑剂的二次运移基本无影响或影响不大。在防止三级支缝内支撑剂再次运移的基础上,还得基于目的层导眼井岩心的应力敏感性实验结果,再次确定防止应力敏感性伤害的最大生产压差。值得指出的是,该应力敏感性实验还考虑不到存在天然裂缝系统和/或水平层理缝条件下的应力敏感性结果的差异,尤其当上述天然裂缝和/或水平层理缝中缺乏支撑剂支撑时,更易发生应力敏感性效应。

6.4 多尺度造缝技术及工艺参数优化

对脆性相对较强的页岩而言,在增加排量的过程中可能发生页岩的多次破裂,在压裂施工综合曲线上表现为多个井口压力波动的锯齿状抬升型曲线,且每个恒定排量期间都有压力先升高后降低的典型特征。这种多次破裂特征,应与多尺度的裂缝起裂与延伸有关系,也可能与天然裂缝的激活有关系。如果天然裂缝被激活,形成的多尺度裂缝更能达到预期的效果,因为破裂初期靠诱导应力转向形成的多尺度裂缝,并不能保证所有的裂缝都能一直顺利延伸下去,尤其是与主裂缝呈一定夹角的转向支裂缝或微裂缝中,其闭合应力相对较大，加上转向支裂缝及微裂缝吸收的注入排量相对较低，因此，转向支裂缝及微裂缝的延伸程度相对非常有限。而天然裂缝被激活后，有时不止一个，更多情况下是多个天然裂缝相互激活和连通，则这种激活和连通后的天然裂缝在主裂缝中导入的压裂液的水力作用下，再继续沟通和延伸一定的距离，则最终因天然裂缝原因所形成的中尺度支裂缝其延伸的范围就相对较长(虽然单一天然裂缝长度相对不长，一般在0.2m 以下)[17,18]。

值得指出的是，上述天然裂缝间的有效沟通还是有相当难度的，更多的可能还是主裂缝在延伸过程中与各个天然裂缝的沟通。大量研究成果已证实，主裂缝有时可能直接穿过天然裂缝，有时沿着天然裂缝延伸，有时则无法连通天然裂缝。

6.4.1　天然裂缝影响水力压裂裂缝的扩展

对于非常规页岩储层，由于储层天然裂缝发育，往往会对水压裂缝的扩展产生重要影响。

由压裂理论得知，水力裂缝从井壁或射孔末端起裂，由于压裂液源源不断地泵入，水力裂缝的主缝最终沿垂直于最小水平主地应力方向扩展。在页岩裂缝性储层压裂施工过程中，水力裂缝必然会遭遇天然裂缝发育带，为了便于实验研究，对现场实际的模型做了简化，假设水力裂缝在沿着水平主应力方向遭遇一条中等程度的闭合天然裂缝(图 6-20)。其中逼近角度为 θ，水平最大和最小主应力分别为 σ_1 和 σ_3 ($\sigma_1 > \sigma_3$)。

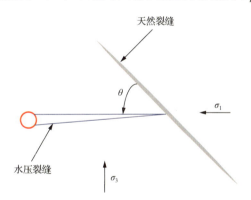

图 6-20　天然裂缝影响水力压裂裂缝延伸示意图

当水力裂缝没有与天然裂缝相交之前，天然裂缝的受力情况见图 6-21。天然裂缝所受的水平主应力可以转化为垂直作用在天然裂缝壁面的正应力 σ_n 和沿着裂缝方向的剪切应力 σ_t。当水力裂缝与天然裂缝相交以后，运用岩石破坏时的莫尔-库仑强度准则，剪切应力和正应力作用于天然裂缝平面的方程为

$$|\tau| = \tau_0 + K_f(\sigma_n - p) \qquad (6\text{-}1)$$

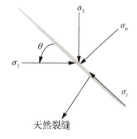

图 6-21　天然裂缝周围的应力场分布

式中，τ_0 为岩石内部的聚合强度，工程上往往称为内聚力；K_f 为岩石的内摩擦系数，$K_f=\tan\varphi$（φ 为岩石的内摩擦角）；$\sigma_n - p$ 为作用于天然裂缝平面的有效正应力；p 为相交时水力裂缝内的流体压力。

由裂缝扩展理论得知，裂缝扩展所需流体压力的大小取决于裂缝的形状。在其他条件相同的情况下，Penny 形状的裂缝扩展所需要的流体压力最大：

$$p = \sigma_3 + \sqrt{\frac{\pi E \gamma}{2R(1-v^2)}} \tag{6-2}$$

式中，γ 为岩石的表面能；E 为岩石的弹性模量；v 为岩石的泊松比；p 为裂缝扩展所需的流体压力；R 为 Penny 裂缝的半径。

而 Griffith 形状的裂缝扩展所需的流体压力最小：

$$p = \sigma_3 + \sqrt{\frac{\pi E \gamma}{2L(1-v^2)}} \tag{6-3}$$

式中，L 为 Griffith 裂缝的长度。

因此采用断裂力学理论来研究在该情况下裂缝的扩展，即假设裂缝的形状皆为 Griffith 形状的裂缝（图 6-22）。

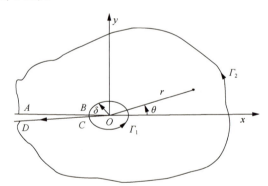

图 6-22　Griffith 裂纹尖端及积分围线

6.4.2　水力裂缝遭遇天然裂缝后扩展的模型

在非常规页岩气压裂中，当天然裂缝膨胀后，压裂液的滤失量显著增加，流体的净压力在下降一段时间后，会继续增加。随着天然裂缝内流体压力的持续增加，水力裂缝遭遇天然裂缝以后，有可能会有以下几种扩展方式。①天然裂缝发生膨胀，开度增加，水力裂缝终止于天然裂缝，不再继续向前扩展；②天然裂缝膨胀，水力裂缝在相交点直接穿过天然裂缝，继续沿着原方向即最大水平主应力方向扩展；③天然裂缝发生膨胀，水力裂缝沿着天然裂缝方向，从天然裂缝的缝端扩展，然后转向、继续沿着水平最大主应力方向扩展；④天然裂缝发生膨胀，水力裂缝沿着天然裂缝方向，从天然裂缝壁面的某个弱面突破，继续沿着水平最大主应力方向扩展。

以上的四种扩展方式是对现场的实际情况做了简化和提炼。方式①对应于现场实际情况比较少，因此重点对后三种扩展方式分别进行研究。需要提出的是，页岩储层压裂施工过程中，上述几种扩展方式很可能会相伴相生。

定义水力裂缝和天然裂缝之间干扰时的流体压力为 $p_i(t)$，同时定义 $p_i(0)$ 为水力裂缝刚刚到达交点时刻流体的压力。

$p_i(0) > \sigma_n$：当水力裂缝与天然裂缝相交时，水力裂缝内的流体压力远远大于作用于天然裂缝壁面的正应力时，天然裂缝会瞬间发生膨胀。这种状态的是否稳定取决于施工压力 p_σ、逼近角度 θ 和水平主应力差 $\sigma_1 - \sigma_3$，具体将在下面的实验中体现。

(1)扩展方式②（图 6-23）。此时

$$p_i(t) > \sigma_3 + T_0 \tag{6-4}$$

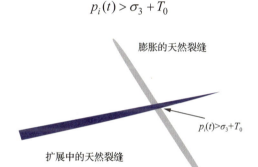

图 6-23　水力裂缝直接穿过天然裂缝

上述情况的水力裂缝的尖端应力区，按照最大拉应力强度理论，考虑 I 型裂缝及裂缝内压，得到

$$\frac{K_{\mathrm{I}}}{\sqrt{2\pi r}}\cos\frac{\theta}{2}\left(1+\sin\frac{\theta}{2}\right) + p_i(0) = \sigma_3 + T_0 \tag{6-5}$$

式中，r、θ 为裂缝尖端的柱状极坐标（图 6-22）；$p_i(0)$ 为水力裂缝刚刚到达交点时刻流体的压力；K_{I} 为张开型裂纹的应力强度因子；σ_3 为最小水平主应力；T_0 为交点处天然裂缝壁面的抗张强度。

则微破裂区为

$$r(\theta) = \frac{1}{2\pi}\left[\frac{K_{\mathrm{I}}}{\sigma_3 + T_0 - p_i(0)}\right]^2\left[\cos\frac{\theta}{2}\left(1+\sin\frac{\theta}{2}\right)\right]^2 \tag{6-6}$$

(2)扩展方式③如图 6-24 所示。此时

$$T_{0,\mathrm{tip}} < T_{0,i} - (\sigma_n - \sigma_3) - \Delta p_{\mathrm{nf}} \tag{6-7}$$

式中，Δp_{nf} 为天然裂缝内的压力降；$T_{0,i}$ 为天然裂缝壁面 i 处的岩石的抗张强度；σ_n 为天然裂缝壁面的正应力；σ_3 为最小水平主应力；$T_{0,\mathrm{tip}}$ 为天然裂缝缝端岩石的抗张强度。

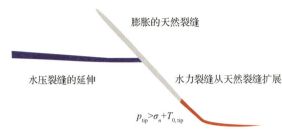

图 6-24 水力裂缝沿着天然裂缝缝端扩展

考虑二维问题的 I、II 混合模式的裂纹扩展，在图 6-22 中，裂纹尖端的应力及位移场为

$$\sigma_x = \frac{K_I}{\sqrt{2\pi r}}\cos\frac{\theta}{2}\left(1-\sin\frac{\theta}{2}\sin\frac{3\theta}{2}\right) - \frac{K_{II}}{\sqrt{2\pi r}}\sin\frac{\theta}{2}\left(2+\cos\frac{\theta}{2}\cos\frac{3\theta}{2}\right) \tag{6-8}$$

$$\sigma_y = \frac{K_I}{\sqrt{2\pi r}}\cos\frac{\theta}{2}\left(1+\sin\frac{\theta}{2}\sin\frac{3\theta}{2}\right) + \frac{K_{II}}{\sqrt{2\pi r}}\cos\frac{\theta}{2}\left(\sin\frac{\theta}{2}\sin\frac{3\theta}{2}\right) \tag{6-9}$$

$$\tau_{xy} = \frac{K_I}{\sqrt{2\pi r}}\cos\frac{\theta}{2}\sin\frac{\theta}{2}\cos\frac{3\theta}{2} + \frac{K_{II}}{\sqrt{2\pi r}}\cos\frac{\theta}{2}\left(1-\sin\frac{\theta}{2}\sin\frac{3\theta}{2}\right) \tag{6-10}$$

$$u = \frac{K_I}{8G}\frac{\sqrt{2r}}{\pi}\left[(2K-1)\cos\frac{\theta}{2}-\cos\frac{3\theta}{2}\right] + \frac{K_{II}}{8G}\frac{\sqrt{2r}}{\pi}\left[(2K+3)\sin\frac{\theta}{2}+\sin\frac{3\theta}{2}\right] \tag{6-11}$$

$$v = \frac{K_I}{8G}\frac{\sqrt{2r}}{\pi}\left[(2K+1)\sin\frac{\theta}{2}-\sin\frac{3\theta}{2}\right] + \frac{K_{II}}{8G}\frac{\sqrt{2r}}{\pi}\left[-(2K-3)\cos\frac{\theta}{2}-\cos\frac{3\theta}{2}\right] \tag{6-12}$$

式中，G 为剪切模量；$K = \dfrac{3-\nu}{1+\nu}$（平面应变）或 $K = 3-4\nu$（平面应变），其中，ν 为泊松比；K_I 和 K_{II} 分别为 I 型与 II 型裂纹尖端的应力强度因子。

采用环向拉应力准则，即裂纹的扩展方向垂直于裂纹尖端的 $\sigma_{\theta\max}$，由此可以得到裂纹扩展的条件为

$$K_{eq} = \cos\frac{\theta}{2}\left(K_I\cos^2\frac{\theta}{2} - \frac{3}{2}K_{II}\sin\theta\right) = K_{IC} \tag{6-13}$$

式中，K_{eq} 和 K_{IC} 分别为裂纹尖端的等效应力强度因子和断裂韧度。扩展方向角 θ_0 由 $\dfrac{\partial K_{eq}}{\partial \theta} = 0$ 得到，即扩展角 θ_0 满足

$$K_I \sin\theta_0 + K_{II}(3\cos\theta_0 - 1) = 0 \tag{6-14}$$

时，式 (6-13) 中 K_{eq} 取得极大值。

(3) 扩展方式④如图 6-25 所示。此时

$$T_{0,l} < T_{0,i} - \Delta p_l \tag{6-15}$$

式中，Δp_l 为从水力裂缝与天然裂缝相交处到天然裂缝某个弱面 l 处之间的压力降；$T_{0,l}$ 为天然裂缝某弱面 l 处的抗张强度；$T_{0,i}$ 为天然裂缝壁面 i 处的岩石的抗张强度；

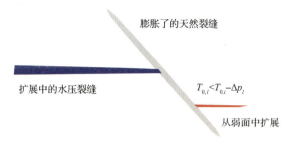

膨胀了的天然裂缝

扩展中的水压裂缝

$T_{0,l} < T_{0,i} - \Delta p_l$

从弱面中扩展

图 6-25　水力裂缝沿着天然裂缝缝端扩展，然后从弱面处扩展

假设天然裂缝存在主发育带，其走向和倾向基本保持一定，则可利用弱面模型来研究水力裂缝沿天然裂缝剪切破裂问题。

弱面破坏准则：

$$\sigma_1 - \sigma_3 = \frac{2(S_\omega + \mu_\omega \sigma_3)}{(1 - \mu_\omega \cot \beta_2) \sin 2\beta_2} \tag{6-16}$$

式中，σ_1 和 σ_3 分别为最大、最小主应力；S_ω 为弱面黏聚力；μ_ω 为弱面的内摩擦系数；β_2 为弱面的法向与 σ_1 夹角。

当 $\beta_2 = \phi_\omega$ 或 $\beta_2 = \frac{\pi}{2}$ 时，弱面不会产生滑动，弱面产生滑动的条件是

$$\phi_\omega < \beta_2 < \frac{\pi}{2} \tag{6-17}$$

且 $\sigma_1 - \sigma_3$ 的大小必须满足式(6-16)的关系。

对于裂缝性地层，$S_\omega = 0$，则水力裂缝沿天然裂缝剪切破裂准则为

$$\sigma_1 - \sigma_3 = \frac{2\mu_\omega \sigma_3}{(1 - \mu_\omega \cot \beta_2) \sin 2\beta_2} \tag{6-18}$$

上述三种扩展方式主要受以下两个因素的制约：①两向水平应力差。两向水平应力差越大，水力主裂缝越容易穿过天然裂缝。②水力主裂缝与天然裂缝的夹角。两者夹角越大，水力主裂缝越易穿过天然裂缝。

当天然裂缝与水力主裂缝夹角较小且两向水平应力差较小时，则水力主裂缝与天然裂缝不相交。在水力主裂缝与天然裂缝不相交时要实现多尺度裂缝起裂和延伸，可通过大幅度提高水力主裂缝中的净压力，以此实现转向支裂缝及微裂缝的产生。

目前，提高水力主裂缝净压力的主要措施有：①采用高黏度压裂液及高排量组合注入模式。高黏度压裂液可在水力主裂缝中大幅度提高黏滞力，易于在主裂缝中的不同位置处憋起更高的净压力。高排量的目的也是快速建立起更高的水平井筒内的压力。显然的，将上述高黏度压裂液与高排量组合后，提高主裂缝中净压力的效果就更为明显。

②采用更高降阻率的压裂液体系。一般压裂液黏度增大后，降阻率会有所降低。因此，应进一步优化该压裂液体系的黏弹性，尤其应尽量增加压裂液的储能模量。③采取缝端暂堵措施。如能在主裂缝的端部实现暂堵，因页岩的水平层理缝相对发育，又是段内多簇射孔，因此页岩压裂的缝高相对受限，一般为 20m 左右。在缝高受限的情况下，如果能实现主裂缝端部的有效封堵，则注入的压裂液会使主裂缝的净压力大幅度增加，裂缝宽度也会相应大幅度的增加。当主裂缝中的净压力增加到突破原始两向水平应力差时，则会形成转向支裂缝。如果主裂缝从井筒到缝端内的净压力都大于原始两向水平应力差，则主裂缝全缝长范围内会产生很多个转向支裂缝及微裂缝。即使初期能形成复杂的多尺度裂缝系统，但因总的注入排量基本恒定，因此在多个转向支裂缝及微裂缝中，每个支裂缝及微裂缝吸收的排量就相对较小，导致这些支裂缝及微裂缝延伸的长度及宽度等可能相对有限，缝高也会受到相应的限制。换言之，虽然主裂缝端部封堵能起裂形成转向支裂缝及微裂缝系统，但延伸效果都相对较差。因此，最好能在主裂缝中实现分段封堵目标，且这种分段封堵是从近井筒开始，逐渐往缝端进行。在近井筒裂缝某个位置封堵后，主裂缝净压力同样大幅度增加，且因封堵时的裂缝体积相对较小，净压力的提升速度还相对较快。一旦净压力突破原始两向水平应力差，同样可产生转向支裂缝及微裂缝系统，因为主裂缝内封堵的位置距离井筒不远，支裂缝及微裂缝的数量相对较少，每个支裂缝及微裂缝吸收的排量较大，因此，这些支裂缝及微裂缝的延伸长度就相对较长。然后，通过注入一种酸性介质，促使主裂缝中的暂堵剂快速溶解，再注入粒径比先前更小的暂堵剂(但应远大于先前转向支裂缝的宽度)，以便在靠近主裂缝端部的位置再次进行有效封堵。随着后续压裂液的继续注入，它们会主要进入先前产生的转向支裂缝及微裂缝中。此时，可采取 70/140 目小粒径支撑剂低砂液比长段塞加砂模式，大幅度促进上述支裂缝及微裂缝的有效充填和封堵，最好能确保转向支裂缝及微裂缝的深部封堵，然后在主裂缝与它们的接触处再适当提高施工砂液比进行缝口封堵。只要实现了上述转向支裂缝及微裂缝的真正封堵，就不用担心主裂缝内憋压造成的砂堵效应，因随着压力的快速上升，只要超过原始两向水平应力差后，就可能促使主裂缝内第二次封堵处与第一次封堵处的转向支裂缝及微裂缝的起裂与延伸，此时先不着急加支撑剂。具体注入的压裂液量应与主裂缝内第一次封堵后到第二次封堵时注入的压裂液量相当或接近(差异小于 10%)，以保持主裂缝不同位置处的转向支裂缝的延伸长度基本一致。然后，再注入一定体积的酸性介质，继续快速溶解主裂缝中第二次封堵处的暂堵剂材料，再注入粒径更小的暂堵剂(但仍应大于第二次转向支裂缝的缝口处的宽度)。重复上述过程，最终可实现主裂缝内分段封堵及确保每次封堵造成的转向支裂缝及微裂缝有足够的排量及液量以达到充分延伸的效果，从而达到大幅度提高裂缝的复杂性及改造体积的目标。

上述主裂缝内分段封堵技术有三个核心的诀窍：①主裂缝不同位置处缝宽与暂堵剂粒径间的匹配关系可通过物理模拟及数值模拟相结合的方法来实现。目前有关暂堵的物理模拟技术相对成熟，通过调节缝宽与暂堵剂平均粒径及粒径比例间的匹配关系，确保封堵时机及封堵压力满足设计要求。此外，封堵剂在裂缝中封堵的长度也很关键，若封堵长度较短，可能压力憋到一定程度就突破了暂堵带。另外，暂堵剂在缝高上的全悬浮分布也很关键，如果因暂堵剂密度大或携带暂堵剂的压裂液黏度及注入排量等匹配关系不好，造成暂堵剂仅在主裂缝的中下部形成局部封堵，则井口施工压力的升高仅是因为裂缝内过流面积降低引起的摩阻增加的缘故，且裂缝内压力难以憋到能够产生转向支裂缝的临界净压力(因主裂缝端部仍有泄压口)，此时暂堵失败。而数值模拟方法主要基于成熟的商业模拟软件，模拟暂堵剂(相对于常规模拟中的支撑剂)在主裂缝中的分布位置、封堵长度及铺置浓度等数据。一般要求暂堵剂的铺置厚度与对应位置处的裂缝宽度相当或非常接近(差异小于 10%为宜)，暂堵长度一般应达 5～10m，且暂堵长度的中心位置为设计预期的暂堵位置。通过数值模拟，如果暂堵剂未能在主裂缝预期暂堵位置的全缝高方向形成有效封堵，则还应调节封堵剂的密度，在保证其抗压强度的前提下，尽量采用相对低的密度(越接近压裂液密度越好)。最后，要确保真正产生转向支裂缝的临界压力达到暂堵压力升幅的最低值要求(剔除摩阻影响，应折算到井底为宜)，在此前提下，暂堵压力的升幅越高越好。②主裂缝中的暂堵剂不进入转向支裂缝中或进入其中的比例相当小。这个应当问题不大，因为经过多次暂堵，主裂缝内的净压力应是逐级增大的，相应的主裂缝宽度也是逐级增大的，且每次暂堵都有不同程度的增幅。主裂缝在形成过程中，排量基本为注入的总排量的 50%(一般假设裂缝沿水平井筒某簇射孔处双翼对称延伸)，而转向支裂缝因有多个竞争注入的排量，每个支裂缝中进入的排量及液量肯定大幅度降低，与主裂缝不可同日而语。因此，主裂缝的宽度肯定要远大于每次暂堵后形成的转向支裂缝宽度。③每次主裂缝暂堵后的支撑剂加入程序设计(注意第一次暂堵后不加支撑剂)，因为暂堵后只有先前形成的转向支裂缝及微裂缝处可以吸收压裂液，因此，即使支撑剂因密度大而导致与压裂液的跟随性差，绝大部分支撑剂仍进入先前已形成的转向支裂缝中(即使有微裂缝，也难以进入支撑剂或进入的支撑剂量相当少)。因此，采取低砂液比长段塞施工的目的就是尽可能多地将支撑剂运送到转向支裂缝的末梢处。显然的，砂液比与转向支裂缝宽度的匹配非常关键，若砂液比低，则支裂缝充填得不饱满，影响最终的导流能力；若砂液比高，则支撑剂可能在支裂缝的中部某个位置发生砂堵，影响支裂缝中砂堵位置到末梢处的裂缝导流能力。因此，为保险起见，可在加入支撑剂的前期，采取段塞式加砂或试探性的"板凳"式加砂。所谓"板凳"式加砂是指将某个砂液比段分为两个或两个以上连续加砂，等支撑剂进入裂缝后，如果判断没有引起裂缝内压力明显上升的迹象，则可继续提高砂液比，为安全起见，每个提高的砂液比段都相对较少，如 5～7m^3，目的是一旦提高了的砂液比偏高，也可以很快被解除，而不至于发生像长段塞那样的堵死现象。在转向支裂缝中部到与主裂缝连接处的支撑剂加砂程序，可以采取略微激进式的较高砂液比连续加砂模式，可以确保转向支裂缝中的高浓度支撑剂铺置，即使发生了与主裂缝连接处的砂堵效应，也不会产生常规砂堵那样的施工压力快速上升及超过井口限压的现象，因为有新延伸的转向支裂缝及微裂缝的存在，对主裂缝内压力的升高有缓冲效应。

上述仅是讨论了单簇裂缝的多尺度造缝机理。实际上，对页岩气水平井分段压裂而言，段内多簇裂缝的均匀起裂与延伸更为重要。而由于页岩的强非均质性，国外大量的统计资料表明，在段内多簇射孔中，一般是靠近 A 靶点的射孔簇裂缝延伸长度最大，有时单条裂缝可能吸收了段内压裂液量及支撑剂量的 50%～70%，而靠近 B 靶点的射孔簇裂缝，可能只吸收了段内压裂液量及支撑剂量的 5%～10%，可知段内多簇裂缝的非均匀延伸程度很大。

国内页岩气水平井分段多簇压裂也应存在类似问题，甚至更为严重。原因在于：①水平井筒中存在着压力梯度，压裂液黏度越高，注入排量越大，压力梯度越大，则段内各簇裂缝的入口处施工压力也差异较大；②A 靶点垂深一般小于 B 靶点垂深(上述两个原因造成越靠近 B 靶点的射孔簇裂缝，其延伸的长度越小)；③因为 B 靶点附近射孔簇裂缝延伸长度相对较小，裂缝宽度也相对较小，加上支撑剂与压裂液的跟随性差的问题，导致早期加砂时，支撑剂大部分运移到 B 靶点附近裂缝中，并且很容易在其中产生砂堵效应。这样的结果是造成靠近 B 靶点附近的一条或多条裂缝因支撑剂砂堵而失去流动能力，最终迫使所有压裂液及支撑剂向靠近 A 靶点的射孔簇裂缝处运移和铺置，更造成了段内多簇裂缝的非均匀延伸及支撑的问题。在上述非均匀延伸与支撑的情况下，即使采用投封堵球，以希望其可以有效封堵住靠近 A 靶点的裂缝，但由于封堵球与压裂液携带液同样存在着跟随性差的问题，封堵球中可能有绝大部分都运移到了 B 靶点附近裂缝处，反而更促进了 A 靶点附近裂缝的非均匀延伸。即使封堵球因 B 靶点附近无流动能力而封堵住了 A 靶点附近裂缝，但如前所述，B 靶点附近裂缝因早期支撑剂的砂堵而变得难以再次吸收压裂液，因此可能会造成主裂缝中压力的快速上升并超过井口施工限压而导致压裂施工提前终止。

目前，关于如何促进段内多簇射孔裂缝的均匀延伸的技术和方法相对较少，主要如下：①变排量替酸技术。即在酸预处理过程中，当酸进入靠近 A 靶点射孔簇裂缝 30%～40%后，再分 1～2 次提高替酸排量，促使酸液更多地向靠近 B 靶点的射孔簇裂缝流动。如果采用一直相对较低的替酸排量，则因靠近 A 靶点射孔簇裂缝已优先获得酸处理效果，进酸排量会越来越大。当适当提高替酸排量后，虽然 A 靶点裂缝仍可能进入不少酸液，但酸液在水平井筒中往 B 靶点附近裂缝运移的比例也会相应增加，且替酸排量越大，往 B 靶点附近裂缝运移的酸量也越大。为增加酸进入 B 靶点附近裂缝的概率，还可考虑采用变黏度酸液的策略，即酸黏度逐渐升高或分 2～3 个酸罐来装不同黏度的酸液，目的也是在后续替酸过程中，增加酸液进入靠近 A 靶点裂缝的黏滞阻力，进一步降低酸液进入 A 靶点附近裂缝的比例。②采用变孔径或变射孔密度或两者同时变化的策略，且越靠近 B 靶点，射孔的孔径及射孔密度都要逐簇增加一定的幅度。具体增加的幅度应按照孔眼摩阻的降低正好可抵消掉水平井筒中因压力梯度造成的对应射孔簇处井底压力的降低值来进行确定。③采用超低密度支撑剂，该支撑剂的视密度只有 $1.05～1.25g/cm^3$，与压裂液的密度(一般 $1.01～1.03g/cm^3$)相差不大，因此，支撑剂的跟随性相对较好，可以避免常规密度支撑剂的局限性。

需要强调的是，尽管段内多簇射孔裂缝间的相互干扰是有利的，但段与段间的诱导应力干扰却是不利的，尤其当段间距相对较小(如 20m 以内)或下段施工的时间间隔相对较短时，主要原因在于如果上述段间的诱导应力干扰效应已改变了原始的两向水平应力差，则下段施工时，靠近 B 靶点的射孔簇裂缝应是纵向裂缝而不是原先设想的与水平井筒接近垂直的横切裂缝。因此，裂缝的总体改造体积会大幅度降低，而且下段施工时，靠近 A 靶点的射孔簇裂缝即使是横切缝，因与上述靠近 B 靶点的纵向裂缝沟通(簇间距一般为 15～25m，而纵向缝的半径至少在 100m 以上)，会导致大部分压裂液仍然易于进入上述纵向裂缝，使靠近 A 靶点射孔簇裂缝得不到充分的改造效果。因此，为避免段间不利的诱导应力干扰效应，采取如下措施：①适当增加段间距，如 30～40m，显然会降低水平段的利用率；②适当延迟下段的施工时间，使段间的诱导应力得到一定程度的释放和减缓，但这显然会降低压裂的施工时效。因此，如果能真正实现段内多簇裂缝的均匀起裂与延伸，就可避免段间过度干扰效应，由此可大幅度提高水平段的利用率及施工效率，也可避免段内多簇裂缝非均匀起裂延伸造成的局部诱导应力过大而引起的套管变形问题，尤其对深层页岩气压裂而言，套管变形问题经常出现且不易解决。

要真正模拟多尺度造缝三维几何尺寸与施工参数及压裂材料参数间的匹配关系，难度相当大。目前常用的商业模拟软件 MEYER，只可能模拟两级裂缝的扩展情况，模拟结果如表 6-4 所示。

表 6-4　不同黏度与排量组合下的多尺度复杂缝网模拟结果

黏度/(mPa·s)	排量/(m³/min)	主缝		次级缝	
		最大缝宽/mm	平均缝宽/mm	最大缝宽/mm	平均缝宽/mm
3	10	4.199	2.21	0.574	0.28
	12	4.598	2.42	0.656	0.32
	14	4.636	2.44	0.6765	0.33
	16	4.522	2.38	0.738	0.36
	18	4.503	2.37	0.779	0.38
10	10	4.313	2.27	0.779	0.38
	12	4.37	2.3	0.7995	0.39
	14	4.389	2.31	0.82	0.4
	16	4.37	2.3	0.8405	0.41
	18	4.275	2.25	0.861	0.42

6.4.3　页岩压裂主裂缝与层理缝的沟通机制

$\sigma_{(v)j}$ 为层理面应力 σ_v 沿坐标轴方向的分量，由柯西应力公式可得，由远场三轴应力在层理面上引起的应力为[19]

$$\sigma_{(v)j} = v_i \sigma_{ij} \tag{6-19}$$

式中，σ_{ij} 为柯西应力张量；v_i 为层理面的法向量沿坐标轴 i 的分量。

层理面的法向向量为 v，$v_i = \cos(v, e_i)$，试验中平行于水平面的层理面的法向量为 $(1,0,0)$，本节中分析的层理面法向量均垂直于最小主应力方向，层理面的法向量与法向量在水平面上的投影的夹角为 β。

层理面上的远场力引起的正应力（σ_n^∞）与剪应力（τ_n^∞）为[19]

$$\begin{aligned} \sigma_n^\infty &= \sigma_{ij} v_i v_j \\ \tau_n^\infty &= \sqrt{\sigma_v^2 - \sigma_n^{\infty 2}} \end{aligned} \tag{6-20}$$

将远场三轴应力与层理面法向矢量方向代入，由于层理面法向量均垂直于最小主应力方向，在试验选取的三向应力条件下，计算得出层理面上的正应力与剪应力几乎相等，相差极小，为了计算简便，忽略极小的差值，层理面上正应力 $\sigma_n^{\infty} = -20\mathrm{MPa}$，剪应力 $\tau_n^{\infty} = 0$。

(1) 无水力裂纹时。当 τ_n^{∞} 为 0，在垂向应力与最大水平主应力方向应力值几乎相等时，垂直于 σ_v 与 σ_H 方向构成的平面的层理面相当于处于静水压力下，剪应力几乎为零。层理面被剪断的可能性较小。由此判断层理面的张开是由于水力裂缝对应力场的干扰作用。

(2) 水力裂纹距层理面的距离较小但未接触时(图 6-26)，其对层理面的影响见图 6-27，图 6-28 为试验后水力主裂纹穿过层理面的 CT 扫描图。

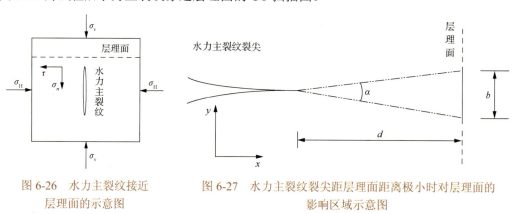

图 6-26　水力主裂纹接近 　　　图 6-27　水力主裂纹裂尖距层理面距离极小时对层理面的
　　　层理面的示意图 　　　　　　　　　　　影响区域示意图

图 6-28　试验后水力主裂纹穿过层理面的 CT 扫描图

当水力裂纹距层理面较近时，水力裂纹裂尖处距层理面距离为 d，水力裂纹长度为 a，层理面上一点的应力状态受到水力裂纹的应力场与远场应力的叠加作用，式(6-21)为水力裂纹的应力场 σ_{ij}^c：

$$\sigma_{xx}^c = (p_\mathrm{w} - \sigma_\mathrm{H})\sqrt{\frac{a}{2r}}\cos\frac{\alpha}{2}\left(1 - \sin\frac{\alpha}{2}\sin\frac{3\alpha}{2}\right)$$

$$\sigma_{yy}^c = (p_\mathrm{w} - \sigma_\mathrm{H})\sqrt{\frac{a}{2r}}\cos\alpha\left(1 + \sin\frac{\alpha}{2}\sin\frac{3\alpha}{2}\right) \qquad (6\text{-}21)$$

$$\tau_{xy}^c = (p_\mathrm{w} - \sigma_\mathrm{H})\sqrt{\frac{a}{2r}}\sin\frac{\alpha}{2}\cos\frac{\alpha}{2}\cos\frac{3\alpha}{2}$$

式中，p_w 为井底压力。

在这个阶段，层理面上受到影响的区域 b 非常小，水力主裂纹与层理面的距离 d 相对层理面的受影响区来说很大，则可认为 α 角接近于 0，将 $\alpha = 0$，$r = d$ 代入式 (6-21) 可得

$$
\begin{aligned}
\sigma_{xx}^c &= (p_w - \sigma_H)\sqrt{\frac{a}{2d}} \\
\sigma_{yy}^c &= (p_w - \sigma_H)\sqrt{\frac{a}{2d}} \\
\tau_{xy}^c &= 0
\end{aligned}
\tag{6-22}
$$

将上述坐标系转换到层理面斜面上可得水力裂纹在层理面上引起的正应力 (σ_n^c) 与剪应力 (τ^c)，表达式为

$$
\begin{aligned}
\sigma_n^c &= (p_w - \sigma_H)\sqrt{\frac{a}{2d}} \\
\tau^c &= 0
\end{aligned}
\tag{6-23}
$$

式 (6-23) 为由于水力裂纹的靠近而引起的层理面上的应力，引起的剪应力为零，引起了拉应力，与远场引起的压应力叠加后，层理面上总的正应力 σ_n 为

$$
\sigma_n = \sigma_n^c + \sigma_n^\infty
\tag{6-24}
$$

计算中假定主裂纹扩展过程中水压做功全部用来转化为主裂纹的界面能，则主裂纹扩展时的应力强度因子为临界值断裂韧性，则 $(p_w - \sigma_H)\sqrt{a}$ 为定值，根据式 (6-23) 可知，裂纹在层理面上引起的正应力仅与 d 有关，由于远场三轴应力在层理面上引起的应力为定值，因此层理面上的正应力仅与水力主裂纹距层理面的距离 d 相关，如图 6-29 所示。

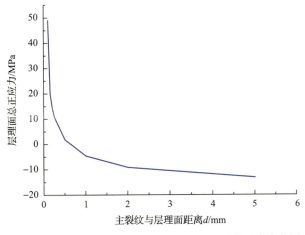

图 6-29　层理面总正应力随主裂纹与层理面的距离变化图

由图 6-29 可以看出，当距离 $d \leq 0.5\text{mm}$ 时，层理面上会产生拉应力，且随着距离的减小其上升极快。当 $\sigma_n \geq \sigma_t^s$ 时，即正应力大于层理面抗拉强度时，层理面有区域裂开。由图 6-29 可知，在水力裂纹靠近层理面的过程中，层理面可张开区域极小。随着距离的增大，σ_n 趋近于 σ_n^∞。

(3) 水力裂纹接触到层理面。

图 6-30(a) 为未经处理的 CT 扫描图，图 6-30(b) 为标出 CT 显示的裂纹提取图，可以看出水力裂纹与层理面一起构成复杂的缝网。从图 6-30(a) 可以看出，水力裂纹的张开宽度较层理面的宽度大，层理面与水力裂纹交叉部分的宽度相对于其他部分宽度来说更大。

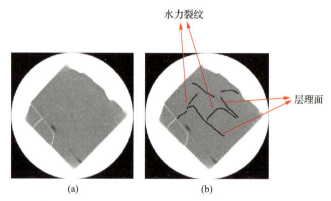

图 6-30　页岩水力压裂试验后 CT 扫描缝网图
(a) 未经处理的 CT 扫描图；(b) 标出 CT 显示的裂纹提取图

当水力裂纹接触到层理面时，层理面并非对称张开，而是有一个倾向的方向，这一点也由试验结果得到了验证，图 6-30 中的层理面只有一侧张开，β 为水力主裂纹与层理面的交角（图 6-31）。

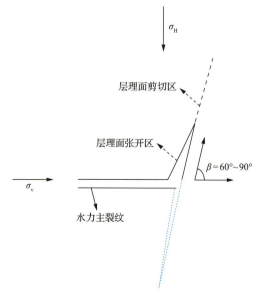

图 6-31　水力主裂纹接触到层理面分析示意图

由于试验中试样边长为300mm，应取裂纹尖端应力场的前两项，将裂纹尖端应力场转化到极坐标系中，r即为层理面上一点距水力裂纹与层理面的交叉点的距离，β（定值）为水力裂纹与层理面的交角，如式(6-25)所示：

$$
\begin{aligned}
\sigma_{rr}^{c} &= p_{\mathrm{w}}\sqrt{\frac{a}{2r}}\cos\frac{\beta}{2}\left(1+\sin^{2}\frac{\beta}{2}\right)-p_{\mathrm{w}} \\
\sigma_{\theta\theta}^{c} &= p_{\mathrm{w}}\sqrt{\frac{a}{2r}}\cos^{3}\frac{\beta}{2}-p_{\mathrm{w}} \\
\sigma_{r\theta}^{c} &= p_{\mathrm{w}}\sqrt{\frac{a}{2r}}\sin\frac{\beta}{2}\cos^{2}\frac{\beta}{2}
\end{aligned}
\tag{6-25}
$$

转化为层理面上的正应力与剪应力：

$$
\begin{aligned}
\sigma_{n}^{c}(x) &= p_{\mathrm{w}}\sqrt{\frac{a}{2r}}\cos^{3}\frac{\beta}{2}-p_{\mathrm{w}} \\
\tau^{c}(x) &= p_{\mathrm{w}}\sqrt{\frac{a}{2r}}\sin\frac{\beta}{2}\cos^{2}\frac{\beta}{2}
\end{aligned}
\tag{6-26}
$$

层理面上的总应力为水力裂纹引起的应力场与远场应力的叠加：

$$
\begin{aligned}
\sigma_{n} &= \sigma_{n}^{\infty}+\sigma_{n}^{c} \\
\tau &= \tau^{\infty}+\tau^{c}
\end{aligned}
\tag{6-27}
$$

层理面抗拉强度为 0.2~2MPa，在计算中，可认为抗拉强度为零，即当$\sigma_{n}>0$时，层理面张开；剪应力大于层理面黏聚力 c 时，即可产生导流通道，则可以得到层理面张开区与剪切区的判定标准：$\sigma_{n}>0$时为张开区，$\tau>c$时为剪切区；定义无量纲张开长度为张开区的实际长度r_{n}与水力主裂纹半长a的比值，即r_{n}/a，定义无量纲剪切区长度为剪切区的实际长度r_{τ}与水力主裂纹半长a的比值，即r_{τ}/a。

由于远场应力在层理面上引起的应力是一定的，无量纲张开区或剪切区长度r/a的变化与水压p_{w}、水力主裂缝与层理面的交角β有关，又由于在判别标准中剪切区条件为$\tau>c$，因此无量纲剪切区长度还与层理面的黏聚力c相关。

页岩层理弱胶结作用使其断裂韧性较小，阻止裂缝扩展的能力较弱，垂直层理方向的断裂韧性较大，阻止裂缝扩展的能力较强。当水力裂缝垂直层理扩展时，在层理弱面处会发生分叉、转向，并在继续延伸过程中沟通天然裂缝或层理弱面形成复杂裂缝网络。水力裂缝接触层理面时，产生的层理面剪切区，对提高裂缝复杂度、改造体积与改造强度意义重大。当主裂缝与层理交角为65°、层理面黏聚力在4MPa以内，且缝内净压力越高时，可获得较大的层理面剪切区。

6.4.4 水平层理缝对水力主裂缝的影响

1. 层理强度对裂缝扩展及复杂程度影响的模拟结果

(1)层理强度为基质体的15%，模拟图如图6-32所示。

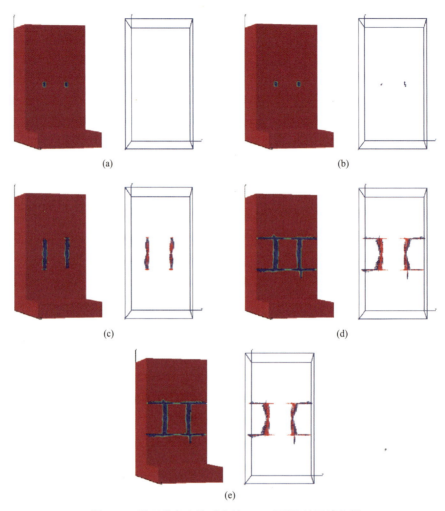

图 6-32　层理强度为基质体的 15%时裂缝扩展演化图

(a)缝内注水阶段(t=0~32s)；(b)沿 z 向起裂(t=33s)；(c)z 向发展至层理(t=53s)；
(d)主裂缝沟通(t=66s)；(e)完全破坏(t=66s)

(2)层理强度为基质体的 30%，裂缝扩展演化图如图 6-33 所示。

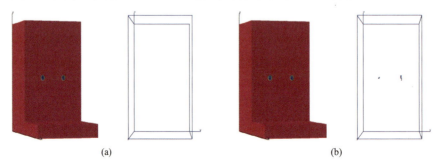

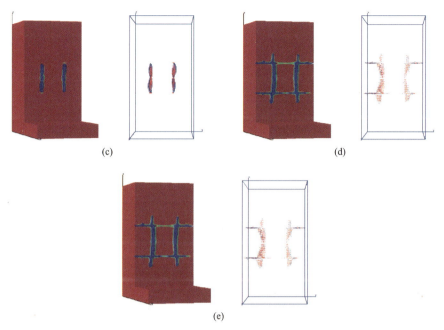

图 6-33　层理强度为基质体的 30%时裂缝扩展演化图

(a)缝内注水阶段($t=0\sim32s$)；(b)沿 z 向起裂($t=33s$)；(c)z 向发展至层理($t=53s$)；
(d)主裂缝沟通($t=70s$)；(e)完全破坏($t=70s$)

(3)层理强度为基质体的 45%，裂缝扩展演化图如图 6-34 所示。

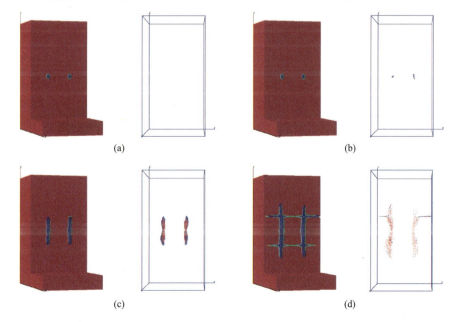

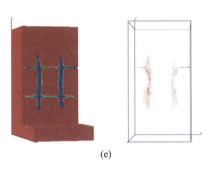

(e)

图 6-34 层理强度为基质体的 45%时裂缝扩展演化图

(a)缝内注水阶段(t=0～32s)；(b)沿 z 向起裂(t=39s)；(c)z 向发展至层理(t=53s)；

(d)主裂缝沟通(t=71s)；(e)完全破坏(t=71s)

(4)层理强度为基质体的 60%，裂缝扩展演化图如图 6-35 所示。

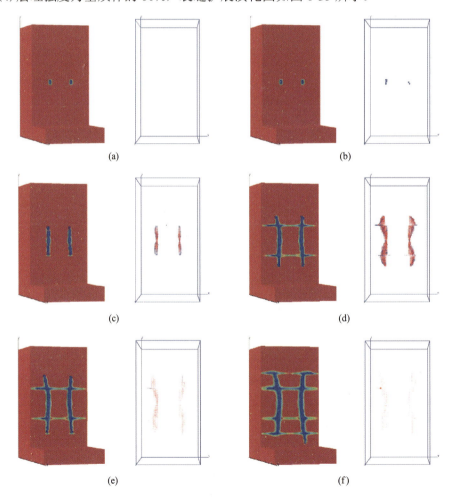

(a)

(b)

(c)

(d)

(e)

(f)

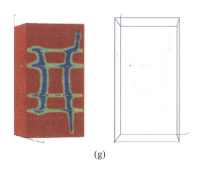

(g)

图 6-35 层理强度为基质体的 60%时裂缝扩展演化图

(a)缝内注水阶段(t=0~32s)；(b)沿 z 向起裂(t=33s)；(c)z 向发展至层理(t=53s)；(d)近层理处主裂缝沟通(t=70s)；
(e)z 向发展至远层理(t=76s)；(f)远层理处主裂缝沟通(t=98s)；(g)完全破坏(t=129s)

(5)层理强度为基质体的 75%，裂缝扩展演化图如图 6-36 所示。

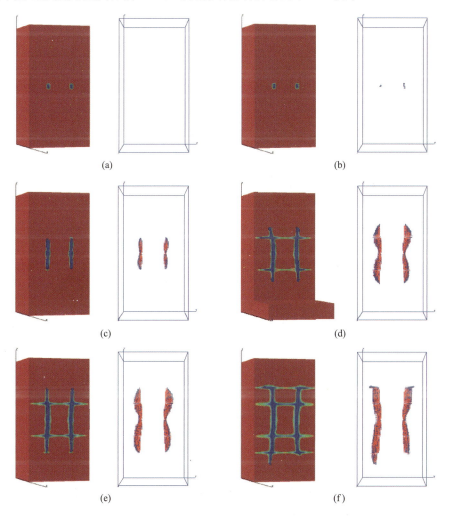

(a)

(b)

(c)

(d)

(e)

(f)

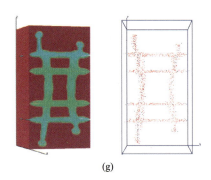

(g)

图 6-36　层理强度为基质体的 75%时裂缝扩展演化图

(a)缝内注水阶段($t=0\sim32s$)；(b)沿 z 向起裂($t=33s$)；(c)z 向发展至近层理($t=53s$)；(d)近层理处主裂缝沟通($t=70s$)；
(e)z 向发展至远层理($t=75s$)；(f)远层理处主裂缝沟通($t=98s$)；(g)完全破坏($t=133s$)

不同层理强度下的裂缝扩展形态对比如表 6-5 所示。

表 6-5　不同层理强度下裂缝扩展形态对比

工况类型	注水阶段	z 向起裂	发展至层理	主裂缝沟通	完全破坏
①层理强度为基质体的 15%	$t=0\sim32s$	$t=33s$	$t=53s$	$t=66s$	$t=66s$
②层理强度为基质体的 30%	$t=0\sim32s$	$t=33s$	$t=53s$	$t=70s$	$t=70s$
③层理强度为基质体的 45%	$t=0\sim32s$	$t=39s$	$t=53s$	$t=71s$	$t=71s$
④层理强度为基质体的 60%	$t=0\sim32s$	$t=33s$	$t=53s$	$t=70s$	$t=76s$
⑤层理强度为基质体的 75%	$t=0\sim32s$	$t=33s$	$t=53s$	$t=70s$	$t=75s$	$t=98s$	$t=133s$

裂缝起裂和初期发展过程相似：工况①～③缝内注水一段时间后，两条主裂缝在相

同时刻均先沿 z 向扩展，并在相同时刻发展至离裂缝较近处的层理，发展至近层理处即破坏，工况④和工况⑤中裂缝则继续发展。

裂缝的发展过程随层理强度的增大而愈渐复杂。当层理强度为基质体的 15%～45%时，主裂缝均只打开纵向离裂缝较近的两条层理，最终在层理边界破坏；当层理强度为基质体的 60%～75%时，主裂缝不仅打开纵向离裂缝较近的两条层理，还打开离裂缝较远的两条层理，最终沿纵向边界破坏。

随着层理强度的逐渐增大，缝网总体上趋于复杂。其原因是当主裂缝发展至弱层理处时，被吸收继而主要在层理内发展；当主裂缝发展至较强层理处时，不仅打开层理，而且可以穿过层理继续在其初始扩展方向上发展。

2. 层理密度对裂缝扩展及复杂程度影响的模拟结果

模型中布置 0、2、4、8 条层理，平行于 xoy 面，层理厚度为 1m，层理顶点坐标如表 6-6 所示，建模说明如图 6-37 所示。

表 6-6　模型层理坐标

层理	1	2	3	4	1′	2′	3′	4′
1	(150,0,62)	(150,80,62)	(0,80,62)	(0,0,62)	(150,0,63)	(150,80,63)	(0,80,63)	(0,0,63)
2	(150,0,87)	(150,80,87)	(0,80,87)	(0,0,87)	(150,0,88)	(150,80,88)	(0,80,88)	(0,0,88)
3	(150,0,51)	(150,80,51)	(0,80,51)	(0,0,51)	(150,0,52)	(150,80,52)	(0,80,52)	(0,0,52)
4	(150,0,98)	(150,80,98)	(0,80,98)	(0,0,98)	(150,0,99)	(150,80,99)	(0,80,99)	(0,0,99)
5	⋮	⋮	⋮	⋮	⋮	⋮	⋮	⋮

注：坐标单位为 m。

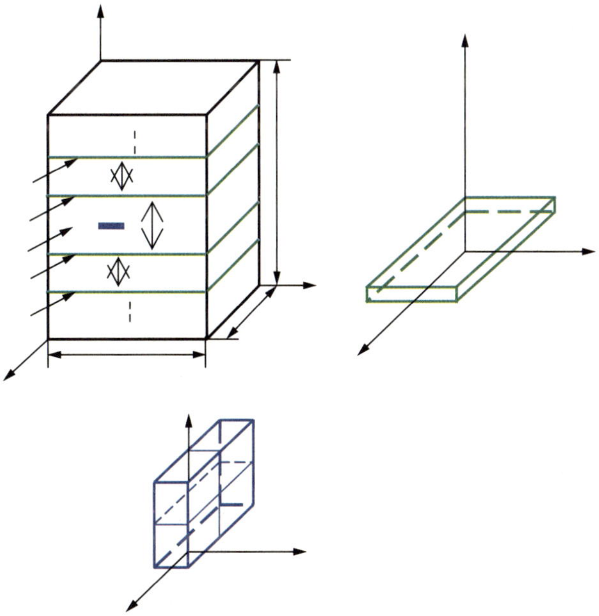

图 6-37　建模说明

模型内部布置两条裂缝，裂缝面与 y 轴垂直，分别由 32 个单元(4×2×4)组成，裂缝的顶点坐标如表 6-7 所示。

表 6-7　模型裂缝坐标

裂缝	1	2	3	4	1′	2′	3′	4′
1	(77,24,73)	(73,24,73)	(73,24,77)	(76,24,77)	(77,26,73)	(73,26,73)	(73,26,77)	(77,26,77)
2	(77,54,73)	(73,54,73)	(73,54,77)	(76,54,77)	(77,56,73)	(73,56,73)	(73,56,77)	(77,56,77)

载荷条件如下：①固定边界条件，底面 xoy 面沿中心固定；②渗流边界条件，模型表面处无水压(水头为零)；③地应力荷载：x、y、z 方向分别施加恒定压应力，分别为 σ_x=63MPa、σ_y=49MPa、σ_z=58MPa。

计算模型示意图见图 6-38。

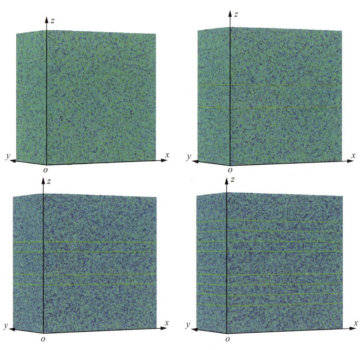

图 6-38　计算模型

模拟结果如下所述。

(1)层理数为 0 时，裂缝扩展演化图如图 6-39 所示。

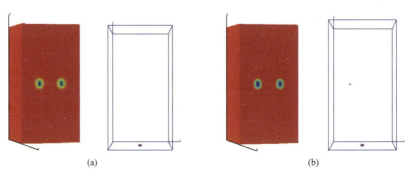

(a)　　　　　　　　　　　　　　(b)

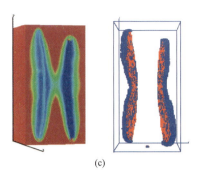

(c)

图 6-39　层理数为 0 时裂缝扩展演化图

(a)缝内注水阶段(t=0~33s)；(b)沿 z 向起裂(t=34s)；(c)发展至上下边界(t=59s)

(2)层理数为 2 时，裂缝扩展演化图如图 6-40 所示。

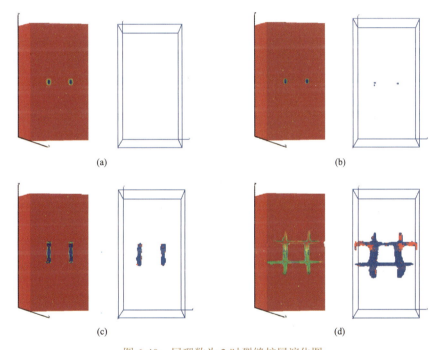

(a) (b)

(c) (d)

图 6-40　层理数为 2 时裂缝扩展演化图

(a)缝内注水阶段(t=0~32s)；(b)沿 z 向起裂(t=33s)；(c)z 向发展至层理的 1/2(t=47s)；(d)发展至侧向边界(t=63s)

(3)层理数为 4 时，裂缝扩展演化图如图 6-41 所示。

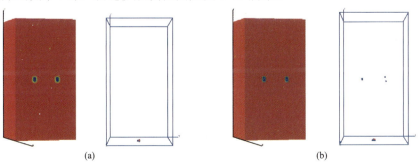

(a) (b)

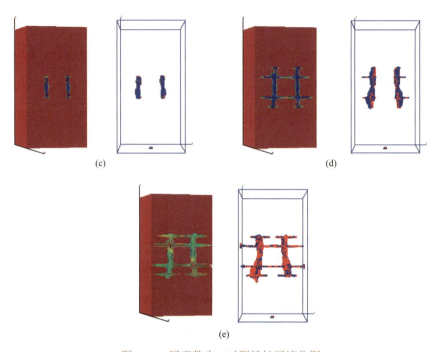

图 6-41 层理数为 4 时裂缝扩展演化图

(a)缝内注水阶段($t=0\sim32s$)；(b)沿 z 向起裂($t=33s$)；(c)z 向发展至层理的 $1/2$($t=47s$)；
(d)z 向发展至层理的 $3/4$($t=60s$)；(e)发展至侧向边界($t=70s$)

(4)层理数为 8 时，裂缝扩展演化图如图 6-42 所示。

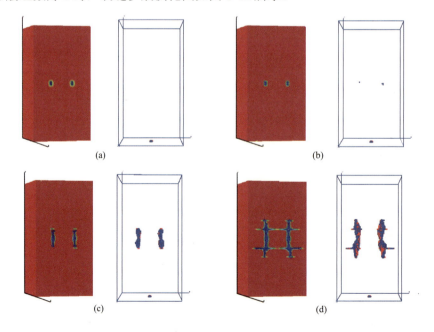

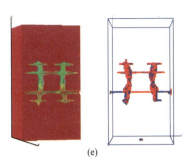

(e)

图 6-42   层理数为 8 时裂缝扩展演化图

(a)缝内注水阶段($t=0\sim32$s)；(b)沿 z 向起裂($t=33$s)；(c)z 向发展至层理的 1/2($t=46$s)；
(d)z 向发展至层理的 3/4($t=59$s)；(e)发展至侧向边界($t=66$s)

不同层理密度下的裂缝扩展形态总体对比如表 6-8 所示。

表 6-8   不同层理密度下裂缝扩展形态对比

工况类型	注水阶段	z 向起裂	发展至层理的 1/2	发展至层理的 3/4	发展至边界
①层理数 0 条	$t=0\sim33$s	$t=34$s			$t=59$s(上下)
②层理数 2 条	$t=0\sim32$s	$t=33$s	$t=47$s		$t=63$s(侧向)
③层理数 4 条	$t=0\sim32$s	$t=33$s	$t=47$s	$t=60$s	$t=70$s(侧向)
④层理数 8 条	$t=0\sim32$s	$t=33$s	$t=46$s	$t=59$s	$t=66$s(侧向)

由上述模拟结果可得出如下结论。

（1）裂缝的发展过程相似。缝内注水一段时间后，两条主裂缝均先沿 z 向扩展，然后迅速发展，主裂缝沟通层理，裂缝在层理内汇合，而后扩展至边界，最终失稳破坏。

（2）层理缝在一定程度上会阻挡裂缝在基质体内的发展。裂缝发展至层理时，会优先在层理面内扩展。选用模型中层理强度为基质体强度的 41.6%，层理强度会影响裂缝发展过程。

（3）相同体积内，层理密度增大，裂缝形成复杂缝网所需的压裂液排量和压裂能量越小。即相同条件下，层理强度适中，层理密度越大体积压裂效果越好。

（4）限于模型大小，无法打开远端层理。可以预见，当模型足够大时，结论（2）和结论（3）仍然适用。

6.5　多尺度裂缝分级支撑技术及工艺参数优化

多尺度复杂缝网形成后，如何将它们最大限度地利用起来，即实现多尺度复杂缝网的分级支撑显得尤为重要。由于支撑剂的密度比压裂液的密度大得多，支撑剂的流动跟随性相对较差（图 6-43），因此，要真正实现三级支缝的分级支撑，难度相当大。

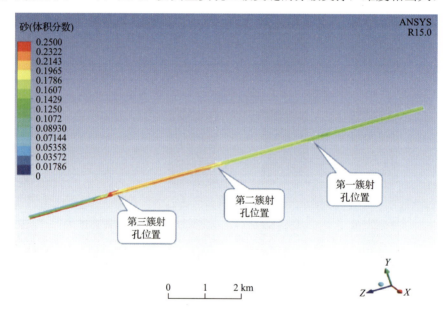

图 6-43　支撑剂沿井筒方向的浓度（体积分数）分布云图

由图 6-43 可见，在压裂液及支撑剂从右边第一簇射孔向靠近 B 靶点的第二簇射孔及第三簇射孔运移的过程中，由于惯性作用，越靠近 B 靶点，支撑剂浓度越高（红色表示浓度最高，蓝色表示浓度最低，其他颜色的浓度介于两者之间）。

由于页岩气压裂一般要加入三种粒径的支撑剂：一是 70/140 目，二是 40/70 目，三是 30/50 目。从平均粒径对比看，最大与最小粒径相差 2.5 倍左右。最后加入的大粒径支撑剂易于在主裂缝中运移和分布，因其粒径最大，转向支裂缝及微裂缝中难以有效吸纳。

最困难的是如何提高小粒径支撑剂在转向支裂缝及微裂缝中的运移比例及铺置效率，且最大限度地保证上述三种粒径的支撑剂都全部进入与其尺度相匹配的裂缝系统中，且每种粒径的支撑剂体积都与对应尺度的裂缝体积占比相匹配。因此，每种粒径的支撑剂比例优化至关重要，如果某种粒径比例少了，则对应尺度裂缝的部分造缝空间就浪费了；如果某种粒径比例多了，必然会在更大一级尺度的裂缝中滞留，可能会严重影响其导流能力(两种粒径支撑剂按一定比例混合后，导流能力肯定会有所降低)。可通过复杂裂缝系统内支撑剂的运移规律来进行优化设计。通过调节压裂液的黏度、排量、支撑剂的粒径、密度、加入时机、注入模式(连续加砂或段塞式加砂)等，最终确保每种尺度的裂缝系统中，都不能有支撑剂混杂的情况发生。即使在某种尺度的裂缝系统中有两种粒径的支撑剂共同存在，也应界面清晰，如较小粒径的支撑剂在该种尺度裂缝的前缘到中部分布，而较大粒径的支撑剂则在裂缝的中部到尾部或与下一尺度裂缝的接口处分布。

　　不管是哪种尺度的裂缝系统，提高裂缝导流能力是一切设计及施工追求的终极目标。一般而言，在地面施工压力不连续上涨且在井口施工限压下，可尝试采用大段塞或板凳式试探性连续加砂模式，可大幅度提高裂缝内支撑剂的充满度和铺置层数，这对克服支撑剂嵌入的不利影响是非常有利的。图 6-44 是某示例井某段施工曲线，在尝试长段塞或板凳式加砂模式后，井口施工压力并未出现不可控的压力上升趋势。因此，在现场还可尝试更长的段塞加砂模式[20,21]。

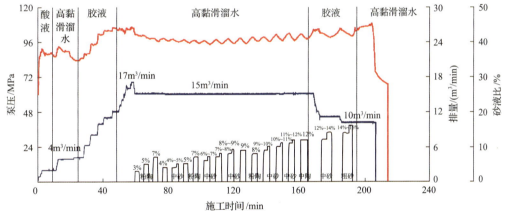

图 6-44　示例井某段长段塞施工综合曲线

　　现在的高通道压裂技术强调采用支撑剂段塞技术，以实现支撑剂不连续铺置的目的，则提供导流能力的不是上述支撑剂，而是无支撑剂的流动通道[22,23]。这些流动通道相互连通，且裂缝面由相邻的支撑剂砂丘支撑，可保持长期的更高的裂缝导流能力。但这种支撑剂段塞假设前提是在纵向缝高方向，从裂缝顶部到底部都有上述的支撑剂砂丘分布。而常规的支撑剂段塞技术采用一段压裂液一段支撑剂交替注入的模式，因支撑剂的重力带来的沉降效应，很难保证支撑剂在裂缝顶部分布，最终的结果是裂缝的中部到底部可能实现了比连续铺砂更高的导流能力，但裂缝的中部到顶部区域，可能因全部或部分失去了支撑剂对裂缝面的支撑作用，而导致裂缝中上部的导流能力可能很低，且远远低于连续铺砂的导流能力。因此，在必要的条件下，支撑剂的低砂液比长段塞注入模式，可能兼顾了上述段塞式加砂及连续加砂的优点。在现场也有多个成功的应用实例,值得借鉴和推广。

此外,由于不同尺度裂缝宽度的不同,裂缝壁面凸凹度对支撑剂运移及沉降的影响也是不同的。一般而言,压裂液黏度越高,注入排量越大,则裂缝壁面越光滑,凸凹度则越小。反之,则凸凹度越大。同样的凸凹度在不同尺度裂缝系统中,对支撑剂运移及沉降规律的影响也是不同的。在大尺度的主裂缝中,凸凹度的影响几乎可以忽略不计。而在中尺度的转向支裂缝及小尺度的微裂缝系统中,裂缝壁面凸凹度的影响则大得多,在同等条件下,可以明显减缓支撑剂的沉降效应,这对提高远井裂缝的纵向支撑效果及裂缝有效改造体积是极为有利的(但同样因凸凹度的影响,小粒径支撑剂进入上述转向支裂缝及小尺度微裂缝的能力相应降低)。尤其当转向支裂缝及微裂缝系统中,支撑剂进入的量还相对较少时,壁面凸凹度对支撑剂沉降的影响更为明显。而在大尺度的主裂缝系统中,因支撑剂基本呈连续加砂铺置模式,即使有很大比例的支撑剂发生了沉降,但因主裂缝缝高的制约(多簇射孔时单簇排量降低、水平层理缝和纹理缝张开对主裂缝排量的分摊导致压裂液能量降低和缝高的降低等),沉降的支撑剂仍可逐步堆积到裂缝的中上部甚至顶部区域。而在转向支裂缝及微裂缝系统中,俘获的支撑剂量相对少得多。因此,因重力作用导致的沉降效应,被裂缝壁面凸凹度一次或多次弹起后,再加上经常进行支撑剂的段塞技术,则导流能力应相对较高,且在裂缝的不同部位都有支撑剂的纵向分布[24]。

需要特别指出的是,在多尺度复杂缝网加入支撑剂的设计中,最困难的是不同粒径支撑剂的比例优化,且支撑剂一般是按粒径从小到大的先后顺序进行加入。考虑到不同尺度的裂缝占比优化的不确定性(因页岩本身的强非均质性,不同尺度裂缝的占比计算具有各种假设前提),有时可以采取混合粒径的加入方法[25]。即将一定比例的小粒径支撑剂与中粒径支撑剂混合,也可将小粒径支撑剂与大粒径支撑剂或将中粒径支撑剂与大粒径支撑剂按一定的比例进行混合,搅拌均匀后,按一种粒径分布范围更大的支撑剂进行注入施工。虽说名义上是一种粒径的支撑剂,但其中不同粒径支撑剂的分布与标准粒径规格的支撑剂还是不一样的,因此,对多尺度复杂缝网压裂加砂而言,所谓的混合加砂,实际上是扩大了支撑剂的粒径分布范围,通过调节其中不同的更小粒径分布的支撑剂比例,满足不同尺度复杂缝网的分级支撑需求。

因不同尺度裂缝吸收的压裂液排量不同,对支撑剂的转向吸入能力也不同。小尺度微裂缝吸收的排量最小,对支撑剂的吸入能力也最小,唯一可能的是将最小粒径的支撑剂吸入其中。以此类推,中尺度的转向支裂缝可能吸入了中粒径支撑剂,但也可能吸入了小粒径支撑剂,大尺度的主裂缝中,小粒径支撑剂、中粒径支撑剂及大粒径支撑剂都有机会滞留。此外,要想上述不同粒径的支撑剂在混合后仍能顺畅地进入与其粒径相匹配的某个尺度的裂缝中,就要求携带它们的压裂液的黏度相对较低,否则,高黏度压裂液混合一定浓度的支撑剂后,混砂浆的黏度更高,上述不同尺度裂缝因吸入排量差异而造成吸力差异,对混砂浆中某种粒径支撑剂的吸入能力就不足以将其运移到特定尺度的裂缝中去。但压裂液的黏度也不能太低,否则不同粒径的支撑剂也会混杂堆积在主裂缝的中底部,同样会阻止某种粒径的支撑剂被与其尺度匹配的裂缝吸纳进去。因此,需要一个合适的压裂液黏度来携带不同粒径支撑剂的混合物。这同样可以通过多尺度复杂裂缝输砂的物理模拟装置来进行压裂液黏度的优选。不同粒径的支撑剂，可用不同的颜色进行标定，模拟不同尺度裂缝的宽度、不同黏度的压裂液、不同粒径与密度的支撑剂及它们任意组合的比例，最佳的目标是小粒径支撑剂在小尺度裂缝中的比例、中粒径支撑剂在中尺度裂缝中的比例以及大粒径支撑剂在大尺度主裂缝中的比例都是100%或相对最高[26]。

在多尺度复杂缝网支撑剂的运移控制中，精细优化与控制每种粒径支撑剂在对应尺度裂缝中的分布很重要，而不同尺度裂缝间的高效连通则更为关键。否则，如果小尺度裂缝与中尺度裂缝间连通性不好，或中尺度裂缝与大尺度主裂缝间连通性不好，则最终对产量有贡献的仍主要是大尺度的主裂缝。尽管其他两种尺度的裂缝支撑得很好，却基本失去了对产量的贡献。虽然不同尺度裂缝连接处靠岩石自支撑效应也能提供一定的导流能力，但这种导流能力不稳定，且在高闭合应力下会快速降低乃至失效。要防止上述不利情况的发生，在不同粒径支撑剂界面转换的期间，不加支撑剂的隔离液体积的优化至关重要。但由于转向支裂缝有多条，很难保证所有的支裂缝缝口处都有中粒径支撑剂饱满充填。因此，比较可靠的方法是在两种粒径支撑剂转换的界面，还是采用低砂液比长段塞加砂方式替代段塞式加砂模式。目前，单一裂缝中某个支撑剂段塞或隔离液运移到裂缝中的哪个位置都可精细模拟出来。方法是在某个裂缝扩展的商业模拟软件中，不管是支撑剂段塞还是隔离液段塞，都可假设其为支撑剂段塞，而其他段加砂程序中，不管是加砂情况还是不加砂情况，都假设为不加砂的压裂液，这样根据压后输出的裂缝中支撑剂铺置浓度剖面，就可精确判断其铺置形态及铺置浓度。不断重复上述模拟工作，最终可获得任何一个注入阶段中支撑剂在裂缝中最终的铺置形态，为压裂加砂程序设计的精细优化奠定了坚实的基础。图 6-45 为某段携砂液进入裂缝后的支撑剂浓度分布。

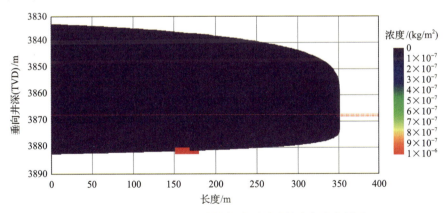

图 6-45　某个砂液比段支撑剂在裂缝中的浓度分布剖面

在上述三级支缝的加砂设计中，以前将其部分归结到中尺度支裂缝中及部分归结到小尺度微裂缝中的水平层理缝，其支撑剂的运移更加困难且铺置规律更加复杂。原因在于水平层理缝的缝高就是缝宽，因此，与常规的垂直裂缝缝高相比，其可能相差 4 个数量级以上。即使水平层理缝张开，缝宽(也是缝高)能达到 1～2mm 就很不错了。如果是多个水平层理缝同时张开和延伸，则每个层理缝的宽度就更受限。因此，支撑剂在运移过程中很快就会沉降并堆满水平层理缝的入口处，致使水平层理缝加砂量很少，与垂直裂缝的加砂量相比，几乎可以忽略不计[27]。

以上是关于单簇射孔裂缝中支撑剂运移及铺置规律的讨论。实际上在页岩气水平井分段压裂中，一般采用段内多簇射孔的方法，以实现多个裂缝相互平行延伸而引起的诱导应力干扰效应及其进一步引起的裂缝复杂性程度的大幅度提升效应。在段内多簇射孔裂缝中，支撑剂的运移规律与单簇射孔裂缝情况下的截然不同。由于支撑剂的密度比压裂液的密度大得多，因而造成支撑剂与压裂液的跟随性较差，即支撑剂更容易在水平井筒中向靠近 B 靶点的裂缝中运移和铺置。而靠近 B 靶点的裂缝其起裂与延伸长度相对更低（因为水平井筒中存在压力梯度，越靠近 B 靶点，水平井筒中的压力越小；一般越靠近 B 靶点，对应垂深越深，地应力也越大）。因此，支撑剂更容易在靠近 B 靶点的裂缝中封堵，致使靠近 B 靶点的裂缝过早停止对压裂液及支撑剂的吸入。最终迫使压裂液及支撑剂主要进入靠近 A 靶点的裂缝。因此，裂缝的非均匀延伸及支撑程度都差异性极大。这显然是非常不利的，会带来以下负效应：①因每个裂缝的长度差异较大，则段内多簇裂缝间的应力干扰效应大幅度降低，进而造成裂缝的复杂性及改造体积也相应大幅度降低。②因靠近 A 靶点的裂缝长度相对最大，其应力干扰效应最大，即对下段施工的应力干扰程度大，有时会适当增加段间距以降低段间应力干扰，这就造成了水平井筒长度的浪费。此外，下段施工时，靠近 B 靶点的裂缝本来就不利于充分延伸，加上该段临近裂缝的强应力干扰效应，使其起裂压力更大，有时甚至可能成为纵向裂缝，这又大大降低了裂缝改造体积，且纵向缝更易发生段内多簇裂缝间的窜通效应，也不利于下段裂缝的均匀起裂延伸及段内应力干扰效应。③因为段内裂缝的非均匀起裂与延伸，造成段内套管的局部变形（吸收压裂液多的簇，其诱导应力大，且易发生黏土的水化膨胀及由此产生的应力增大问题），从而影响后续的下桥塞及钻桥塞作业。④由于非均匀延伸问题严重，造成延伸长度大的裂缝更易沟通临近的断层，或者在开发井上沟通邻井裂缝，引起严重的井间干扰，大量的压裂液可能进入邻井裂缝中，从而影响其正常的生产[28]。如果因水淹造成邻井无法正常生产则更是得不偿失。

因此，如何确保段内多簇射孔裂缝的均匀延伸或接近均匀延伸至关重要。怎么保证段内多簇射孔裂缝均匀延伸的策略在前边已有论述[29]。即使在多簇射孔裂缝均匀延伸的系统中，如何保证支撑剂也均匀或接近均匀地运移和铺置也有一定的难度，主要原因是支撑剂因密度远大于压裂液的密度而造成流动跟随性差。为此，可采取低密度（视密度 2.8g/cm³ 以下）或超低密度（视密度 1.25g/cm³ 以下）支撑剂，支撑剂的密度与压裂液的密度越接近，则支撑剂在各簇射孔裂缝中运移的比例也会越接近。或者，在加砂程序设计时，有意识增大 70/140 目或 80/120 目支撑剂的比例，并采用长段塞加砂模式，目的是利用支撑剂跟随性差的问题，使上述小粒径支撑剂更多地在靠近 B 靶点的射孔裂缝处运移和铺置。之所以采用小粒径支撑剂，主要是希望能够加入更多的支撑剂，则在相同施工参数条件下可以铺置更多层的支撑剂，进而弥补小粒径支撑剂导流能力不足的缺陷。甚至可以设计更激进的加砂程序，即使在靠近 B 靶点的射孔裂缝处发生了脱砂或砂堵效应，也不至于出现因施工压力的快速上升直至超过限压而引起的中途停止施工的现象，因靠近 A 靶点还有射孔簇裂缝可以继续吸收压裂液及支撑剂。此时，因靠近 B 靶点的射孔裂缝已被封堵，因此所有的压裂液及支撑剂将继续进入靠近 A 靶点的射孔裂缝中。

参 考 文 献

[1] 王迪,陈勉, 金衍, 等. 考虑毛细管力的页岩储层压裂缝网扩展研究[J]. 中国科学: 物理学 力学 天文学, 2017, 47(11): 66-77.

[2] 解经宇, 蒋国盛、王荣璟, 等. 射孔对页岩水力裂缝形态影响的物理模拟实验[J]. 煤炭学报, 2018, 43(3): 776-783.

[3] 蒲谢洋. 页岩气藏压裂复杂裂缝产能研究[D]. 成都: 西南石油大学, 2017.

[4] 朱维耀, 马东旭, 亓倩, 等. 复杂缝网页岩压裂水平井多区耦合产能分析[J]. 天然气工业, 2017, 37(7): 60-68.

[5] 陈勉, 葛洪魁, 赵金洲, 等. 页岩油气高效开发的关键基础理论与挑战[J]. 石油钻探技术, 2015, 43(5): 7-14.

[6] Meyer B R, Bazan L W. A discrete fracture network model for hydraulically induced fractures-theory, parametric and case studies[C]//Society of Petroleum Engineers, The Woodlands, 2011.

[7] Bahrainian S S, Dezfuli A D, Noghrehabadi A. Unstructured grid generation in porous domains for flow simulations with discrete-fracture network model[J]. Transport in Porous Media, 2015, 109(3): 1-17.

[8] 蒋廷学. 页岩油气水平井压裂裂缝复杂性指数研究及应用展望[J]. 石油钻探技术, 2013, 41(2): 7-12.

[9] Cipolla C L, Warpinski N R, Mayerhofer M J, et al. The relationship between fracture complexity, reservoir properties, and fracture treatment design[J]. SPE Production & Operations, 2008, 25(4): 438-452.

[10] Fu C Q, Zhang J T, Wang H T, et al. Study on the relationship between fracture conductivity and reservoir permeability of integral fracturing[J]. Mathematics in Practice & Theory, 2014, 44(19): 187-192.

[11] 朱维耀, 亓倩. 页岩气多尺度复杂流动机理与模型研究[J]. 中国科学: 技术科学, 2016, 46(2): 111-119.

[12] 黄星宁. 静态及动态地质力学研究在非常规油气藏储层改造中的应用——以川南某页岩气藏为例[C]//2017 油气田勘探与开发国际会议论文集, 成都, 2017.

[13] 张月娟. 页岩气水平井多段压裂缝—井筒流动耦合模型研究[D]. 成都: 西南石油大学, 2017.

[14] Zhao H, Chen M, Jin Y, et al. Rock fracture kinetics of the facture mesh system in shale gas reservoirs[J]. Petroleum Exploration & Development, 2012, 39(4): 498-503.

[15] 陈胜. 基于地层特性的页岩气水平井分簇射孔参数优化[D]. 北京: 中国石油大学(北京), 2016.

[16] 郭天魁, 张士诚, 潘林华. 页岩储层射孔水平井水力裂缝起裂数值模拟研究[J]. 岩石力学与工程学报, 2015, 34(S1): 2721-2731.

[17] 王海涛, 蒋廷学, 卞晓冰, 等. 深层页岩压裂工艺优化与现场试验[J]. 石油钻探技术, 2016, 44(2): 76-81.

[18] 金衍, 张旭东, 陈勉. 天然裂缝地层中垂直井水力裂缝起裂压力模型研究[J]. 石油学报, 2005, (6): 113-114, 118.

[19] 李芷, 贾长贵, 杨春和. 页岩水力压裂水力裂缝与层理面扩展规律研究[J]. 岩石力学与工程学报, 2015, 34(1): 12-20.

[20] 岳迎春, 郭建春, 李勇明. 支撑剂段塞用量计算模型与影响因素分析[J]. 石油地质与工程, 2009, 23(6): 121-122.

[21] 赵正龙, 李建国, 杨朝辉, 等. 支撑剂段塞技术在大位移斜井压裂中的应用[J]. 钻采工艺, 2004, (2): 110-112.

[22] Brannon H D, Malone M R, Rickards A R, et al. Maximizing fracture conductivity with proppant partial monolayers: Theoretical curiosity or highly productive reality[C]//SPE Annual Technical Conference and Exhibition, Houston, 2004.

[23] Gupta V S D. Method of using lightweight polyamides in hydraulic fracturing and sand control operations: US8127849[P]. 2012.

[24] Yan J, Diao S, Zhu L. Optimization and field application of hydraulic fracturing design of directional wells[J]. Petroleum Geology & Recovery Efficiency, 2008, (5): 102-104, 118.

[25] Yan X, Wang X, Zhang H, et al. Analysis of sensitive parameter in numerical simulation of shale gas reservoir with hydraulic fractures[J]. Journal of Southwest Petroleum University, 2015, 37(6): 127-132.

[26] Liu Y, Sharma M M. Effect of fracture width and fluid rheology on proppant settling and retardation: An experimental study[C]//SPE Annual Technical Conference and Exhibition, Houston 2005.

[27] Luo X, Wang S, Wang Z, et al. Experimental research on rheological properties and proppant transport performance of GRF–CO$_2$, fracturing fluid[J]. Journal of Petroleum Science & Engineering, 2014, 120(8): 154-162.

[28] 耿宇迪. 层状介质水力裂缝垂向扩展规律的物理模拟研究[D]. 北京: 中国石油大学(北京), 2004.

[29] Olson J E. Multi-fracture propagation modeling: Applications to hydraulic fracturing in shales and tight gas sands[C]//The 42nd U.S. Rock Mechanics Symposium(USRMS), San Francisco, 2008.

第7章 多尺度复杂缝网实施控制技术

本章针对多尺度复杂缝网的实现，从压裂施工实时调参技术、变黏度变排量交替注入技术、交替注酸技术、酸性滑溜水注入技术、缝内暂堵技术、簇间暂堵技术、支撑剂长段塞注入技术、无水压裂技术多个方面，结合数值模拟、实验和现场实施进行相关阐述。

7.1 压裂施工实时调参技术

在压裂施工中，从地层破裂、裂缝延伸到停泵，对应的施工参数不能完全照搬设计参数，要实时进行微调或大幅度调整。随着裂缝的破裂和延伸进行，裂缝沟通的储层的特性参数可能发生了较大的变化，因此施工参数也需要随之进行及时和必要的调整，以使形成的水力裂缝与变化后的储层特性相匹配。否则，要么因滤失大于设计预期而使得造缝不充分，进而导致后续的加深困难或砂堵；要么因滤失小于设计预期而导致前置液量过大，造成支撑裂缝充填不饱满，停泵后还易发生支撑剂的二次运移分布，进而严重降低缝口处的导流能力；要么遇到断层发生压裂液的大量漏失，进而发生中途砂堵现象；要么发生缝高的失控，使得造缝宽度迅速变小，导致后续的支撑剂进缝困难，在绝大多数情况下会发生砂堵现象；要么因近井筒裂缝弯曲摩阻大，造成早期支撑剂低砂液比段塞时的砂堵情况，此时即使采取多次放喷及试挤等措施，可能也无济于事；要么发生多次破裂且破裂压力曲线特征非常明显(图 7-1)，反映出地层的脆性远大于设计预期，脆性好且易于破裂和延伸[1-4]。图 7-1 是从能量的角度分析岩石的破裂过程，C 点代表破裂压

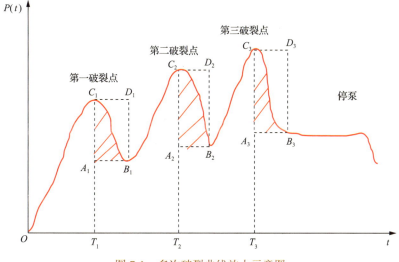

图 7-1 多次破裂曲线放大示意图

力，*ABC* 围成的面积代表岩石破裂后剩余的能量，*CBD* 表示岩石在破裂过程中消耗的能量，*OCT* 是岩石破裂过程中随着压力的增加岩石积累的能量，一部分能量消耗掉，另一部分仍保留在岩石中。

在裂缝的三维尺寸增长方面，缝长的延伸速度远远大于缝宽方向，因沿缝高方向页岩水平层理缝较发育，缝高的延伸一般受到极大的控制，因此，对脆性好的页岩地层，缝长的延伸速度占主导地位，缝宽的延伸速度可能非常小，现场经常发生这种情况：在脆性好的页岩地层中，大型主压裂后的停泵压力仅比该段小型测试压裂的停泵压力升高0.5~1MPa，充分说明大型压裂时，绝大部分压裂液主要用来延伸缝长，在这种情况下，即使提高注入排量也收效甚微，提高压裂液黏度成效也同样不明显。因此，如果仍按原设计要求提高砂液比，则可能发生中后期的砂堵现象；反之，如果地层没有明显的破裂特征，反映出地层塑性远高于设计预期，同时也反映裂缝更不易破裂和延伸，且不易出现转向支裂缝及微裂缝(塑性特征增强后，缝间的诱导应力传播距离大幅度降低，诱导应力干扰效应减弱，不利于转向裂缝的产生)。此外，支撑剂的嵌入效应增大，裂缝导流能力会因此大幅度降低，在这种情况下，如果仍采用原设计的低黏度压裂液及低砂液比施工策略，可以断定压裂效果不好。此时就应当实时调整压裂液黏度及施工砂液比等参数。有些人可能有疑问，砂液比在这种情况下为什么还能提高而不是降低。实际上，在塑性强的页岩中采用高黏度压裂液后，造缝宽度比脆性地层低黏度的造缝宽度要增加很多，因此，施工砂液比应该是相应增加的。此外，还可调整簇间距及段间距等参数，因塑性增强后，裂缝净压力引起的诱导应力相对较小且传递距离小；不仅要从局部看，还要从整体看压裂施工综合曲线(示例井不同段的施工曲线见图 7-2)，尤其是井口压力曲线的变化趋势(折算到井底压力曲线更好，但注意一定要计算准确，尤其是不同砂液比的混砂浆的密度及摩阻等对井底压力的计算极为重要)。

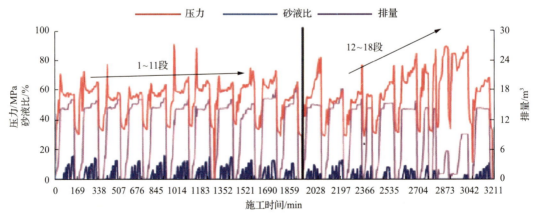

图 7-2　示例井的 18 段压裂施工曲线

由图 7-1 可知，1~11 段施工压力曲线总体平稳，12~18 段的施工压力曲线总体上扬，反映了后期施工应力干扰逐渐增强。就某个单段的压裂施工曲线而言，不同段的特征也各不相同，有的压力曲线呈 L 形，有的呈 U 形或 V 形，还有的一致呈现增长态势。

如果施工压力呈现整体抬升趋势，说明在裂缝中的某个位置，携砂液流动不通畅，则后续的砂液比等参数的值需要取得略为保守些才行。反之，如果施工压力曲线呈现整体下降趋势，一是说明远井地层的脆性程度变好，二是说明目前的施工砂液比整体偏低。到底是由哪种情况造成的，可以在现场应用板凳式加砂方式进行验证(参见图 7-3 示例井的板凳式加砂压裂曲线)。

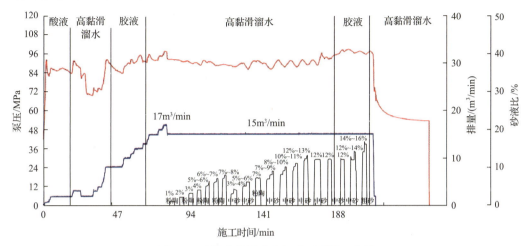

图 7-3　示例井的板凳式加砂压裂施工曲线

　　所谓板凳式加砂就是将原先的单一砂液比加砂阶段，细化为 2～3 个亚阶段，第一个亚阶段采用原先的施工砂液比，第二个亚阶段可以将后续的砂液比提前到本亚阶段执行，甚至在第三个亚阶段，将后续的更高砂液比提前到本亚阶段执行[5,6]。通过依次判定每个亚阶段的砂液比进入地层后的压力响应特征，来预先判定当前的砂液比与裂缝宽度的适配性。如果各个亚阶段的砂液比都无明显的反应，说明目前的砂液比加入程序可以再激进些。如果提前的砂液比进入地层后有明显的压力升幅(如 0.5～1MPa/min)，则说明砂液比加入程序基本适应当前造缝特征。因上述提前施工的砂液比体积都相对较小，即使发生砂堵局限，也可以通过适当的隔离液段塞很快冲散造成小范围砂堵的支撑剂，解除小范围砂堵的隐患。还有一种情况是施工压力曲线高低起伏变化，这种情况是现场施工所希望见到的，说明在裂缝延伸过程中，某个砂液比进入地层后有一定的暂堵作用，提升了裂缝中的净压力，造成施工压力相应增加。施工压力增加到一定程度后，又有新的转向支裂缝或微裂缝延伸，因此压力又有所下降。如果整个压裂施工过程中，井口压力起伏变化，且变化的幅度还相对较大，超过了因支撑剂重力引起的静液柱压力的变化，则说明在主裂缝的不同延伸阶段，都出现了延伸程度较大的转向支裂缝及微裂缝。有时为确保不同尺度裂缝内净压力的最大化，可以在井口施工压力低于限压的情况下，最大限度地提高注入排量。

　　上述只是从单一裂缝的角度对施工中各种可能的现象及反映的深层次问题进行了简要剖析。对页岩气多尺度复杂缝网压裂而言，情况就更为复杂了。在岩石破裂方面，如出现多个破裂点的迹象，说明有多个尺度的裂缝依次破裂。即使有多个裂缝破裂，能真正顺畅延伸的只有最大主应力方向上的主裂缝；其他侧翼方向的支裂缝，由于是多个起裂与延伸形成的，每个支裂缝的排量相对有限，且因主裂缝侧翼方向的支裂缝在延伸过程中，要克服的最小水平主应力比主裂缝要克服的最小水平主应力大(图 7-4)，因此，上述破裂开始时形成的主裂缝侧翼方向的支裂缝要么不延伸，要么延伸范围很小而过早终止延伸。在主裂缝不断延伸过程中，也同样可能存在上述延伸很不充分的侧翼方向的支裂缝。如果不采取大幅度增加主裂缝内净压力的有效措施，则上述已形成的侧翼方向的支裂缝，由于延伸程度非常有限，且进入的支撑剂量也受到限制，因此对整个裂缝复杂程度、改造体积的提升，以及对压后产量增加的影响等，都可以说仍是举足轻重的。

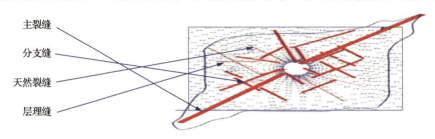

主裂缝
分支缝
天然裂缝
层理缝

图 7-4 主裂缝及不同侧翼方向支裂缝及微裂缝示意图

此外，即使采取了主裂缝内大幅度提高净压力的措施，如缝端部封堵技术，即便实现了转向支裂缝的延伸，但由于这些转向支裂缝的条数远远多于 1 条，因此，每条转向支裂缝吸收的排量及相应的延伸能力大大受限。只有采取从缝口到缝端分段暂堵的方法，才能迫使转向支裂缝较大范围延伸。这在前边有关章节已有详细阐述，在此不多赘言。

但如多个尺度的裂缝同时破裂的话，从井口施工破裂压力曲线上也难以判断其破裂特征。其实在现场施工时，也是在逐级提排量的过程中依次出现多个裂缝破裂的特征，可以认为，在低排量时破裂的多是侧翼方向支裂缝或微裂缝的微破裂现象，随着排量的逐级增大，上述微破裂的裂缝发生更大尺度的破裂，破裂的特征也更明显(在排量不变的前提下，压力到达一个峰值压力后，出现一定幅度的突然降低，降低的幅度越大，降低的速度越快，则脆性破裂的特征越明显)。

此外，在大尺度主裂缝扩展过程中，如果遇到未充填的天然裂缝系统，会发生井口施工压力曲线呈锯齿状波动，且压力波动的幅度越大，沟通的天然裂缝长度和天然裂缝延伸的长度也越长。当然，半充填或全充填的天然裂缝也是力学上的弱面，在主裂缝中压裂液的水力冲击下，也会发生不同尺度的延伸，具体延伸程度也与压力的波动幅度有关。需要注意的是，在上述观察天然裂缝是否发育及发育程度的施工压力曲线判断中，压裂液的黏度一般以低黏度为宜，且压裂液的黏度越低，井口施工压力的波动特征就越明显。相反，如果压裂液的黏度相对较高，即使沟通了天然裂缝系统，因压裂液黏滞阻力大，也难以有效地进入天然裂缝继续沟通和延伸。因此，井口施工压力曲线上可能根本观察不到压力的些许波动特征，容易造成误判。

需要强调的是，水力裂缝与天然裂缝相互作用的关系有三种类型：一是沿天然裂缝延伸(水力裂缝与天然裂缝夹角相对较小，及两向水平应力差相对较小时)，井口施工压力特征如上所述，而转向支裂缝则可能穿过上述同样方向的天然裂缝。二是水力裂缝直接穿过天然裂缝(水力裂缝与天然裂缝夹角相对较大，及两向水平应力差相对较大时)，此时井口施工压力曲线有些许压力波动特征，这主要是主裂缝中有少部分压裂液进入天然裂缝的缘故，转向支裂缝则可能沿同样方向的天然裂缝延伸。三是水力裂缝与天然裂缝不相交，则井口施工压力曲线应当没有任何反应特征。还需要强调的是，如果水力主裂缝或转向支裂缝遇到多个天然裂缝时，则相互作用机制会更复杂。如果水力主裂缝第一次可能直接穿过了天然裂缝，而第二个天然裂缝方向又有变化，则水力主裂缝可能又沿着天然裂缝延伸。但也可能情况正好相反，如果水力主裂缝第一次可能沿着天然裂缝延伸，而第二个天然裂缝方向又有变化，则水力主裂缝可能又直接穿过天然裂缝延伸。

值得指出的是，不管哪种情况，只要水力裂缝沟通了天然裂缝系统，应当继续注入一定量的低黏压裂液，黏度为 $1\sim2\text{mPa}\cdot\text{s}$，液量根据情况掌握，如井口施工压力波动幅度相对较大(图 7-5)，可以多注入些低黏度压裂液，以充分延伸这些天然裂缝而不是急于封堵它们。之后再注入低砂液比携砂液，以支撑上述被充分延伸了的天然裂缝系统。

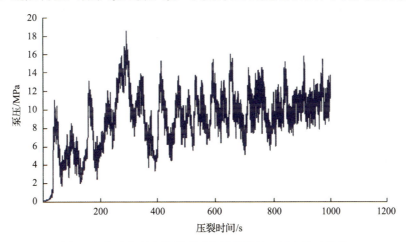

图 7-5 实验室观察的遇到天然裂缝的施工压力波动曲线

对于水平层理缝和/或纹理缝而言，由于它们一般呈现出千层饼状，同时起裂与延伸的难度太大，即使可同时起裂，但因为同时延伸的摩阻太大，也几乎是不可能的。现场上井口施工压力逐渐升高(不加砂时)可能只是上述水平层理缝和/或纹理缝延伸的结果。在页岩三向应力关系中，如果垂向应力呈现出居中状态，则水平层理缝和/或纹理缝发生剪切滑移的概率相对较高。由于页岩的强非均质性，可能有少部分层理缝和/或纹理缝延伸的现象，但即使有延伸，支撑剂在水平层理缝和/或纹理缝中运移和铺置的难度几乎是不可想象的。因此，比较现实的方法是通过低黏度压裂液和变排量组合的施工策略，在水平层理缝和/或纹理缝中产生以剪切错位缝为主的自支撑裂缝，不需要支撑剂的作用，也可提供一定的高导流能力。但在深层页岩气中，这种自支撑裂缝的导流能力会递减很快直至完全消失。

上述论述只是阐明了与压裂液沟通的天然裂缝系统的情况。实际上，有时天然裂缝系统的激活可能是通过页岩岩石骨架传递的应力作用造成的，即在水力主裂缝、转向支裂缝及微裂缝扩展过程中，都会产生一定的缝内净压力，该净压力会通过岩石骨架传递出去，如该净压力的方向(一般为垂直裂缝的方向)与远处某个天然裂缝的方向垂直，则该天然裂缝可能不仅没有激活反而被压抑。只有当上述净压力方向与天然裂缝方向一致或有一定夹角时，该天然裂缝才会被激活，乃至发生一定程度的延伸。这些激活的天然裂缝破裂，在微地震监测上有信号显示，但这些应是无效的微地震事件，因为这些天然裂缝与三级水力裂缝系统都没有有效的连通，所以对压后产量也就没有任何贡献。目前，国际上有些学者认为天然裂缝对压后产量没有贡献，作者认为这个认识有失偏颇，只能说与水力裂缝没沟通的天然裂缝对压后产量没有贡献才是正确的。至于上述靠岩石骨架传递应力导致的天然裂缝被激活的现象，在井口施工压力曲线上无任何明显的特征可以佐证。

7.2　变黏度变排量交替注入技术

以往常规注入模式一般有两种：一种是全程低黏度滑溜水恒定排量注入；二是低黏度滑溜水与高黏度胶液按顺序混合注入，排量仍基本恒定。一般高黏度胶液作为尾追液携带高砂液比的支撑剂，但有时高黏度胶液也有一部分作为前置液进行造缝(当垂向应力与最小水平主应力的差相对较小时，水平层理缝和/或纹理缝易于张开和延伸，从而大幅度降低主裂缝的缝高延伸。用高黏度胶液前置造缝，可最大限度地促使主裂缝缝高的延伸)，或作为中顶液以增加主裂缝中的净压力，也便于将主裂缝中沉降的小粒径支撑剂卷起带到缝端附近，从而避免不同粒径的支撑剂混杂分布对主裂缝导流能力的损害。

对上述第一种注入模式而言，全程恒定排量注入低黏度滑溜水虽然易于沟通与延伸小尺度微裂缝系统，但因滤失大、造缝效率低，对主裂缝及转向支裂缝延伸的能力相对较弱，即使裂缝相对较复杂，但主导缝的延伸不充分也决定了整体裂缝改造体积相对受限。此外，低黏度滑溜水的携砂能力相对较弱，容易在近井筒裂缝处发生支撑剂的沉降效应，致使裂缝内的流动截面积变小，在排量不变的前提下，裂缝中滑溜水的流动速度越来越快，最终其携带的大粒径支撑剂难以像设计预期那样堆积在近井筒处，而是从近井筒裂缝沉降的小粒径支撑剂的顶部绕流过去，使大粒径支撑剂运移铺置于主裂缝的中部到缝端位置，这样的支撑剂分布剖面会严重降低主裂缝的导流能力[4,7~9](图7-6)。

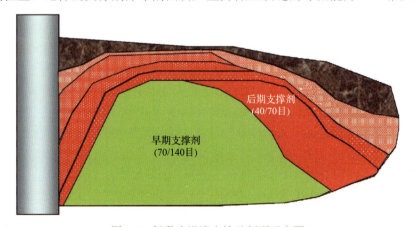

后期支撑剂
(40/70目)

早期支撑剂
(70/140目)

图7-6　低黏度滑溜水输砂剖面示意图

在转向支裂缝中也存在着与主裂缝类似的问题，只不过其中只有小粒径支撑剂与中粒径支撑剂的混杂，而不像主裂缝那样有大、中、小三种粒径支撑剂的混杂[10,11]。尤其是低黏度滑溜水携带支撑剂时，为防止早期或中途砂堵现象，多采用支撑剂段塞模式进行注入，很有可能会造成大尺度的主裂缝与中尺度的支裂缝间，以及中尺度的支裂缝与小尺度的微裂缝间的不连通效应(因不加砂的隔离液段塞占的比例相对较大，这种没有支撑剂的隔离液占据上述三级支缝两两间连接处的概率增大)，使裂缝的有效改造体积仅局限于大尺度主裂缝影响的区域。

而上述第二种按低黏度滑溜水与高黏度胶液顺序注入的模式，虽然使上述不同尺度裂缝内支撑剂混杂的情况有所改善，但裂缝的复杂性主要局限于近井筒裂缝处[12]。原因在于先注入的低黏度滑溜水主要在近井筒裂缝处沟通与延伸小尺度及中尺度的支裂缝系统，第二阶段注入的高黏度胶液(黏度是滑溜水的 6~10 倍以上)因黏度高、黏滞阻力大，难以进入先前滑溜水形成的支裂缝及微裂缝系统，即使进入也占很小的比例。因此，绝大部分高黏度胶液在大尺度主裂缝中延伸，使远井裂缝的复杂性程度相对较低[13]。

为改变上述两种主体注入模式的局限性，研究提出了变排量变黏度且多级交替注入的新模式。一般而言，变排量变黏度的组合，只采用三种组合模式：一是低排量与低黏度的组合；二是中排量与中黏度的组合；三是高排量与高黏度的组合。且要求高黏度与低黏度的比例在 6~10 倍以上，以实现低黏度滑溜水驱替高黏度胶液时能产生黏滞指进效应[13]。黏滞指进的结果是低黏度滑溜水能快速指进到高黏度胶液的造缝前缘，继续沟通与延伸小尺度微裂缝系统及中尺度转向支裂缝系统。而中黏度介于低黏度与高黏度中间的某个值即可，主要用来沟通与延伸中尺度的转向支裂缝系统。

之所以强调低排量与低黏度的组合，主要是利用该组合的净压力建立速度慢的特点，可以最大限度地沟通尽可能多的小尺度微裂缝系统。之后进行中排量与中黏度组合注入，其中有少部分进入了先前低排量与低黏度组合注入所沟通的小尺度微裂缝系统，大部分应用于延伸主裂缝，在主裂缝延伸过程中，可能又与转向支裂缝沟通。之所以不能省略中排量与中黏度组合注入环节，主要是考虑如果主裂缝延伸过程中有中尺度的转向支裂缝产生，可以充分延伸上述支裂缝系统，否则，虽然高黏度压裂液延伸主裂缝的效率最高，但对可能产生的转向支裂缝的延伸就无能为力了，或者对延伸支裂缝的能力非常有限(还是相对高的黏滞阻力所致)。之后再进行高排量与高黏度的组合注入，少部分进入先前已形成的支裂缝中(微裂缝中根本不可能进入)，绝大部分应在主裂缝中延伸。

上面三个阶段注入只是一级注入，之后可再次进行第二级甚至第三级注入，每级注入都按照低排量低黏度组合、中排量中黏度组合及高排量高黏度组合的顺序进行。第二级进行低排量低黏度注入时，利用上述黏滞指进效应，快速指进到第一级高黏度胶液造缝的前缘，继续沟通与延伸此处小尺度的微裂缝系统。后续的中排量中黏度组合及高排量高黏度组合注入的作用机理与第一级的对应阶段相同。不同的是在第一级不同阶段注入形成的多尺度裂缝系统中进一步沟通与延伸。第三级的注入机理及功能与第二级相同。总之，通过上述多级变排量变黏度组合注入，最大限度地促进了大尺度主裂缝、中尺度转向支裂缝及小尺度微裂缝系统的形成与延伸，也促使复杂裂缝在主裂缝的不同位置处都有分布。理论上而言，上述变排量变黏度交替注入的级数越多，复杂裂缝的分布区域越广泛。

至于上述三种变排量与变黏度的注入阶段体积比及黏度比的优化工作，目前现有的商业软件如 MEYER，还难以精细模拟出结果的差异性。为此，按现场常用压裂液黏度及黏滞指进要求，低黏度一般取 2～3mPa·s，高黏度一般取 50～60mPa·s，中黏度一般取 9～12mPa·s。各个组合阶段的体积优化一般根据多造小尺度微裂缝的需要，同时考虑到不同黏度压裂液滤失系数的不同，可适当增加低黏度压裂液的比重。因此，一般低黏度压裂液体积可占三个阶段总体积的 50%～60%，中黏度压裂液占 20%～30%，高黏度压裂液占 10%～30%。即使形成的微裂缝及支裂缝没有那么多，它们同样可以用来造更大一级尺寸的裂缝系统，只不过因黏度低造缝效率略低而已。

此外，上述变排量与变黏度还有个好处，可以在不同尺度的裂缝系统中产生不同程度的压力脉冲效应，可以促使页岩的疲劳破坏，进而促使裂缝复杂程度的进一步提升。岩石疲劳破坏随循环载荷次数的关系曲线示意图如图 7-7 所示。

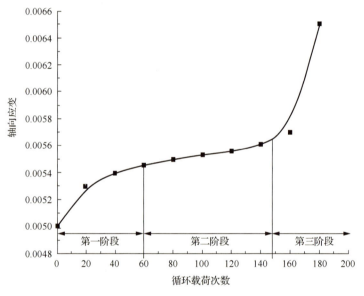

图 7-7 岩石轴向应变与循环载荷次数的关系曲线

由图 7-7 可见，当循环载荷次数达到一定的量级后，岩石的累积疲劳效应有个突变点。因此，变排量及变黏度对页岩岩石的多次循环加载效应，虽然不能产生突然的破裂，但对促使页岩破裂有一定的促进作用。为了促进此循环加载疲劳破坏效应，可结合交替注酸技术，大幅度降低页岩的强度。

当然，上述三级变排量变黏度的频次还不够高，虽然存在上述页岩疲劳破坏的机理，但能否发生疲劳破坏，可依据三种参数组合产生的压力变化幅度，在室内进行相应的岩石疲劳破坏实验。如果三级变参数频次不够，可考虑适当增加变参数的级数。但如果要求的变参数级数太多，现场可操作性也不够强，此时也不必强求。

有时也可采取多次停泵的策略，每次停泵后产生一次水击效应，也可促使页岩的疲劳破坏。国外有的页岩气压裂过程中停泵达 20 次左右，正是基于同样的机理。但也要高度关注该过程对套管强度的影响，如果先产生了套管变形，影响后续下桥塞及最后的钻塞工作就得不偿失了，因此一定要综合权衡好。也可在停泵前采用逐级降排量的策略，以适当降低完全停泵后的水击效应。

正式压裂结束后的停泵，同样可以产生水击效应。只不过水击效应的频率较高，有时现场采集的停泵后压力降落数据，因采集的数据密度不够，可能不能反映水击的真正效果。目前，国外已有根据水击的频率及压力波动的幅度对裂缝的复杂性及其在主裂缝中的分布位置等信息进行评估的研究成果。研究结果表明，水击的频率越高，压力波动的幅度越大，则说明近井筒的裂缝复杂性程度越高。

7.3　交替注酸技术

交替注酸技术就是针对碳酸盐岩矿物含量相对较高(一般在 10%～15%以上)的页岩气，在注入常规滑溜水或胶液过程中，分两次及以上将酸液(一般以盐酸为主，或者其他类型酸，但必须基于导眼井岩心酸岩反应结果及伤害特性等确定)以活塞的形式进行注入的模式。考虑到酸液对滑溜水或胶液的降解作用，还需要在酸液与上述压裂液间加一段隔离液。考虑到常规的低黏度滑溜水也是一种隔离液，且因其黏度本身就相对较低，酸液对其影响不大，因此，可以在注酸前后适当增加一些低黏度滑溜水作为隔离液。理想的交替注酸要求是酸液呈现活塞式运移而不被后续顶替的压裂液冲散，这样就可以集中酸液在预定的位置进行酸岩反应，溶蚀一部分碳酸盐岩矿物，可较大幅度增加不同直径的孔隙占比(图 7-8 虽是砂岩岩心实验结果，页岩同样可以参考)。

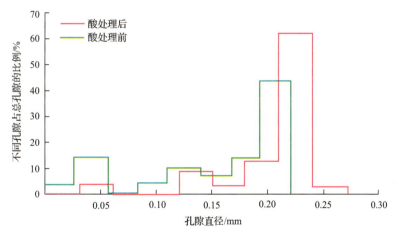

图 7-8　某砂岩岩心注酸前后不同孔隙占比对比

如果酸液正好运移到充填碳酸盐岩矿物的天然裂缝处，则其可以沿天然裂缝方向运移和刻蚀，从而大幅度增加裂缝的复杂程度。即使没遇到天然裂缝，酸对页岩的浸泡作用也会相对降低岩石的强度，在水力作用下同样可以产生复杂的裂缝系统。对于钙质含量高(15%以上)的页岩储层，可以采取施工中途泵入盐酸的工艺，注酸后快速提排量，使得酸液溶蚀裂缝壁面的钙质充填层，同时可降低岩石的强度，降低施工压力。涪陵某井施工中途加入 40m^3 盐酸，施工压力平均降低 2～4MPa，如图 7-9 所示。

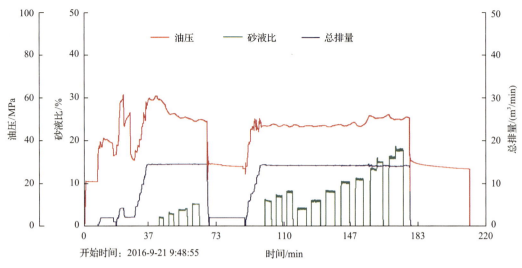

开始时间：2016-9-21 9:48:55

图 7-9　示例井中途注酸典型施工井段

交替注酸时机优选：低、中、高黏压裂液的造缝效率均在缝长快速增加阶段最高（30%的液体造出的缝长占总缝长的 70%左右），缝长快速增加阶段既是最佳的造缝阶段，也是交替注酸的最佳时机（扩大酸液波及范围、提高造缝效率、降低对储层的伤害），模拟结果如图 7-10 所示。

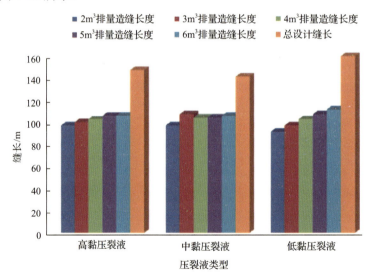

图 7-10　不同黏度压裂液不同排量下的缝长动态

在主裂缝运移的过程中，即使地面注入酸液的黏度与顶替压裂液（包括隔离液）的黏度相当，但随着垂直井筒、水平井筒及主裂缝中温度场的变化，不同温度对压裂液（包括隔离液）黏度的影响程度不同，且在主裂缝中发生不同程度的酸岩化学反应，使得酸液的黏度变化又与后续顶替的压裂液（包括隔离液）不同，因此在主裂缝中酸液与顶替液的黏度很难保持一致。不管酸液的黏度变高还是变低，都难以保持酸液的整体活塞式运移效果。原因在于，如果酸液黏度变高，则其运移阻力必然增大，进而后续顶替的低黏度压裂液与酸液的驱替界面必然呈某种程度的舌状，黏度差异再大时就接近黏滞指进效应；反之，如果酸液黏度降低了，则酸液运移阻力会相应发生一定程度的降低，此时酸液驱替其前边较高黏度的压裂液，两者间的接触界面同样呈现舌状特征，如差异再大也会出现类似黏滞指进的效果。因此，无论哪种结果，酸液在主裂缝中的浓度分布剖面都是不规则的，加上酸液在主裂缝运移过程中浓度是逐级降低的，因此酸液的运移距离，尤其是第一级注酸的运移距离，应尽量控制在相对较短的距离内，否则其对页岩岩石的溶蚀效果大打折扣，也难以取得上述预期的作用和效果。随着施工时间的增加，主裂缝内不同位置处的温度应是逐步降低的，因此，第二级酸液及后续酸液的黏度保持水平是逐步提高的，即使考虑了其更远的运移距离应当也是如此。

显然，如上所述，很难确保酸液在主裂缝整个裂缝面上的全覆盖，虽然利于保持足够高的酸浓度以达到预期的酸蚀能力，但毕竟主裂缝的面上还有酸未波及的空白区，说不定在上述空白区局部分布有高碳酸盐含量区或含充填碳酸盐岩矿物的天然裂缝，为最大限度地动用酸液的作用潜力，可再增加一个高黏度酸液与高黏度压裂液的组合段塞（二者黏度相当），由于此时的主裂缝内各处温度都已相对较低，加上高黏度影响，酸液及压裂液可最大限度地覆盖整个主裂缝面。再配合适当低的注入排量，以确保酸液经过某处裂缝面的页岩岩石时有相对长的反应时间，甚至可以在该阶段注入完成后适当关井一段时间，以增加酸岩反应时间，同时利用温度恢复效应，加快酸岩的反应速度及溶蚀效果。具体关井的时间可基于主裂缝温度场恢复的模拟研究及室内不同温度下酸岩反应效果等数据综合权衡确定。

此外，每级酸液的体积及黏度的优化要基于成熟的酸压模拟商业软件进行精细模拟确定。通过设置不同的酸液黏度、体积、交替注酸级数及酸液前后压裂液的黏度及体积等参数，其他注入程序照搬设计程序，输出主裂缝内酸液的浓度分布及其覆盖主裂缝面积的分布剖面，以酸液覆盖的主裂缝面积最大及酸液浓度最大为目标函数。

显然的，酸液的级数越多，每级酸液的体积越大，则酸液覆盖主裂缝整个面积的概率越大，或酸液在主裂缝上覆盖的面积比例越大，酸液的浓度分布剖面也越高。而酸液的黏度越大，其氢离子释放速度越慢，则其覆盖主裂缝面积也越大。这里不用考虑酸蚀导流能力，主要考虑酸液的覆盖面积及浓度分布，而酸蚀裂缝的导流能力也会被后续的支撑剂抵消掉。

考虑到成本及现场的可操作性等因素，如何确保在酸液总体积一定的前提下，最大限度地实现上述目标难度就更大了。有时为减少模拟工作量或酸液总体积，一般要求酸液在近井筒处、主裂缝中部区域及端部区域都各有一定面积的酸液分布及浓度分布，以确保裂缝的复杂程度在主裂缝的不同代表性区域都有分布。或者，如确信主裂缝某个位置天然裂缝发育，也是地质甜点区，则可使酸液运移到特定位置进行酸岩化学反应。为了模拟某级酸液的运移位置及浓度分布，应把该级酸液放进整个注入程序中进行模拟。换言之，该级酸液一直在运移，直到整个注入结束并停泵。有时即使停泵后，压裂液及酸液也可能在往前运移，在脆性好的页岩地层尤为如此。但当酸液浓度降低到一定程度后就会失去溶蚀能力,这可通过目的层导眼井岩心实验来证明。失去了溶蚀能力的酸液,即使在某个区域内有分布,也等同于没有化学反应的压裂液。类似的,第二级酸液及后续酸液都存在着同样的问题。但因注入时间短,且越往后注入,主裂缝中的温度越低,因此,其浓度消耗的速度也越慢。可以单独对上述几级酸液进行模拟,但对每级注酸进行单独模拟时,其他所有的注入程序一个都不能少。相当于有几级酸液注入,就分别模拟几套注入程序,最终将每级酸液注入模拟获得的酸液分布面积(有溶蚀效果的浓度之上的酸液分布面积)进行叠合,显然肯定有多级酸液流经面积的叠合区,也有未叠合区,最终可获得上述多级酸交替注入的酸液分布面积。在上述面积内,都可能形成复杂裂缝系统。

值得指出的是,上述不同级酸液叠合区中,每级酸液在相同叠合区域的浓度肯定不同,且该浓度应当可以直接求和,因此,在上述叠合区内,酸液黏度越高的区域,裂缝复杂程度也应越高,且酸液浓度对酸岩溶蚀效应也应通过室内导眼井岩心实验结果加以修正。一般而言,酸岩反应分为过度溶蚀(会造成岩心坍塌)、正常溶蚀(三轴条件下渗透率最高或导流能力最高)及弱溶蚀(三轴条件下渗透率或导流能力相对较低)三种类型。在交替注酸中,以正常溶蚀下的浓度作为追求的目标函数,但因浓度分布的非均质性较强,估计上述三种溶蚀强度在多级注酸的叠合区内都有分布。现在的目标是尽量使过度溶蚀区域的面积占比最小,同时尽量使正常溶蚀区域的面积占比最大,这又有很大的难度。鉴于此,如果能采用一种新的胶囊包裹酸或就地生成酸的系统,使它们在注入结束并停泵后的某个时间内同时释放或生成新酸,则在上述酸液覆盖的所有区域内,酸液的浓度剖面是均匀地分布。此时如果浓度控制到上述正常溶蚀的水平,则可最大限度地实现裂缝复杂程度的提高及裂缝改造体积的增大,这对真正形成多尺度复杂缝网意义重大。上述胶囊包裹酸及就地生成酸都是成熟的体系,可以直接应用于交替注酸施工中。关键是胶囊酸的释放条件和时间,以及就地生成酸的生成时间等参数如何与压裂的现场条件相结合。为此,也可在上述酸液到达预定位置后,适当停泵关井一段时间,等到上述酸液都变为残酸后再进行后续的压裂液注入及支撑剂注入。不同温度下变为残酸需要的具体时间可基于导眼井岩心室内实验结果确定。

有时为增加裂缝转向效果,在上述交替注酸施工结束后,再配合注入一段高黏度的压裂液,或者利用长段塞加砂技术进一步增加主裂缝的净压力,则垂直主裂缝方向的诱导应力转向区的范围也会大幅度增加,一旦产生转向支裂缝,则支裂缝的延伸长度也大幅度增加,也会在增大支裂缝净压力的同时促进微裂缝的大幅度延伸。

7.4 酸性滑溜水注入技术

上述交替注酸技术虽然可以在一定程度上促进裂缝复杂程度的提高及改造体积的增大,但显然酸液的覆盖面积不一定能接触到碳酸盐含量高的区域或充填碳酸盐岩矿物多的天然裂缝系统。即使对注酸运移的控制比较精准,但由于远井地带碳酸盐岩矿物分布和天然裂缝分布的非均质性及随机性,也很难将有限的酸液运移到酸蚀效果最好的高含碳酸盐岩分布区。而酸性滑溜水的出现，可以很好地解决上述问题。

所谓酸性滑溜水就是用同样浓度的酸性降阻剂取代之前的中性降阻剂所形成的滑溜水体系，pH 可能从先前的 7～8 降低到 3～5 甚至更低。这种酸性程度的滑溜水在满足降阻率基本不变的前提下（室内测试降阻率 65%，如图 7-11 所示，现场降阻率会高于 70%），具有相对较强的酸岩反应或刻蚀效果（对页岩的酸溶蚀率在 20% 以上，对碳酸盐岩的酸溶蚀率在 70% 以上）。同时，携砂性能（支撑剂一般都耐酸，对导流能力几乎没有任何不利影响）、伤害性能、防膨性能及助排性能等也应与常规的中性滑溜水相当或差别不大（小于 10%）[4,15]。

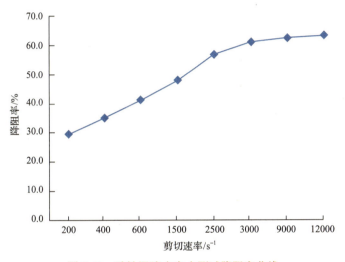

图 7-11　酸性滑溜水室内测试降阻率曲线

常用的酸性滑溜水的基本配方为：5%HCl+0.25% 酸用稠化剂+0.5% 缓蚀剂+0.3% 助排剂，在室温下的黏度一般为 8～10mPa·s（黏度与稠化剂浓度关系如图 7-12 所示），90℃ 下的腐蚀速率 $5.5g/(m^2 \cdot h)$。其室温下的颜色较淡，如图 7-13 所示，对 N80 钢片的腐蚀后照片如图 7-14 所示。

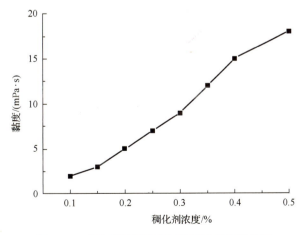

图 7-12　酸性稠化剂浓度与酸液黏度关系曲线

 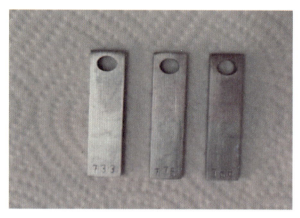

图 7-13　酸性滑溜水外观　　　　　图 7-14　酸性滑溜水对 N80 钢片的腐蚀后照片

与上述交替注酸只在主裂缝中的分布规律不同，酸性滑溜水在不同尺度裂缝造缝及延伸过程中都会起作用。除了有酸岩反应效果外（可以降低页岩岩石强度，同时增大造缝宽度，利于后续提高砂液比施工），还有水力作用进一步延伸多尺度裂缝系统。

为了降低酸岩反应中可能出现的二次伤害现象，有必要对酸的类型进行大量的酸岩长岩心驱动实验。但考虑到页岩的极低渗透性，直接驱替的时间可能相对较长，因此，可用岩性及黏土含量等都较为相近的砂岩岩心进行替代性实验。如果在驱替过程中出现岩心的二次伤害，则在各个监测点的压力及流量数据可以明显反映出来。

此外，为了进一步优化酸性滑溜水配方及其性能参数，除了宏观上的各种性能测试及优化调整外，还需从微观角度对酸性滑溜水进行浸泡前后的定点观察分析，尤其是酸性滑溜水浸泡后岩心喉道的堵塞及微观结构的变化，一般优化的目标是扩大孔喉直径 20%以上（常规滑溜水浸泡页岩一段时间后，孔隙度也会有不同程度的增加，一般在 10%以上，但浸泡的时间相对较长，如 100h 以上），而浸泡的时间参照实际施工时间确定（一般在 3h 左右）。如发生二次伤害或水化膨胀效应，则页岩的孔隙度不仅不增反而降低。以此逐级调整酸性滑溜水的配方，直到获得满足要求的酸性滑溜水配方体系[16]。

7.5　缝内暂堵技术

大幅度提高主裂缝的净压力（P_{net}）是提高裂缝复杂程度及改造体积的主要目标。以往一般靠提高压裂液黏度、增大注入排量，以及通过连续加砂模式等方式来提高主裂缝的净压力，但有时效果不理想。因此，缝内暂堵技术就应运而生了。所谓缝内暂堵技术就是将暂堵剂注入裂缝中的某个位置，如缝高方向都实现了完全的封堵，而缝顶及缝底因页岩水平层理缝发育而受到了极大的限制。此时，再注入压裂液及支撑剂后，裂缝中的净压力就会大幅度增加（图 7-15），到超过原始水平应力差后，就容易实现转向裂缝的产生及裂缝复杂程度的大幅度增加[17]。

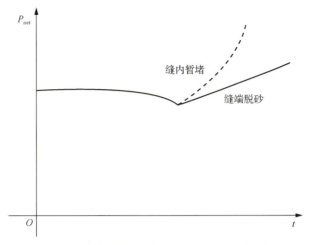

图 7-15　缝内暂堵引起的净压力增加示意图

由图 7-15 可见，缝内暂堵引起的净压力上升速度要远大于缝端暂堵引起的净压力上升速度。尤其是深层页岩气压裂，裂缝宽度相对较窄，暂堵剂可能运移不远即封堵，此时的暂堵就没多大意义，还容易引起因为施工压力的快速上升甚至超过井口限压而导致施工过早终止的被动局面。

要真正实现暂堵效果，有几个关键环节需要优化与控制好：①暂堵剂的溶解时间可控性及溶解的彻底性及伤害性的可控性。显然如果暂堵剂的溶解时间不可控，该溶解时不溶解，则肯定在裂缝中产生额外的伤害，也会影响后续的正常返排及测试求产工作。反之，如果暂堵剂在不该溶解时提前溶解，则也失去了封堵的功能，裂缝的净压力增加幅度也会相应降低，因此，转向裂缝的产生条数减少，裂缝的复杂程度及改造体积也会因此有所降低。同样的，暂堵剂溶解的彻底性及伤害性也同样重要。如果溶解不彻底，则伤害性在一定时间肯定存在，即使彻底溶解，伤害性也是需要考虑的指标。由上述指标要求，可优选暂堵剂类型及暂堵材料。②暂堵剂的粒径分布要与封堵位置处的裂缝宽度相匹配。暂堵剂的粒径分布不能太集中，否则封堵效果不好；但也不能太分散，否则，封堵效率低。除了与裂缝宽度匹配，还应与裂缝壁面的凸凹度相适应。裂缝宽度越小，凸凹度的影响就越大。凸凹度对暂堵剂的运移起到一定程度的阻碍作用，此时暂堵剂的粒径可相对更小些，否则，暂堵剂可能更多地在近井筒裂缝处暂堵，而达不到预期的裂缝深部封堵目标。具体暂堵剂的粒径与缝宽的匹配关系，可由室内暂堵物模实验结果确定。需要指出的是，即使暂堵剂的粒径范围相同，但其中每种更窄粒径分布的占比不同，封堵效果也不同，可从室内暂堵物模实验结果确定。③暂堵剂的密度与携带液密度间的匹配关系。如果暂堵剂的密度过大，则在携带运移过程中，会过早沉降堆积在裂缝的中下部位置：一来暂堵剂难以运移到预定的裂缝长度处；二是即使封堵，也难以在缝高上实现上下完全的封堵，反之，如果暂堵剂的密度过小，则其抗压强度可能因此大幅度降低，封堵时易破碎从而过早失去封堵能力。因此，必要时可采用两种密度的暂堵剂，比例按 1∶1 进行注入，先是高密度暂堵剂注入(视密度在 3.0g/cm³ 以上)，后是低密度的暂堵剂(视密度在 1.25g/cm³ 以下)。这样就可确保暂堵剂在裂缝高度上的全封堵目标。

以上主要讨论的是大尺度主裂缝中的一次暂堵作业问题。实际上,有时一次暂堵还难以实现预期的目标。如果一次暂堵发生在近井筒裂缝处的话,则即使出现转向的支裂缝,则裂缝的复杂性只出现在近井筒附近,而中远井裂缝处因暂堵剂的封堵作用,不会发生净压力的升高。即使暂堵剂在裂缝的中部出现,裂缝端部也同样难以出现转向支裂缝。反之,即使暂堵剂在裂缝的端部发生作用,哪怕在该情况下净压力有很大幅度的提升,但由于转向支裂缝的条数可能要大幅度增加,总的注入排量有限,因此每条转向支裂缝吸收的排量及压裂液量等,就相对小很多,导致每条转向支裂缝都延伸范围有限。换言之,在这种情况下,虽然裂缝的复杂程度大大提高,但最终的裂缝改造体积也相对有限。因此,需要采用从近井筒开始到裂缝端部的多次顺序暂堵的方法,实现裂缝改造体积的最大化。这里的关键部分:一是,主裂缝内的暂堵剂的溶解时间要快速可控,一般要求暂堵后 30min 内实现快速彻底溶解,这对暂堵材料的要求也变得更高了。具体材料还是从室内暂堵实验及溶解时间的实验结果确定,且暂堵剂粒径也要相对较大,粒径匹配也要保证快速实现封堵。为了保证后续的溶解液能流经近井筒暂堵位置处,在暂堵时还要求不能完全堵死,应留有一个缺口保证溶解液有流动通道并在流动过程中实现对近井筒裂缝暂堵剂的溶解作用。二是,在上述注入主裂缝近井筒暂堵剂的溶解液的过程中,还得保证在近井筒附近产生的转向支裂缝及微裂缝中,自封堵效果较好,上述溶解液难以进入已产生的转向支裂缝及微裂缝,即使进入,对支撑剂也没有溶解作用。为此,在上述转向支裂缝及微裂缝注入支撑剂的过程中,要采用小粒径支撑剂(如 70/140 目甚至 140/210 目)连续加砂模式,甚至在加砂后期可以刻意追求端部脱砂效果。即使发生了支裂缝的端部脱砂,在压力持续升高的过程中,因主裂缝近井筒裂缝暂堵处仍有流动出口,压力不会无限制上升到超过井口限压。在后续注入暂堵剂溶解液的过程中,因溶解及上述高压力冲击的双重作用下,近井筒裂缝的暂堵剂会陆续溶解。随后注入黏度较高的压裂液继续造主裂缝,再继续注入粒径相对较小的暂堵剂,以在主裂缝的中部位置暂堵(还应是部分暂堵)。暂堵后,等净压力增加一定的幅度后,中井地带转向支裂缝会再次出现,等注入一定量的压裂液后,再注入粒径较小的支撑剂(与近井筒转向支裂缝的支撑剂粒径相同)[18]。按同样的支撑剂连续注入甚至端部脱砂压裂后,再注入粒径更小的暂堵剂(应全封堵,因已到主裂缝端部),以在主裂缝的端部再次封堵。由于近井筒支裂缝已被支撑剂充填饱满,因此,上述中井地带支撑剂在运移过程中,应该主要进入了中井地带的转向支裂缝中。同样的原理,最后阶段的小粒径支撑剂应主要进入了主裂缝端部附近的转向支裂缝中。

以上主要阐述了主裂缝内多次暂堵转向的机制及控制方法。值得指出的是,在主裂缝净压力增加的过程中,从理论上而言,净压力增加值越高,则垂直主裂缝方向的诱导应力反转区的波及范围越大,相应的转向支裂缝延伸的长度也越大。但一旦产生转向支裂缝,则主裂缝的净压力就不能继续增加,因此主裂缝的净压力增加值是有限度的,该临界值就是原始水平应力差与主裂缝封堵前的净压力的差值。在转向支裂缝延伸长度突破垂直主裂缝的诱导应力反转区后,支裂缝的延伸方向会再次转到原始最大主应力方向,此时即使转向支裂缝延伸得再长,对裂缝复杂性及改造体积的增加能力也变得非常有限。但如果能在上述转向支裂缝中进行端部封堵后,除非转向支裂缝与主裂缝方向垂直，否则在支裂缝的两个方向上增加的诱导应力，总体上都利于进一步扩大主裂缝附近应力反转区的波及范围，这对于主裂缝或转向支裂缝沟通的小尺度微裂缝而言，都是非常有利的。如果技术要求再苛刻些，即在转向支裂缝中再实现从近井筒到支裂缝缝端的多次暂堵转向施工，则裂缝的复杂性及整体改造体积还有较大的提升空间。但转向支裂缝因缝宽窄，有再次转向的可能，因此转向支裂缝中缝壁凸凹度对暂堵剂的运移起到很大的阻碍作用，即使采用较小粒径的暂堵剂，也仅可能在转向支裂缝运移不远处即发生暂堵。如果为此采用更小粒径的暂堵剂，即使采用相对较高的暂堵剂浓度，估计也很难在支裂缝更远处发生暂堵。因此，有时采用小粒径支撑剂低砂液比长段塞施工模式，由于上述的壁面凸凹度影响，转向支裂缝缝口处的脱砂效应是可以预期的。

如果上述缝内暂堵技术与多级交替注酸技术或全程注入酸性滑溜水技术相结合，则更能确保裂缝的复杂性及改造体积的最大限度提升。

7.6　簇间暂堵技术

目前，水平井分段多簇压裂技术在页岩气上应用最为普遍[19]，这也是多尺度缝网压裂的重要一环。所谓分段多簇压裂，就是在套管固井桥塞分段压裂的基础上，在段内进行多簇射孔，国内一般 2~4 簇居多，国外多的可达 12~16 簇，目的是利用多簇裂缝均匀起裂延伸后的缝间应力干扰的叠加效应，大幅度促进段内多缝间的应力反转，从而最大限度地提高裂缝的复杂性及改造体积。然而，事与愿违的是段内多簇射孔并不能保证各簇裂缝的均匀起裂与延伸。国内涪陵页岩气压裂的微地震监测结果也表明，各段裂缝的长度差异相对较大。国外大量的监测结果也证实，段内各簇裂缝的差异值更大，靠近 A 靶点的裂缝可能吸收了段内 50%~60% 的压裂液及支撑剂，而靠近 B 靶点裂缝可能只吸收 5%~10% 的压裂液及支撑剂。

如何最大限度地提高段内各簇裂缝的均匀起裂与延伸程度，显得尤为迫切，鉴于此，段内簇间封堵技术应运而生。所谓簇间暂堵技术，就是用簇射孔的炮眼封堵剂，将一定数量的暂堵球投入水平井筒中，将裂缝延伸充分的对应射孔簇的炮眼全部封堵住，从而人为抑制其进一步延伸。同时，可将水平井筒内的压力憋起来，将先前未压开或延伸不充分的射孔簇裂缝进一步延伸，从而促使各簇射孔裂缝均匀延伸或接近均匀延伸[20]。

该技术的原理与上述缝内暂堵技术有相似之处，例如通过封堵进行憋压，但也有不同之处：一是暂堵剂粒径及暂堵方法不同。缝内暂堵是应用不同粒径分布的颗粒暂堵剂及一定比例的线性纤维混合，实现对主裂缝的某个缝高断面进行全封堵或部分封堵效果，且主裂缝内不同位置封堵的暂堵剂粒径选择不同。而簇间暂堵是利用等球径的暂堵球，对射孔的炮眼进行封堵，由于所有射孔的炮眼直径一般都是相同的，因此，簇间暂堵不管是几次暂堵，应用的封堵球的球径都应是相同的，且一般不用纤维混合进行辅助暂堵。二是暂堵剂运动规律不同 (图 7-16)。缝内暂堵剂封堵的主裂缝一般是沿水平方向扩展为主，且受主裂缝壁面凸凹度的影响相对较大。而暂堵球在水平井筒中流动时，水平井筒

A 靶点与 B 靶点垂深不同(一般 A 靶点垂深小于 B 靶点),及暂堵球的密度远大于携带液密度(一般暂堵球的密度在 1.7g/cm³ 以上,而携带液密度仅 1.013g/cm³ 以下),因此暂堵球的流动惯性相对较大,造成 A 靶点附近射孔簇的炮眼难以被暂堵球有限封堵(图 7-17),尤其是水平井筒上部炮眼因要克服暂堵球重力作用,因此更难以被有限封堵(图 7-18)。

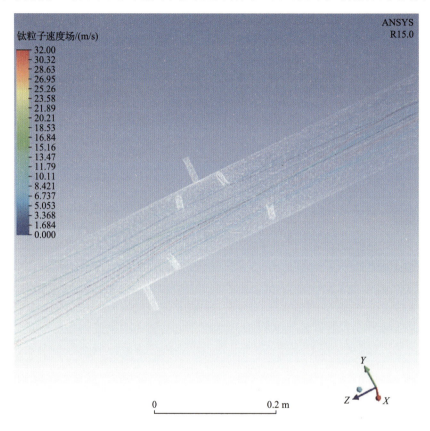

图 7-16　暂堵球在井筒中的运移轨迹模拟

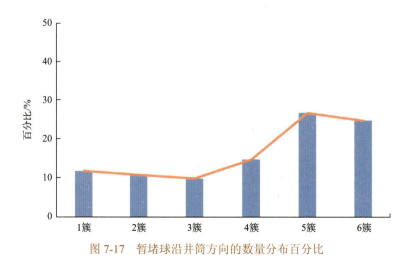

图 7-17　暂堵球沿井筒方向的数量分布百分比

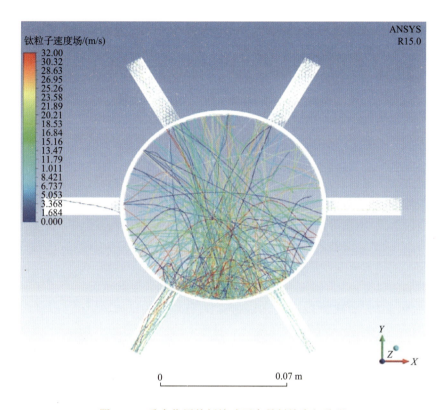

图 7-18   重力作用使暂堵球更容易封堵底部孔眼

三是封堵的效果不同。缝内暂堵技术不管净压力升高多少，每次暂堵都可促进裂缝复杂程度的增加。而常规的暂堵球簇间暂堵技术，可能实现不了簇间裂缝的均匀起裂与延伸的目的，反而可能加剧簇间裂缝的非均匀延伸程度[21]。

　　显然的，簇间暂堵的目标函数应是各簇裂缝流量及支撑剂量的均匀分配或最大与最小差异小于 10%。但支撑剂因密度与压裂液的差异性极大，因此，支撑剂与压裂液的流动跟随性极差。尤其当各簇裂缝的造缝非均匀性还相对较大时(水平井筒内存在压力梯度，压裂液流动时排量越高，黏度越大，则水平井筒内的压力梯度越大，使得靠近 A 靶点裂缝井筒压力更高，越往 B 靶点井筒压力越低。因一般 A 靶点垂深一般小于 B 靶点垂深，因此，靠近 A 靶点的最小水平主应力最低，越靠近 B 靶点最小水平主应力越高)，支撑剂更多地在靠近 B 靶点附近裂缝运移和铺置。由于靠近 B 靶点裂缝延伸长度及宽度都相对较小，加上又更多地接受了加砂早期支撑剂的运移和铺置，因此，支撑剂更容易产生早期脱砂现象，导致后续的压裂液及支撑剂更多地继续向靠近 A 靶点裂缝运移和铺置(由于上述原因，B 靶点附近裂缝延伸长度小，吸收了段内很少的支撑剂体积后就可能会发生脱砂效应)。因此可以判定，靠近 A 靶点附近裂缝占尽了天时地利，延伸及支撑得最充分。这也越发挤占了段内其他簇裂缝的延伸及支撑空间，主要带来了以下不利影响：①段内多簇裂缝的诱导应力干扰效应大幅度降低，导致裂缝的复杂程度及改造体积也大幅度降低；②严重抑制下段施工时靠近 B 靶点裂缝的起裂和延伸程度，更有甚者会导致上述裂缝起裂方向发生较大变化，例如从原先的横切裂缝变为纵向裂缝，而下段靠近 A 靶点裂缝仍将是横切裂缝，因此下段施工时可能同时出现横切缝与纵向缝的情况，且该纵向缝可能更容易沟通其他横切裂缝，这样整个裂缝的改造体积会相应大幅度降低；③造成套管的局部套变。由于段内大量的压裂液及支撑剂主要进入了少数的裂缝中，会造成该裂缝处的应力发生很大改变，而其他进液及支撑剂少的裂缝，引起的诱导应力小，对套变几乎没影响。

为了实现簇间裂缝均匀延伸或接近均匀延伸的目标，可采取物模研究与数模研究相结合的思路。就物理模拟研究而言，可以在模拟水平井筒的钢管里，按水平井筒及炮眼里流动线速度相等的原则，设计水平钢管的外直径及壁厚、炮眼的直径等。为了监测各簇射孔炮眼处的压力及流量等，可以在各簇射孔炮眼上安装相应的压力传感器、流量传感器及密度传感器(流量计可以计量经过不同炮眼的液体体积，密度计可以计量经过不同炮眼的支撑剂体积)。通过调整压裂液黏度、排量、各簇射孔的炮眼直径或孔数、压裂液密度、支撑剂的体积密度及视密度、暂堵球的球径、密度等数据，按正交设计方法进行各个实验方案的研究，从中优选可实现上述优化目标的各参数组合。

在上述物模研究的基础上，结合数值模拟进行同样的模拟及优化工作。经过数模研究，主要得出以下结论：①目前的 $1.7g/cm^3$ 的暂堵球，球径取比炮眼的直径大 2～3mm，暂堵球对靠近 A 靶点射孔簇炮眼的封堵率仅 5%～10%，而对靠近 B 靶点射孔簇炮眼的封堵率可达 70%～80%；②每簇射孔中靠近水平井筒上部的炮眼的封堵效率都相对较低，因此，不管哪簇射孔被暂堵，也都只是部分暂堵而已，除非暂堵球的密度与携带液的密度相当或差异小于 5%；③为了最大限度地封堵靠近 A 靶点射孔簇的炮眼，可以采用适当低黏度的携带液、适当低的携带排量、低密度的暂堵球等；④为了确保暂堵球的真正封堵效果，确保封堵前的各簇射孔处裂缝的均匀延伸至关重要。

因此为了实现簇间裂缝均匀延伸或接近均匀延伸的目标，可采取变参数射孔的方法，如靠近 A 靶点射孔的炮眼直径降低些或炮眼数量减少些，越往 B 靶点射孔，炮眼直径越大或炮眼数量越多。

或者，可在裂缝起裂阶段，采用低黏度压裂液和/或低排量注入模式，可以大幅度降低水平井筒中的压力梯度。管流中压力梯度的计算公式如下[22,23]：

$$\Delta p = 0.092\left(\frac{\mu}{\rho u D}\right)^{0.2}\frac{\rho u^2 L}{D} \tag{7-1}$$

式中，μ 为压裂液黏度；u 为压裂液排量；D 为井筒直径；L 为井筒长度。

由式(7-1)可见，滑溜水的黏度越小，起步排量越低，则水平井筒内的压力梯度越小，越有利于多簇裂缝的同步起裂与同步延伸(图 7-19)。

或者，采用变排量酸预处理技术，将酸液接近均匀地分布于各簇射孔处。可提高所有簇裂缝均匀起裂与延伸的概率，示例井施工曲线如图 7-20 所示。

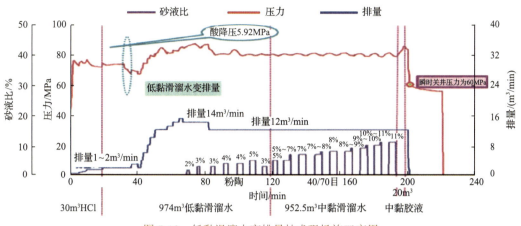

图 7-19　低黏滑溜水变排量技术现场施工应用

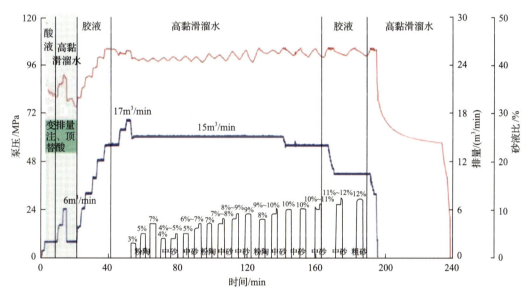

图 7-20　变排量酸预处理技术现场施工应用

或者，可调整水平井筒 A、B 靶点相对位置，将两点高差缩小，甚至可将 B 靶点垂深调整到小于 A 靶点垂深，可降低因暂堵球的重力作用带来的惯性效应。

或者，可增加小粒径支撑剂的比例，以往增加小粒径支撑剂更多地聚焦于单簇裂缝中充填小尺度裂缝，而没有考虑其对多簇裂缝均匀延伸的影响。实际上，由于支撑剂的密度比压裂液密度相对大得多，支撑剂与压裂液的流动跟随性差，相比转向进入各簇裂缝而言，支撑剂更容易沿水平井筒向 B 靶点方向运移，即更容易先进入靠近 B 靶点的裂缝中。如果支撑剂的粒径相对较大，很容易过早在上述裂缝中产生堵塞效应。反之，如果先期采用小粒径支撑剂，且比例还相对较大，则可延缓靠近 B 靶点的裂缝的砂堵时机（一般而言，靠近 B 靶点的裂缝延伸相对不充分，加上支撑剂在水平井筒中的运动惯性作用，支撑剂在其中优先发生砂堵是大概率事件，不同的只是砂堵的时间不同）。示例井施工曲线如图 7-21 所示，其中，小粒径支撑剂占比 80%以上。

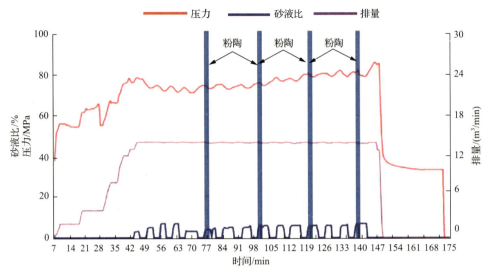

图 7-21　示例井提高小粒径支撑剂用量的现场施工曲线

或者,可采用变黏度滑溜水及变黏度胶液注入技术。以往采用变黏度滑溜水及变黏度胶液更多地注重于单簇裂缝内的多尺度裂缝起裂与延伸,而没有考虑到对多簇裂缝接近均衡进液的可能性及优势[24,25]。实际上,随着滑溜水黏度及胶液黏度的增加,其进缝的黏滞阻力也相应增加,通过不同黏度及体积的优化,可以促使段内多簇裂缝的均匀延伸(图 7-22、图 7-23)。

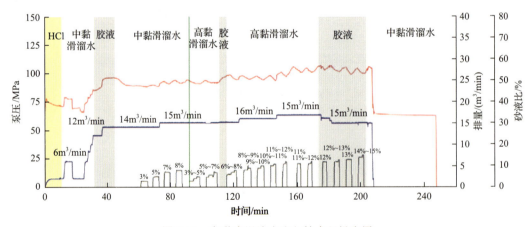

图 7-22　变黏度滑溜水注入技术现场应用

或者,可采用高黏度胶液中顶技术。以往采用高黏度胶液主要目的是在单簇裂缝内起到液体暂堵剂的作用,迫使裂缝内净压力的幅度提升,而没有考虑到其对多簇裂缝均匀延伸的积极作用。由于黏度相对较高,甚至可能在水平井筒的缝口处快速封堵,从而迫使后续压裂液进入先前进液少或不进液的簇射孔裂缝。因此,不同的胶液黏度及体积对不同簇裂缝的封堵效果是不同的(图 7-24)。

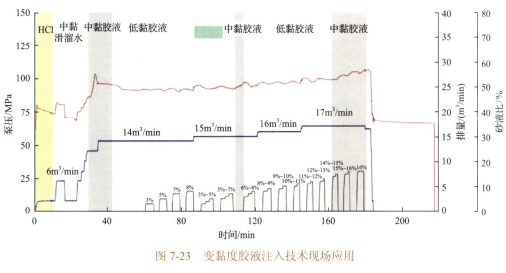

图 7-23 变黏度胶液注入技术现场应用

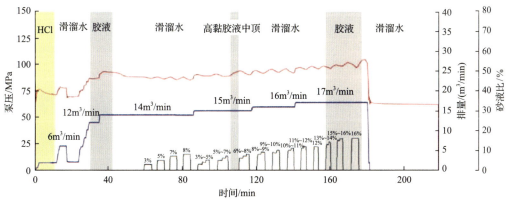

图 7-24 高黏度胶液中顶技术现场应用

或者,可采用段内限流压裂技术。所谓段内限流压裂,就是段内限制射孔数量,使孔眼摩阻有较大幅度的增加,如图 7-25 所示。通过孔眼摩阻的增加,促使井底压力不能快速释放,从而有利于多个孔眼裂缝的同时起裂和同时延伸。

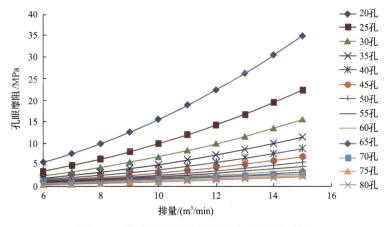

图 7-25 段内不同射孔数量下的孔眼摩阻变化

值得指出的是，采用段内多簇射孔策略时，如何确保每簇射孔处的裂缝高度不降低显得尤为重要。如果缝高降低了，即使产生了多簇裂缝，则段内的整体裂缝改造体积也不一定因此增加，若裂缝改造体积不增加甚至降低，则段内多簇射孔就失去了意义。国内深层页岩气或常压页岩气，因构造运动挤压效应，最小水平应力梯度相对较高，这就造成垂向应力与最小水平主应力的差值相对较小，加上页岩气固有的水平层理缝相对发育，在缝高垂向扩展的过程中，遇到水平层理缝会依次打开它们，一来一部分排量要用于沟通和延伸水平层理缝，二来由于水平层理缝的分流作用，主裂缝在缝高上的延伸能量也随之降低，导致主裂缝的高度可能严重受限。如果此时再进行段内多簇射孔，则每簇裂缝的排量又进一步降低，因此，多簇射孔的裂缝高度肯定会受到较大的影响。因此，如果暂堵球溶解时间可控，先投入的暂堵球即使大部分封堵住了靠近 B 靶点附近的各簇裂缝，则排量主要进入靠近 A 靶点的裂缝中，则其排量足以将整个页岩劈开。然后继续投入暂堵球，此时只有靠近 A 靶点附近的裂缝进液，因此后投入的暂堵球会将其封堵。如果能确保此时段内中部位置及靠近 B 靶点射孔的暂堵球溶解，则继续注入的压裂液会大部分用于延伸段内中部位置的裂缝。再重复之前的过程，再次投球时，将段内中部位置的裂缝封堵住，此时再确保靠近 B 靶点炮眼处暂堵球溶解，则注入的压裂液大部分在上述位置处延伸裂缝。总而言之，通过暂堵球溶解时间与施工时间的紧密匹配，通过多次投暂堵球，不仅可以确保各簇裂缝的接近均匀延伸，还可以确保各簇裂缝高度的充分延伸，这些都对段内裂缝改造体积的最大化提升起到了重要的保障作用。

7.7　支撑剂长段塞注入技术

页岩气压裂一般采用常规的段塞式加砂模式[25]，一来可以起到打磨的作用，较大幅度地降低近井筒裂缝弯曲摩阻，从而利于后续支撑剂的持续注入。二来可有效避免早期的支撑剂砂堵效应。因为页岩气压裂早期都是以低黏度滑溜水为主进行多尺度造缝，如果采用连续加砂模式，可能在某个尺度裂缝的某个位置发生了脱砂效应，这种现象主要针对的是裂缝宽度相对较窄的转向支裂缝及微裂缝系统，由于壁面凸凹度的影响，连续加砂时更易发生早期砂堵。退一步讲，即使不发生脱砂效应，不加支撑剂的压裂液段塞因黏度相对低些(压裂液加入不同砂液比的支撑剂后，混砂浆的黏度一般都有不同程度的增加)，会部分形成类似的黏滞指进效应，将前边的支撑剂混砂浆冲散，形成非均匀的支撑剂铺置模式，在低砂液比部分单层的支撑剂铺置模式联合作用下，形成相对较高的裂缝导流能力。三来可探索不同施工阶段与当时的造缝宽度最匹配的支撑剂粒径及施工砂液比。如果某种粒径及砂液比的支撑剂被顶替进入地层后，地面施工压力没有明显的反应，说明该段支撑剂要么粒径偏小，要么施工砂液比偏小，要么上述两者都偏小。反之，如果某种粒径及砂液比的支撑剂进入地层后，地面施工压力有明显的上升趋势(如 1MPa/m 甚至更高)，则说明要适当降低粒径和/或施工砂液比。有时在段塞式加砂基础上采用板凳式加砂模式，可进一步提高支撑剂粒径及砂液比等与裂缝宽度匹配的效率，前面有关章节已进行过详细阐述，在此不再赘言。

顾名思义，所谓支撑剂长段塞加砂模式，就是将上述支撑剂段塞中的支撑剂量适当增加，最大限度地对多尺度复杂缝网系统进行有效的运移和充填分布。

为了防止早期砂堵的出现，一般要从更低的砂液比起步，每个相邻砂液比的增幅也相对更低，最高阶段砂液比也相对低些。或者，砂液比不降低，但进一步降低支撑剂粒径，如从以往常用的 70/140 目变为 140/210 目或其他粒径范围，如微粒支撑剂粒径 2～120μm，如表 7-1 所示。显然的，支撑剂粒径变小后，按平均粒径的降低幅度，则砂液比可按同样的幅度增加。这样一来，对一定的造缝宽度而言，提高浓度后的支撑剂顺畅通过是没有问题的，而且支撑剂在不同尺度的裂缝内充填得都更密实。虽然小粒径支撑剂的导流能力低于大粒径支撑剂（高闭合应力条件下，这种差异迅速降低如图 7-26 所示），但这是在相同铺置浓度下的对比结果。如果小粒径支撑剂采用更高的铺置浓度（实际情况正是如此），则二者之间导流能力的差异就会相应降低。

表 7-1　不同直径的微粒支撑剂与 100 目支撑剂数据对比

支撑剂	$d_{10}/\mu m$	$d_{50}/\mu m$	$d_{90}/\mu m$
微粒直径支撑剂 1	9.43	29.7	110
微粒直径支撑剂 2	2.02	15.4	119
100 目（支撑剂粒径）	111	177	263

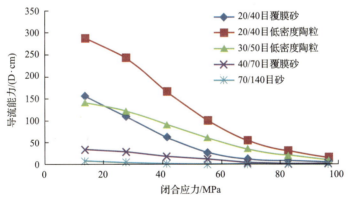

图 7-26　不同类型及粒径支撑剂在不同闭合应力下的导流能力对比

不同尺度裂缝间的高效连通性因采用长段塞模式而得到强化。再者，小粒径支撑剂在同样压裂液黏度及注入排量条件下，可以更容易克服小微尺度裂缝的壁面凸凹度对支撑剂运移的阻碍作用，加上其悬浮性相对较好，导致小粒径支撑剂在小尺度微裂缝及中尺度支裂缝中的运移及支撑效率大幅度提升，这对提高整个裂缝体系的有效改造体积意义重大，尤其对大量分布的微裂缝的有效充填意义更为重大。此时，甚至可在 140/210 目支撑剂加入之前，在前置液造缝过程中，先加入一定量的粒径更小的纳米支撑剂（100～1000nm），不仅可以有效充填各种小微尺度裂缝系统，而且纳米支撑剂进入微裂隙中后还可以增加低黏度压裂液的造缝效率。

此外，小粒径支撑剂的抗嵌入能力较强。因为在单位裂缝面积上，小粒径支撑剂可以铺置更多的颗粒，由于单颗粒支撑剂与裂缝壁面接触的形式都基本为点接触模式。换言之，不管支撑剂粒径大小，它们与裂缝面接触的点的面积是相当或非常接近的。这样就导致小粒径支撑剂因与裂缝壁面接触的颗粒多及总接触面积大而带来嵌入程度低的有利态势。此外，通过离散元数值发现，支撑剂粒径越小，在闭合应力下能保持的缝宽越宽。

至于长段塞中每个砂液比高低及体积的优化，可基于目前页岩气压裂优化设计常用的商业软件 MEYER，先模拟某个砂液比及体积的支撑剂在主裂缝中分布及浓度分布，理想的情况是先注入的支撑剂在主裂缝的最前端分布，中间注入的支撑剂在主裂缝的中部分布，最后注入的支撑剂在主裂缝的近井筒处分布。某段支撑剂砂液比及体积优化是否达到最优，可由该段支撑剂在施工停泵时的支撑剂浓度分布，得出支撑剂的铺置宽度分布（由铺置浓度除以支撑剂的体积密度）。如果该铺置宽度与造缝宽度相当，则说明该段支撑剂的注入已达极致水平（在具体模拟时，长段塞中其他支撑剂及隔离液都可假设为不加支撑剂的纯压裂液）。实际上这是很难达到的，因为此时支撑剂对裂缝的充满度已达100%，容易造成裂缝内过早的脱砂效应。因此，一般将上述支撑剂铺置宽度达到造缝宽度的80%作为优化的目标函数较为妥帖。但由于长段塞加砂中，每段砂液比最终的分布面积可能不会相对集中，换言之，多段砂液比的分布面积有相互叠合的部分，则按最终叠合后的支撑剂浓度剖面，如果主裂缝整个面积内有80%以上的面积中，上述支撑剂铺置宽度与对应位置处的造缝宽度比达到80%以上，则说明该长段塞中各个砂液比高低及体积设计得当，否则，应不断调整各个砂液比或体积，直至满足上述两个80%的设计目标为止。目前的软件只能模拟主裂缝中的支撑剂分布情况，支裂缝及微裂缝中的支撑剂分布情况还难以模拟。

值得指出的是，上述优化需要对加砂程序中每级程序进行单独的模拟，尤其在具体模拟每个砂液比支撑剂分布时，可假定其他注入都是不加支撑剂的滑溜水或胶液。因此，每次模拟输出的支撑剂浓度剖面都应单独列出，最后再进行叠合分析。这种叠合的工作量是相当大的，如果有 20 个支撑剂段施工，就得独立模拟计算 20 次，若再进行参数调整寻优，则可能又要重复上述工作 10 遍以上。因此，最好编一个相应的计算程序以自动完成上述叠合及寻优工作[26]。

实际上，现场施工时的参数实时调整更为重要。可在以往段塞式加砂程序的基础上，先是低砂液比的两个加砂段连续注入（至少两个井筒容积），在观察它们进缝后的压力响应特征后，如没有出现明显的支撑剂流动阻碍迹象（井口施工压力上升速度为 0.2～0.5MPa/min），则可在注入一个井筒容积的隔离液后，再试验下一个更高砂液比的两个砂液比的连续加砂施工（也至少两个井筒容积）。否则，再注入 1～1.5 个井筒容积后，再重复刚才的两个砂液比的连续注入施工，连续注入的体积可适当增加些，如 2.5～3 个井筒容积。这样，通过不断的现场试错工作，如井口压力上升速度小于上述临界值，则可逐步试验增大连续加砂的携砂液体积，现场上有时试验连续加砂体积达 3～4 个井筒容积（图 7-27）。

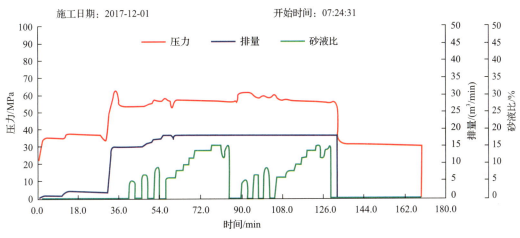

图 7-27　某示例井某段的长段塞施工曲线

总之，可通过不断试验增加连续注入的携砂液体积和/或砂液比，探索在既定造缝尺度前提下的最长的长段塞加砂程序，以最大限度地提高裂缝净压力、裂缝的复杂程度与有效改造体积。

7.8　无水压裂技术

无水压裂技术包括无水压裂和少水压裂两种。所谓无水压裂技术就是应用不含水的压裂液体系，如液化石油气压裂（LPG）、二氧化碳干法压裂等。所谓少水压裂就是应用含水少的压裂液体系，如二氧化碳泡沫压裂液、氮气泡沫压裂液等。无水压裂技术应是今后页岩气压裂的一个主要攻关方向，可以大规模降低对水资源的依赖。目前一口页岩气水平井分段压裂动辄用水 30000~40000m³，甚至 50000m³，如今后页岩气水平井分段压裂被大量采用，如何不用水或少用水且能达到水基压裂液同样或接近的压裂效果显得尤为重要。同时，也可大幅度减少返排液的量及相应的污水处理工作量，对节能环保工作同样意义重大[27,28]。

上述无水压裂及少水压裂的核心就是尽量减少水的用量，防止水敏膨胀伤害，并且返排相对容易，例如，LPG 压裂液的返排率已接近 100%，返排效率相对较高，并且可以多次重复利用，这对中国少水地区的页岩气压裂意义非常重大。

但正是由于压裂液中不含水或水的含量相对较少，压后水对页岩基质中盐岩成分的溶解作用相对较弱，孔隙改善作用不大，因此，压后产量不一定有水基压裂液的高。同时，LPG 压裂液的主体成分为液态的丙烷和丁烷的混合物，在其运输及地面管线连接和注入的过程中可能存在爆炸的高度风险。国外 Gas Fracturing 公司（目前已破产倒闭）曾经发生过现场施工的人员伤亡事件，中国目前还未进行任何的现场试验，只是进行了 LPG 压裂液的研制及性能评价等工作。另一个无水压裂技术即二氧化碳干法压裂，就是全程采用液态或超临界二氧化碳进行造缝及携砂施工。因在井深超过 1000m 后的压力与温度条件都很容易达到二氧化碳的超临界状态，实际上更多的是超临界二氧化碳压裂。超临界二氧化碳的优点很多，例如，具有气体的超低黏度，可以沟通与延伸更小尺度的小微裂缝系统，同时具有液体的密度特征，可以有效携砂。二氧化碳的相态图如图7-28所示。二氧化碳对甲烷气的置换能力极强，利用页岩气的压后采收率的提升。但因其黏度太低（一般仅为 0.01～0.03mPa·s），即使对二氧化碳进行增稠，黏度也一般在 10mPa·s 以下。国内在常规砂岩上进行的为数不多的试验结果表明，二氧化碳干法压裂或超临界二氧化碳压裂的一次施工加砂量一般在 10m³ 以下，施工砂液比一般在 10%以下，因此，压裂的效果及有效期都不太乐观。

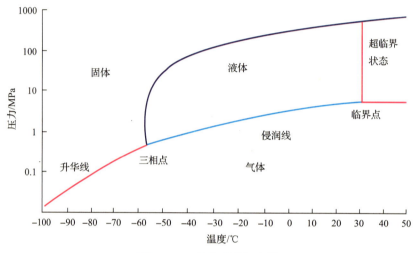

图 7-28　二氧化碳的相态图

　　尽管二氧化碳或氮气泡沫压裂液(一般二氧化碳泡沫压裂液研究与应用得相对较多，因其呈弱酸性，对黏土具有抑制作用)施工风险相对较小，但由于黏度相对较高(但携砂能力相对较强)，沟通与延伸小微尺度裂缝系统的能力较低，且沿程施工摩阻大，排量受限，造复杂裂缝的能力也相对较低，因此，国内在页岩气压裂上也基本没有现场试验过。国内于 2000 年前后在砂岩油气藏上进行过一定规模的现场试验与推广应用(主要是二氧化碳泡沫压裂液)，取得了一定的成功，但对比常规水基压裂液的压后效果并无明显优势，因此后续推广应用相对较少。

　　显然，上述无水压裂或少水压裂都存在各种的问题，缺点与优点同样明显。因此，为充分发挥无水压裂及常规水基压裂液的优点，可采取无水压裂或少水压裂与水基压裂复合的压裂技术。换言之，可采用二氧化碳干法(或 LPG 压裂)与水基压裂复合技术或二氧化碳(或氮气)泡沫压裂与水基压裂复合技术。不管采取哪种复合技术，建议先用低黏度压裂液进行多尺度裂缝造缝，大幅度提高近井筒裂缝复杂程度，然后注入高黏度压裂液继续延伸主裂缝，再注入低黏度压裂液，利用黏滞指进效应(黏度差应在 6～10 倍以上)，继续在新造的主裂缝前缘产生复杂缝。通过上述过程的多次交替重复注入，可以最终实现主裂缝充分延伸，转向支裂缝与微裂缝沿主裂缝均匀分布或接近均匀分布，能大幅度提高裂缝复杂程度及改造体积的整体布局。

　　值得指出的是，上述无水压裂复合技术中，不同阶段的体积、黏度及排量的组合优化，对不同的页岩气井层条件，各参数组合结果显然应是不同的。可结合主裂缝产生的诱导应力及应力反转区的范围，该范围可认为是转向支裂缝的延伸长度范围，以此可以单独应用页岩气压裂优化设计专用的商业模拟软件 MEYER 进行模拟确定。转向支裂缝的条数，可以假设在主裂缝的缝口、中部及端部区域各取 2～3 条。在主裂缝与转向支裂缝缝高相当的前提下，可依此确定主裂缝及转向支裂缝的压裂液量及排量等。而微裂缝需要的液量及排量不好精确模拟，可以在最后主裂缝及转向支裂缝压裂液体积及排量的基础上，富余 10%左右的余量即可。至于黏度与液量及排量的组合，一般倾向于高排量与低黏度的组合、低排量与高黏度的组合，以及中排量与中黏度的组合。具体模拟的目标函数是造缝体积（SRV）的最大化。实际上，也可按高黏度压裂液主要用来造主裂缝，中黏度压裂液主要用来造转向支裂缝，低黏度压裂液主要用来造微裂缝的原则，进行简化处理。

参 考 文 献

[1] 曾义金, 陈作, 卞晓冰. 川东南深层页岩气分段压裂技术的突破与认识[J]. 天然气工业, 2016, 36(1): 61-67.

[2] 陈作, 曾义金. 深层页岩气分段压裂技术现状及发展建议[J]. 石油钻探技术, 2016, 44(1): 6-11.

[3] 贾长贵, 李双明, 王海涛, 等. 页岩储层网络压裂技术研究与试验[J]. 中国工程科学, 2012, 14(6): 106-112.

[4] 唐颖, 张金川, 张琴, 等. 页岩气井水力压裂技术及其应用分析[J]. 天然气工业, 2010, 30(10): 33-38, 117.

[5] Ketter A A, Heinze J R, Daniels J L, et al. A field study in optimizing completion strategies for fracture initiation in Barnett Shale horizontal wells[J]. SPE Production & Operations, 2008, 3(23): 373-378.

[6] Rahman M M, Aghighi M A, Rahman S S, et al. Interaction between induced hydraulic fracture and pre-existing natural fracture in a poro-elastic environment: Effect of pore pressure change and the orientation of natural fractures[C]//Asia Pacific Oil and Gas Conference & Exhibition, Jakarta, 2009.

[7] 王海涛, 蒋廷学, 卞晓冰, 等. 深层页岩压裂工艺优化与现场试验[J]. 石油钻探技术, 2016, 44(2): 76-81.

[8] 刘广峰, 王文举, 李雪娇, 等. 页岩气压裂技术现状及发展方向[J]. 断块油气田, 2016, 23(2): 235-239.

[9] 王志刚. 涪陵焦石坝地区页岩气水平井压裂改造实践与认识[J]. 石油与天然气地质, 2014, 35(3): 425-430.

[10] Gregory K B, Vidic R D, Dzombak D A. Water management challenges associated with the production of shale gas by hydraulic fracturing[J]. Elements, 2011, 7(3): 181-186.

[11] Lutz B D, Lewis A N, Doyle M W. Generation, transport, and disposal of wastewater associated with Marcellus Shale gas development[J]. Water Resources Research, 2013, 49(2): 647-656.

[12] Cipolla C L, Warpinski N R, Mayerhofer M J, et al. The relationship between fracture complexity, reservoir properties, and fracture treatment design[J]. SPE Production & Operations, 2008, 25(4): 438-452.

[13] Soliman M Y, East L E, Augustine J R. Fracturing design aimed at enhancing fracture complexity[C]//SPE Europe/Eage Annual Conference and Exhibition, Barcelona, 2010.

[14] Vidic R D, Brantley S L, Vandenbossche J M, et al. Impact of shale gas development on regional water quality[J]. Science, 2013, 340(6134): 1235009.

[15] 李勇明, 彭瑀, 王中泽. 页岩气压裂增产机理与施工技术分析[J]. 西南石油大学学报（自然科学版）, 2013, 35(2): 90-96.

[16] Houston N A, Blauch M E, Weaver D R, et al. Fracture-stimulation in the marcellus shale-lessons learned in fluid selection and execution, SPE 125987[C]// SPE Eastern Regional Meeting, Charleston, 2009.

[17] 胡景涛. 致密储层暂堵转向体积改造技术研究[D]. 成都: 西南石油大学, 2015.

[18] Yan X, Wang X, Zhang H, et al. Analysis of sensitive parameter in numerical simulation of shale gas reservoir with hydraulic fractures[J]. Journal of Southwest Petroleum University, 2015, 37(6).

[19] Wu K. Simultaneous multi-frac treatments: Fully coupled fluid flow and fracture mechanics for horizontal wells[J]. SPE Journal, 2015, 20(2): 337-346.

[20] 毛金成, 张照阳, 赵家辉, 等. 无水压裂液技术研究进展及前景展望[J]. 中国科学: 物理学 力学 天文学, 2017, 47(11): 52-58.

[21] Wu K, Olson J E. Mechanics analysis of interaction between hydraulic and natural fractures in shale reservoirs[C]// Unconventional Resources Technology Conference, Denver, 2016.

[22] 周长林, 彭欢, 桑宇, 等. 页岩气 CO_2 泡沫压裂技术[J]. 天然气工业, 2016, 36(10): 70-76.

[23] 李颖虹. 全球页岩气无水压裂技术特点及研发策略分析[J]. 世界科技研究与发展, 2016, 38(3): 465-470.

[24] Zou C, Zhai G, Zhang G, et al. Formation, distribution, potential and prediction of global conventional and unconventional hydrocarbon resources[J]. Petroleum Exploration & Development, 2015, 42(1): 14-28.

[25] Tsirambides A. The unconventional hydrocarbon resources of Greece[J]. Geological Quarterly, 2015, 116(11): 681.

[26] Guo T, Zhang S, Qu Z, et al. Experimental study of hydraulic fracturing for shale by stimulated reservoir volume[J]. Fuel, 2014, 128(14): 373-380.

[27] 康一平. 国内外无水压裂技术研究现状与发展趋势[J]. 石化技术, 2016, 23(4): 73.

[28] 佚名. 储层压裂新技术——液化石油气无水压裂技术[J]. 石油钻探技术, 2014, 42(2): 17.

第8章　川渝地区页岩气井压裂技术应用案例

川渝地区是国内页岩气的主要战场,志留系龙马溪组是最主要页岩气层开发层系,在不同的构造位置出现了高压页岩气、常压页岩气和深层页岩气井,此外,还在更古老的寒武系中发现了页岩气,本节根据不同的地质特点分类阐述压裂技术的应用案例。

8.1　志留系高压页岩气水平井压裂实例剖析

8.1.1　基础参数及压前评价

1. 目的层地质及钻井情况

JY1-3HF 井位于重庆市涪陵区,构造属于川东南地区川东高陡褶皱带包鸾-焦石坝背斜带焦石坝构造高部位,该井钻探目的主要是进一步落实焦石坝地区上奥陶统五峰组—下志留统龙马溪页岩气水平井单井产能和优化工程工艺技术参数,为整体开发页岩气奠定基础。该井完钻层位于下志留统龙马溪组,完钻井深 3800m,A 靶点斜深 2769m,垂深 2408.29m,B 靶点斜深 3770m,垂深 2463.46m,水平段长 1001m,人工井底 3772m。

2. 压前储层参数综合分析

JY1-3HF 井目的层岩性为灰黑色粉砂质页岩及灰黑色碳质页岩,页岩层理发育,龙马溪组下部平均含气量为 4.63m³/t,吸附气占 54%,有机质类型为Ⅰ-Ⅱ型,下部 38m 储层 TOC 为 4.5%,压力系数为 1.45,属于高压页岩气井,地层温度 81℃,孔隙度范围为 1.17%～7.72%,渗透率为 $0.001\times10^{-3}\mu m^2$,目的层脆性矿物含量较高,脆性指数为 50%～60%,两向水平应力差异大,约为 34%,破裂梯度 0.023MPa/m,井筒方位与最小主应力方向夹角为 37°,JY1-3HF 井固井质量与 JY1HF 井大致相当,整体略差,JY1-3HF 井井眼轨迹控制较好,与 JY1HF 井相比均质性较强,JY1-3HF 井与 JY1HF 井水平段间距为 600m。

8.1.2　压裂方案设计

1. 压裂难点分析

JY1-3HF 井压裂难点分析如下。

(1)井组试验方案要求该井加大规模,与 JY1HF 井对比效果,但要避免裂缝过长造成两井裂缝干扰。

(2)固井质量差,有一定的压窜风险。

(3)水平井筒方向与最小主应力方向有夹角,近井筒摩阻较大(JY1HF 井施工最大近井筒摩阻达到 20MPa)。

2. 分段压裂总体思路

该井分段压裂设计的总体思路如下。

(1)设计 15 段,增加规模,对比分析规模对产量的影响,同时针对压裂过程中可能出现的压窜问题,在施工过程中邻井 JY1HF 井下入井下压力计进行实时监测,并做好相应的应急预案。

(2)水平应力差异系数大,但脆性较好,经过 JY1HF 井压裂后分析,主要以形成复杂裂缝为主,储层层理发育,纵向延伸难度大,增加排量,提高净压力,使缝高在储层中延伸,打开页岩层理,增加裂缝的复杂程度。

(3)与 JY1HF 井已压裂层段坐标比对分析,采用单段不同簇数及规模,控制裂缝长度,避免影响邻井生产。

(4)采用组合加砂、混合压裂模式,提高裂缝导流能力和连通性,增加有效改造体积。

(5)采用组合加砂、混合压裂方式,增加有效改造体积(ESRV),该井采用 100 目粉陶+40/70 目树脂覆膜砂+30/50 目树脂覆膜砂的支撑剂组合,选用滑溜水+胶液的液体组合。

(6)采用前置盐酸处理,降低破裂压力,活性胶液平衡顶替,避免过顶替,保持近井带导流能力。

(7)同步破胶、快速返排,减小储层伤害。

3. 分段压裂设计

分段压裂方案以水平段地层岩性特征、岩石矿物组成、油气显示、电性特征(伽马、电阻率和三孔隙度测井)为基础,结合岩石力学参数、固井质量,同时参照 JY1HF 井压裂分段坐标情况,对 JY1-3HF 井龙马溪组(2769~3770m)水平段进行划分(表 8-1~表 8-3),综合考虑各单因素压裂分段设计结果,重点参考层段物性、岩性、电性特征及固井质量四项因素进行综合压裂分段设计,共分为 15 段。

表 8-1 JY1-3HF 井伽马、岩性、电阻率分段数据统计表　　　　(单位:m)

分段号	伽马			岩性			电阻率		
	起始井深	终止井深	段长	起始井深	终止井深	段长	起始井深	终止井深	段长
1	2769.00	2875.00	106.00	2769.00	2812.01	43.01	2769.00	2845.00	76.00
2	2875.00	2971.00	96.00	2812.01	3078.00	265.99	2845.00	2955.00	110.00
3	2971.00	3075.85	104.85	3078.00	3219.00	141.00	2955.00	3023.00	68.00
4	3075.85	3204.93	129.08	3219.00	3366.00	147.00	3023.00	3116.00	93.00
5	3204.93	3482.00	277.07	3366.00	3636.00	270.00	3116.00	3447.00	331.00
6	3482.00	3562.19	80.19	3636.00	3770.00	134.00	3447.00	3498.00	51.00
7	3562.19	3770.00	207.81				3498.00	3567.00	69.00
8							3567.00	3680.00	113.00
9							3680.00	3770.00	90.00

表 8-2　JY1-3HF 井声波、中子、密度分段数据统计表　　　　（单位：m）

分段号	声波			中子			密度		
	起始井深	终止井深	段长	起始井深	终止井深	段长	起始井深	终止井深	段长
1	2769.0	2823	54.00	2769.0	2828	59.00	2769	2870	101.00
2	2823	2877	54.00	2828	3041	213.00	2870	3035	165.00
3	2877	2977	100.00	3041	3120	79.00	3035	3206	171.00
4	2977	3167	190.00	3120	3493	373.00	3206	3396	190.00
5	3167	3237	70.00	3493	3577	84.00	3396	3547	151.00
6	3237	3359	122.00	3577	3659	82.00	3547	3700	153.00
7	3359	3395	36.00	3659	3770	111.00			
8	3395	3490	95.00						
9	3490	3579	89.00						
10	3579	3655	76.00						
11	3655	3770	115.00						

表 8-3　JY1-3HF 井力学参数分段数据统计表　　　　（单位：m）

分段号	力学参数			分段号	力学参数		
	起始井深	终止井深	段长		起始井深	终止井深	段长
1	2769	2820	51.00	9	3255	3306	51.00
2	2820	2870	50.00	10	3306	3375	69.00
3	2870	2955	85.00	11	3375	3416	41.00
4	2955	3012	57.00	12	3416	3486	70.00
5	3012	3065	53.00	13	3486	3577	91.00
6	3065	3115	50.00	14	3577	3660	83.00
7	3115	3220	105.00	15	3660	3715	55.00
8	3220	3255	35.00	16	3715	3770	55

具体分段情况及桥塞位置如表 8-4 所示。

表 8-4　水平井分段情况统计　　　　（单位：m）

分段号	起始井深	终止井深	段长	桥塞位置
15	2769	2831	62	2831
14	2831	2890	59	2890
13	2890	2965	75	2965
12	2965	3041	76	3041
11	3041	3105	64	3105
10	3105	3156	51	3156
9	3156	3233	77	3233
8	3233	3326	93	3326
7	3326	3422	96	3422
6	3422	3505	83	3505

续表

分段号	起始井深	终止井深	段长	桥塞位置
5	3505	3560	55	3560
4	3560	3613	53	3613
3	3613	3680	67	3680
2	3680	3730	50	3730
1	3730	3772	42	—

4. 压裂材料优选

JY-3HF 井储层特征与 JY1HF 井相似,借鉴 JY1HF 井经验采用混合压裂液体系压裂,即滑溜水+胶液体系。

1) 滑溜水体系主体配方

SRFR-1 滑溜水体系:0.2%高效降阻剂 SRFR-1+0.3%复合防膨剂+0.1%复合增效剂+0.02%消泡剂。

高效降阻剂为固体粉末,其他为液体,产品特点:①降阻率大于 70%,伤害率小于 10%,易返排,黏度可调;②滑溜水携砂液比大于 10%;③能够进行大型压裂连续混配施工(一天 2～3 段);④性能达到国外同等水平,性价比优于国外产品。

SRFR-1 滑溜水主要性能参数如表 8-5 所示。

表 8-5　SRFR-1 滑溜水主要性能参数表

pH	密度/(g/cm³)	表面张力/(mN/m)	实验降阻率/%	防膨率/%	伤害率/%	黏度/(mPa·s)
7.34	1.0045	<25	50～78	>90	<10	9～12

现场配液过程中,高效降阻剂、复合防膨剂能充分均匀地融入水中,配液方便快捷,经现场表观测试,滑溜水黏度为 9～12mPa·s,性能稳定。

该体系表面张力、界面张力相对较低,易于压后返排。DF 2 井压后现场排液监测表明,依靠地层能量共持续排液 140h,累计排液 799m³,返排率达到 46.8%,并仍可持续排液。累计排液 890m³,返排率为 52.2%。液体性能好,易返排,可节省大量排采费用。

2) 胶液体系主体配方

SRLG-2 胶液体系:0.3%低分子稠化剂+0.3%流变助剂+0.15%复合增效剂+0.05%黏度调节剂+0.02%消泡剂。

胶液水化性好,基本无残渣,悬砂好,裂缝有效支撑好,返排效果好(低伤害、长悬砂、好水化,易返排)。从室内实验结果来看,加入流变助剂后液体系黏度可增加 12～18mPa·s。

泵注程序结束后井底温度在初期(约 1 天时间左右)增加较快,之后则缓慢增加,且不同压裂段数处井底温度随时间的变化基本一致(图 8-1)。根据井底温度预测结果,可指导每段破胶剂(黏度调节剂)的加量。

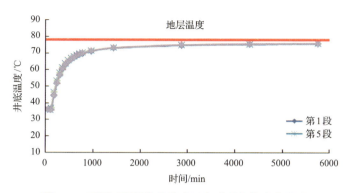

图 8-1 不同压裂段数处井底温度随时间的变化曲线

3）酸液优选

预处理酸液：单段盐酸酸液用量为 8m³，有效降低破裂压力。预处理酸配方：15%HCl+2.0%缓蚀剂+1.5%助排剂+2.0%黏土稳定剂+1.5%铁离子稳定剂。

4）支撑剂

页岩储层压裂通常选择 100 目支撑剂在前置液阶段做段塞，封堵天然裂缝，降低滤失，为了增加裂缝导流能力，降低砂堵风险，中后期携砂液选择 40/70 目支撑剂+更大粒径的 30/50 目支撑剂。

由于储层埋藏 2500m，通过 JY1HF 井测试压裂分析得到闭合应力较高（51MPa），考虑到地层杨氏模量较低，地层偏软，宜采用树脂覆膜砂，可有效降低支撑剂嵌入程度，而且树脂覆膜砂破碎率小于 5%可满足施工要求（表 8-6）。

表 8-6 不同类型支撑剂破碎率实验测定结果

不同压力/MPa	支撑剂破碎率/%	
	30/50 目树脂覆膜砂	40/70 目树脂覆膜砂
35	3.3	1.0
52	3.8	1.6
69	4.3	2.4
86	5.4	3.4

考虑支撑剂耐压性、支撑剂嵌入情况及价格等因素，JY1-3HF 井采用粉陶（70/140 目，149μm）+40/70 目树脂覆膜砂+30/50 目树脂覆膜砂（0.3～0.6mm），体积密度如表 8-7 所示。

表 8-7 支撑剂体积密度

支撑剂名称	粒径/目	体积密度/(g/cm³)
粉陶	100	1.45
树脂覆膜砂	40/70	1.62
	30/50	1.62

5. 施工参数优化设计

在 JY1HF 井基础上增加规模，对比规模对产能的影响，设计要点如下。

(1) 15 段 36 簇,单段 2～3 簇,簇间距平均 27m。

(2) 排量以 12～14m³/min 为准。

(3) 规模:单段 2 簇(9 段),液量 1200～1600m³,砂量 65～80m³。

(4) 规模:单段 3 簇(6 段),液量 1400～1800m³,砂量 70～90m³。

(5) 前 7 段加大规模,不受邻井影响,经过模拟,可增大至 1800m³。

(6) 酸液、压裂液和支撑剂与 JY1HF 井相同,配方与材料一致。

通过与 JY1HF 井已压裂层段坐标比对分析,JY1-3HF 井第 7 段之前裂缝与 JY1HF 井无相交,可考虑放大施工规模,与 JY1HF 井产能做对比,前 7 段和后 8 段各按照 W 型裂缝布局(图 8-2)。

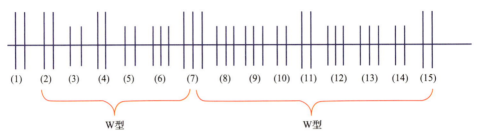

图 8-2　各层段裂缝布局及施工规模设计示意图

针对不同层段、不同簇数条件下,不同压裂液规模进行模拟分析。

(1) 以两簇进行模拟,选取压裂液用量分别为 1200m³、1300m³、1400m³ 和 1600m³,支撑剂用量分别为 65m³、70m³、75m³、80m³,支撑半长为 240～340m,裂缝波及半长为 400～550m。

(2) 以三簇进行模拟,选取压裂液用量分别为 1400m³、1500m³、1600m³ 和 1800m³,支撑剂用量分别为 70m³、75m³、80m³、90m³,支撑半长为 240～300m,裂缝波及半长为 400～500m。

根据 JY1-3HF 井水平段测井解释结果,同时考虑 W 型缝长布局模式,前 7 段适当加大规模,后 8 段适当控制规模,设计不同层段主压裂施工规模如下:

(1) 第 1、2、4、6 段,加大规模,单段液量设计为 1600m³,加砂规模为 80m³。

(2) 第 7 段,加大规模,单段液量设计为 1800m³,加砂规模为 90m³。

(3) 第 8、13、15 段,适当控制规模,单段液量设计为 1520m³,加砂规模为 75m³。

(4) 第 9、12 段,单段液量设计为 1400m³,加砂规模为 70m³。

(5) 第 3、5、11 段,单段液量设计为 1300m³,加砂规模为 70m³。

(6) 第 10、14 段,单段液量设计为 1200m³,加砂规模为 65m³。

8.1.3　方案实施与效果评估

JY1-3HF 井于 2013 年 6 月 15 日至 22 日完成了 15 段压裂施工。采用射孔桥塞+压裂联作工艺,分 15 段进行压裂,其中 9 段 2 簇,6 段 3 簇,共计 36 簇。施工排量为 12.0～14.6m³/min,施工压力为 42.9～92.4MPa。施工总液量为 23170.1m³,其中滑溜水为 16986.1m³,胶液为 5982.0m³，酸液为 202.0m³。加砂总量 989.3m³，其中 100 目粉陶 73.6m³，40/70 目覆膜砂 785.6m³，30/50 目覆膜砂 130.1m³，各段压裂施工曲线如图 8-3～图 8-5 所示。

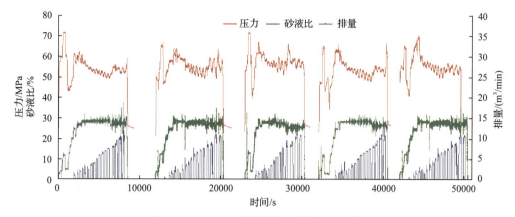

图 8-3　JY1-3HF 井压裂施工曲线(1～5 段)

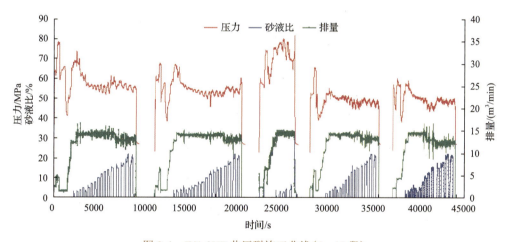

图 8-4　JY1-3HF 井压裂施工曲线(6～10 段)

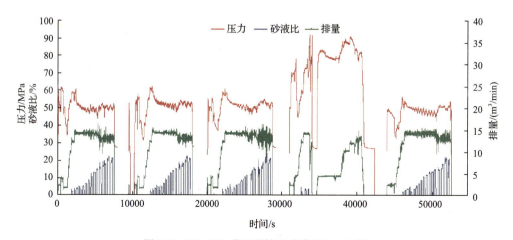

图 8-5　JY1-3HF 井压裂施工曲线(11～15 段)

JY1-3HF 井前置酸降压一般为 10～20MPa，最高达到 44MPa。JY1HF 井前置酸降压一般 4～10MPa，最高达到 12MPa。相比 JY1HF 井，JY1-3HF 井前置酸降压效果更明显（图 8-6）。

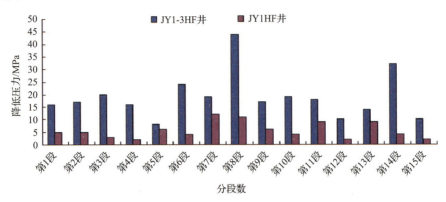

图 8-6　前置酸降压效果统计对比

JY1-3HF 井破裂压力值为 55～70MPa，JY1HF 井破裂压力值为 57～78MPa，两井地层破裂压力较接近（图 8-7）。

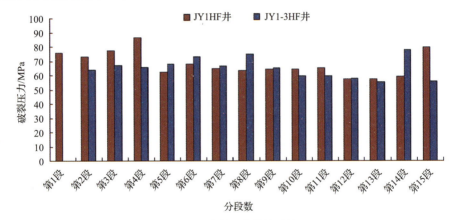

图 8-7　破裂压力统计对比

JY1-3HF 井停泵压力为 27～33MPa。根据 G 函数叠加导数曲线特征可知，第 8 段具有多裂缝特征，第 11 段以单一缝为主，第 13 段具有分支缝特征。

综合 G 函数及压裂施工曲线分析结果，进行 JY1-3HF 井压裂后裂缝形态诊断，JY1-3HF 井共 11 段具有复杂多裂缝特征，比例高达 73.3%。

JY1-3HF 井钻磨完 14 个桥塞后，6 月 28 日起采用针型阀控制放喷，至 7 月 2 日累计排液量为 527m³，火焰呈橘红色。进行了 5 个工作制度求产，产量 6.6 万～20.2 万 m³/d，如图 8-8 所示，施工取得了较好效果。

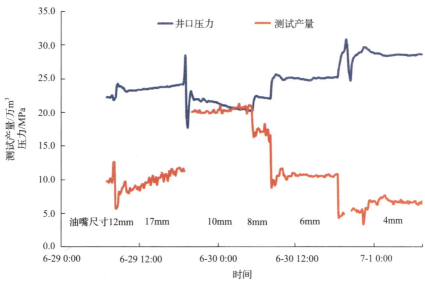

图 8-8　JY1-3HF 井测试求产情况

8.1.4　小结

(1)中深层高压页岩气井,采用经典的混合压裂方式,可以获得较大的改造体积、裂缝复杂性和导流能力。

(2)高压页岩气井由于压力系数高、有效围压低,因此可以尝试使用石英砂进行改造。

(3)高压页岩气段簇间距适当加大。

8.2　志留系常压页岩气水平井压裂实例剖析

8.2.1　基础参数及压前评价

DY3 井侧钻水平井是一口常压页岩气预探井,位于重庆市綦江区,构造位置属于川东南地区林滩场-丁山北东向构造带。该井以五峰组—龙马溪组优质页岩气层段①~⑤号小层为目的层。A 靶点斜深 2620m,垂深 2318.20m,B 靶点斜深 4176.72m、垂深 2509.60m,水平段长 1556.72m,水平段采取 139.7mm 套管完井。

1. 地质特征

导眼井解释结果如下:优质页岩厚度为 30m,孔隙度为 4.05%,含气量为 3.09m³/t,TOC 含量为 3.52%,优质页岩内有 4 条高阻缝,钻井诱导缝和层理发育,⑥~⑧号层发育高导缝和高阻缝。

水平井段整体物性条件中等偏上,TOC 含量为 3.21%~7.38%,气测全烃显示较好,为 4.74%~28.19%。

2. 储层可压性特征

导眼井岩性扫描解释，优质页岩层黏土含量为 27.7%，碳酸盐岩矿物含量为 15.8%，硅质含量为 41%，加权平均脆性指数为 55%～57%。

水平井解释水平层段平均脆性指数为 55%（岩石力学法），水平井优质储层最小主应力为 60～63MPa，闭合应力梯度为 0.0255MPa/m，水平两向应力差 11～13MPa，水平应力差异系数为 0.18～0.22（<0.25），上覆岩层应力与最小主应力差为 3MPa，层理发育。

总体而言，具备形成复杂裂缝的基础条件。

8.2.2 与邻井及邻工区参数对比

DY3 井导眼井主要地质条件参数与相邻井及邻工区的比较如表 8-8 所示。

表 8-8 DY3 井导眼井与邻井对比参数表

参数	区块			
	DY2	DY1	DY3	JY1
层位	龙马溪组	龙马溪组—五峰组	龙马溪组—五峰组	龙马溪组—五峰组
TOC/%	3.68	3.18	3.52	3.58
R_o/%	1.85～2.23	1.96	—	2.42
硅质含量/%	48.5	43.1	41	44.42
钙质含量/%	15	14.2	15.8	10
黏土矿物含量/%	30	42.5	27.7	34.63
孔隙度/%	5.81	2.83	4.05	4.61
含气量/(m³/t)	6.79 (吸附气占 30%)	2.12 (吸附气占 40%)	3.09 —	5.85 (吸附气占 54%)
杨氏模量/GPa	32.32	26.79	29.46	38
泊松比	0.2	0.2	0.212	0.198
水平应力差/MPa	8.3～12.5	11.4	11～13	8～11
脆性矿物含量/%	49.6～64	48.7～57.3	55～57	58～64
页岩厚度/m	32.9(一类)	24.3(一类)	30(一类)	38(一类)
深度/m	4367	2054	2272	2415
压力系数	1.55	1.08	1.08	1.55
温度/℃	145	81	88.6	84

与焦石坝主体区块对比，DY3 井页岩品质和可压性相比较差，具体体现是：①压力系数（1.08）低于焦石坝主体区（1.55～1.6）；②该井优质页岩厚度（30m）小于焦石坝主体区（38～40m）；③含气量（3.09m³/t）小于焦石坝主体区（5.85m³/t）；④优质页岩层内存在 4 条高阻缝（焦石坝主体区无），⑥～⑧号层发育高导缝和高阻缝（焦石坝在⑨号层

上部 20～40m 处发育高导缝)；⑤碳酸盐含量(15.8%)高于焦石坝地区(10%)；⑥杨氏模量(29.46GPa)小于焦石坝(38GPa)，泊松比(0.212)高于焦石坝主体区(0.198)，脆性矿物含量(55%～57%)相对低于焦石坝主体区(58%～64%)；⑦应力梯度(0.0255MPa/m)高于焦石坝主体地区(0.0216MPa/m)；⑧井深、温度及水平应力差与焦石坝主体区基本持平。

与邻井对比，DY3 井页岩品质比 DY2 井差，比 DY1 井好，可压性与 DY1 井持平，优于 DY2 井，具体体现是：①该井压力系数(1.08)小于 DY2 井(1.55)，大于 DY1 井(1.08)；②该井优质页岩厚度(30m)小于 DY2 井(32.9m)，大于 DY1 井(24.3m)；③含气量(3.09m³/t)小于 DY2 井(6.79m³/t)，大于 DY1 井(2.12m³/t)；④深度、温度、应力梯度值介于 DY2 井和 DY1 井之间；⑤脆性矿物含量(55%～57%)与 DY1 井持平，优于 DY2 井(深井)。

8.2.3　压裂方案设计

1. 设计思路

总体思路：采用全尺度网络压裂技术，针对所有段以提高有效改造体积和导流能力为目标，提高缝网密度，有效提升中等含气量、中等 TOC 井的产能。

1)提高改造体积

(1)缩小簇间距，增加裂缝条数，提高诱导应力干扰强度。

(2)精细射孔，保持段内岩性尽可能单一，尽可能段内裂缝同时有效扩展。

(3)变黏度多尺度充填技术，采用两套液体四种黏度进行施工，充分打开各种尺度裂缝，并采用粉陶支撑多尺度微裂缝和层理缝，保持各尺度裂缝的有效性。

2)提高多尺度裂缝导流能力

(1)DY3 井闭合压力预计 60～63MPa，优选低密度陶粒支撑剂，破碎率小于 5%，密度为 1.4～1.55g/cm³，便于输送到裂缝远端。

(2)提高各段综合砂液比，3 号龙马溪组主体施工综合砂液比达 3.5%～4%。

3)降低施工压力

(1)为减小破裂压力，降低施工难度，对预处理酸液类型进行优选。

(2)DY3 井侧钻水平井与最小主应力夹角为 30°，近井扭曲摩阻可能较大，采用粉陶打磨。

(3)优选高降阻、黏度可调滑溜水和胶液体系(滑溜水黏度为 1～10mPa·s，胶液黏度为 30～60mPa·s)。

2. 压裂材料优选

1)滑溜水体系

(1)主体配方。

滑溜水体系：0.05%-0.15%SRFR-1.0 降阻剂+0.3%SRCS-1 黏土稳定剂+0.1%SRCU-1

助排剂。滑溜水黏度可调,低黏度提高复杂性,中黏度撑开微裂缝,增加裂缝复杂程度。

(2)主要性能参数。

低黏滑溜水体系和中黏滑溜水的主要性能参数分别如表 8-9 和表 8-10 所示。

表 8-9　低黏滑溜水体系性能参数

参数	参数值
溶解时间/s	83
pH	7.0
表观黏度 μ(25℃,170s^{-1})/(mPa·s)	1～3
表面张力/(mN/m)	26.3
实验和现场降阻率/%	67.5(实验),74.7(现场)

表 8-10　中黏滑溜水体系性能参数

参数	参数值
溶解时间/s	110
pH	7.0
表观黏度 μ(25℃,170s^{-1})/(mPa·s)	9～10
表面张力/(mN/m)	26.3
实验和现场降阻率/%	65.3(实验),74.7(现场)

2)胶液体系

(1)主体配方。

胶液体系:0.25%-0.3%SRFP-1 增稠剂+0.12%-0.16%SRFC-1 交联剂+0.3%SRCS-1 黏土稳定剂+0.1%SRCU-1 助排剂。低黏胶液基液黏度为 15mPa·s,胶液黏度为 25～35mPa·s。中黏胶液基液黏度为 30mPa·s,胶液黏度为 40～60mPa·s。

(2)主要性能参数。

低黏和中黏 SRFP 胶液压裂液的主要性能参数分别如表 8-11 和表 8-12 所示。

表 8-11　低黏 SRFP 胶液压裂液主要性能指标

参数	参数值
溶解时间/min	30
基液 pH	6.0～7.0
0.25%SRFP-1 增稠剂配制基液的表观黏度/(mPa·s)	≥15
耐温耐剪切性能(170s^{-1})/(mPa·s)	≥25
破胶液黏度/(mPa·s)	≤5
破胶液表面张力/(mN/m)	≤28
防膨率/%	≥80
实验降阻率和现场降阻率/%	实验:≥62,现场:≥70
压裂液对岩心基质的伤害率/%	≤20

表 8-12 中黏 SRFP 胶液压裂液主要性能指标

参数	参数值
溶解时间/min	30
基液 pH	6.0～7.0
0.3%SRFP-1 增稠剂配制基液的表观黏度/(mPa·s)	≥30
耐温耐剪切性能(170s^{-1})/(mPa·s)	≥30
破胶液黏度/(mPa·s)	≤5
破胶液表面张力/(mN/m)	≤28
防膨率/%	≥80
实验降阻率和现场降阻率/%	实验：≥62，现场：≥70
压裂液对岩心基质的伤害率/%	≤20

3）支撑剂优化

由于该井的闭合应力为 60～63MPa，考虑支撑剂耐压性、抗破碎率、导流能力和经济性等因素，选择抗压强度 69MPa 的低密陶粒支撑剂。

优选粒径组合：70/140 目粉陶+40/70 目低密陶粒+30/50 目低密陶粒。

3. 压裂工艺参数优化

1）段数优化

由油藏数值模拟结果表明，产量随压裂簇数增加而增大，压裂簇数大于 60 时累计产量递增减缓，综合考虑推荐 60～63 簇压裂，平均簇间距为 20～25m，如图 8-9 所示。

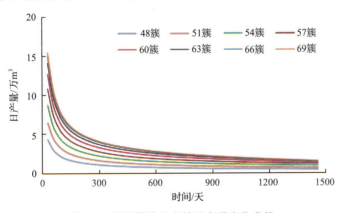

图 8-9 不同簇数对应的日产量变化曲线

2）裂缝半长优化

模拟条件：压裂簇数为 61（23 段合计 61 簇），裂缝半长（L_f）取值范围为 200～300m，以 20m 为间隔取值。日产量随裂缝半长增加而增大。裂缝半长大于 280m 时累计产量递增减缓，综合考虑推荐最优裂缝半长为 280～300m，如图 8-10 所示。

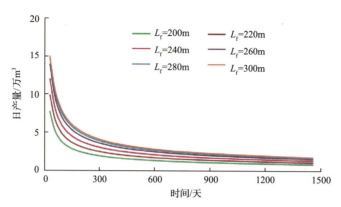

图 8-10 不同裂缝半长对应的日产量变化曲线

3)射孔方案设计

(1)水平段长先按照测录井解释参数分为穿行层位和地质大段。

(2)原则上单个压裂段长尽量在 1 个小层和 1 个地质大段内分配。

(3)优选 TOC 较高、孔隙度高、气测显示较好、密度低、可压性和脆性好的位置优先作为射孔簇位置。

(4)在地质大段内以 20~25m 簇间距(段间距大于 35m)来进行分簇,根据地质大段长度,合理分配单段簇数(一般为单段 2 簇和 3 簇),避开套管接箍位置,在 1643m 有效压裂段分段分簇。

遵循以上原则,总分段数为 23 段,总簇数为 61(8 段 2 簇,15 段 3 簇)。射孔密度为 20 孔/m,采取螺旋式射孔,相位角为 60°。

4)规模优化设计

(1)压裂液用量优选。

模拟条件:单段 3 簇,单段液量分别为 1400m³、1500m³、1600m³、1700m³、1800m³、1900m³。由图 8-11 可知,当单段液量为 1700~1900m³ 时,缝长为 277~303m,改造体积为 182 万~204 万 m³,可满足要求。

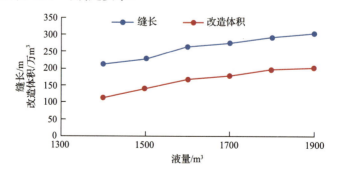

图 8-11 不同压裂液用量对应的半缝长及改造体积

(2)支撑剂用量优选。

模拟条件:1800m³ 压裂液规模,支撑剂量分别为 48m³、56m³、64m³、72m³、80m³。当支撑剂量为 72m³(15%粉陶)时,主裂缝导流能力达到 2.1μm²·cm,可满足要求,如

图 8-12 所示。

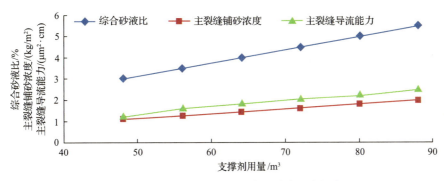

图 8-12 不同支撑剂用量对应的裂缝导流能力

（3）施工排量优化。

初期采用低黏滑溜水+低排量扩层理，保持净压力，粉陶充填，当排量达到 13m³/min 时，低黏净压力可达到 6～8MPa，改用中黏滑溜水提高净压力至 11MPa，净压力高于 11MPa（水平应力差），即可形成大范围复杂裂缝要求，需要保持排量大于 13m³/min，施工压力接近 80MPa。

8.2.4 方案实施与效果评估

DY3 井侧钻水平井 11 天完成了 22 段压裂施工。单段液量 1567.8～2497.4m³，平均单段压裂液净液量 1833m³，其中滑溜水占比 91.6%。单段支撑剂 42.45～82.87m³，平均单段支撑剂量 71.3m³，且逐步提高 30/50 目粗砂液比例（最高达 20.8%）。整井平均综合砂液比 3.87%，较设计值提高 5%。

根据施工曲线形态将 22 段压裂曲线分成 3 种类型，如表 8-13 所示。

表 8-13 施工曲线分类表

曲线类型	特征	模式	层段
类型 1：施工压力逐步上升型	较为致密，滤失较少，扩缝较为困难		5、7、8 段，共 3 段
类型 2：施工压力平稳型	滤失与排量相匹配，裂缝平稳推进扩展		1～4、6、9、10、12～14 段，共 10 段
类型 3：施工压力先降后升型	储层物性较好，滤失相对较大，裂缝易于扩展，但缝宽较窄		11、15～22 段，共 9 段

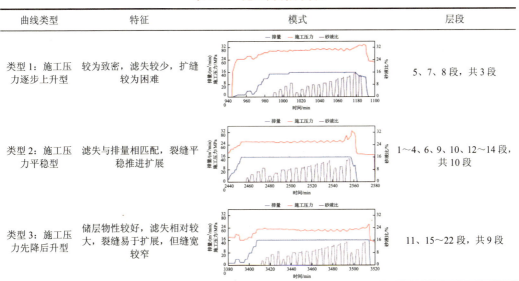

3 种类型施工曲线对应的裂缝复杂性反演分析结果如表 8-14 所示。21 段均形成了复杂裂缝，其中有 18 段形成了剪切网缝。

表 8-14　裂缝复杂性分类表

类型	压裂段	段数	占比/%	曲线特征	裂缝特征
类型 1	2	1	5	G 函数曲线近似一条直线，斜率为常数	主缝+分支缝
类型 2	3、4、20	3	14	G 函数曲线逐步上升后在高位，发生多次微小波动	复杂裂缝
类型 3	1、5~19、21、22	18	81	G 函数曲线快速上升后在高位，发生多次较大波动，斜率不断变化	剪切网缝

如图 8-13 所示，针对 22 段压裂，反演的裂缝波及半缝长 271~380m，缝高 34~45m，带宽 45~72m。单段改造体积 82 万~247 万 m³，平均 154 万 m³，总改造体积为 3381 万 m³。

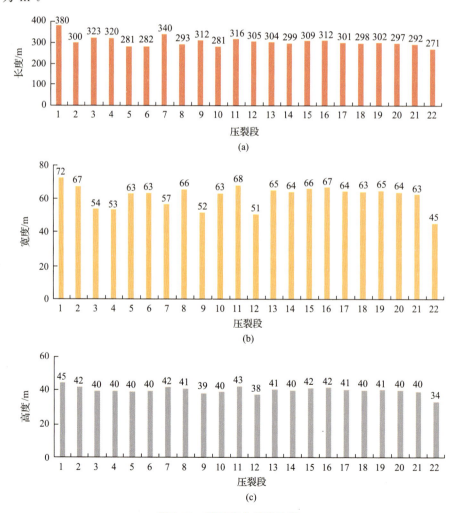

图 8-13　裂缝形态反演结果

(a)缝长；(b)带宽；(c)缝高

单段支撑剂 42.45～82.87m³，优选了低密度高强度陶粒，在闭合压力 66MPa 条件下，导流能力反演为 2.3～9.2μm²·cm，如图 8-14 所示，超过了设计要求。

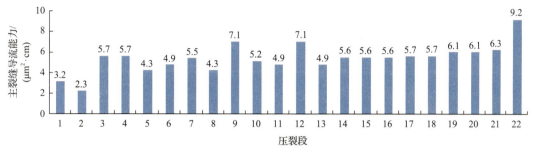

图 8-14 不同排量对应的净压力模拟结果

采取 12mm 油嘴放喷求产，日产气量为 2.56 万 m³/d，日产液量逐日下降，初期最高为 556m³/d，后降为 27.5m³/d。

8.2.5 小结

页岩气井压后产量高低取决于两个要素：①压裂段簇是否处于优质甜点区；②压裂施工是否形成复杂裂缝。针对页岩地层非均质性强、压裂改造复杂缝形成比例低的问题，为了改善区块开发效果，应进一步采取如下工艺措施：①精细分段，根据新井的伽马测井数据初步判断沿水平井筒方向的地层脆、塑性，进而优选含气性高及天然裂缝发育的脆性地层为地质甜点区，针对性设置段簇分布；②提高裂缝复杂程度，适当提高施工排量及滑溜水黏度，配合加砂浓度、时机、段塞量及压裂液交替注入等工艺措施，增加施工过程中的净压力，还可借鉴美国的转向压裂技术，进行缝内及缝口暂堵以增加页岩改造体积。

8.3 寒武系页岩气水平井压裂实例剖析

8.3.1 井基本情况

SC 井位于四川省自贡市，该井所处区块总体处于背斜南西鼻状构造延伸部位，西南缘为铁山背斜北东倾末端。该区域地表裸露为侏罗系下沙溪庙组—须家河组。该井目的层为寒武系筇竹寺组页岩气层。完钻井深为 4623m；水平段长为 1160.02m；A 靶点斜深为 3462.98m，垂深为 3295.55m；B 靶点斜深为 4623m（TVD：3297.96m）。

SC 井可划分为一个三级层序和两个四级层序；亚相划分为浅水陆棚相和深水陆棚相，微相划分为泥质深水陆棚相、砂质深水陆棚相、浊积砂及泥质浅水陆棚相。岩性自上而下分别为黑色页岩、深灰色粉砂质页岩、浅灰色细砂岩及黑色碳质页岩。

SC 井筇竹寺组 3287.0～3372.0m（85.0m）气层段三类六小层划分参数如表 8-15 所示。

表 8-15 SC 井筇竹寺组上亚段气层参数

组	段	小层	井段/m	测井参数统计					测井参数计算结果		
				GR/API	RD /(Ω·m)	RS /(Ω·m)	DEN /(g/cm³)	含气量/%	孔隙度/%	TOC/%	硅质/%
筇竹寺	上亚段	①	3287~3293.5	141	36	33	2.59	2.5	2.9	1.7	34.1
		②	3293.5~3302	164	49	45	2.54	4.1	4.8	2.5	36.31
		③	3302~3302.2	108	66	63	2.58	1.7	2.2	1.1	51.82
		④	3302.2~3322	96	110	104	2.57	1.9	2.4	1.2	50.41
		⑤	3322~3330	114	111	106	2.48	2.1	2.3	1.3	47.17
		⑥	3330~3372	93	146	138	2.5	1.4	2.02	1.03	51.2

综合评价结果: 上亚段 3287~3330m(43m)为 I 类储层, 优质页岩; 重点改造 I 类储层, 兼顾下部 3330~3372m(45m)II 类储层。水平段长为 1160.0m, 其中 I_1 类储层钻厚 677.5m, 钻遇率为 60.1%; I_2 类储层钻厚 472.5m, 钻遇率为 39.9%。

SC 井实钻显示情况: 上部: 全烃 $\sum C_n$ 为 0.690%~26.881%, C_1 为 0.576%~24.044%, 密度 ρ 由 1.45g/cm³ 下降到 1.44g/cm³; 中部: $\sum C_n$ 为 1.559%~4.011%, C_1 为 0.993%~2.808%, ρ 为 1.45g/cm³; 下部: $\sum C_n$ 为 0.733%~3.616%, C_1 为 0.324%~2.476%, ρ 为 1.45g/cm³。

水平段采用 ϕ139.7mm×10.54mm×P110 偏梯扣, 井口 A 靶点采用 ϕ139.7mm×10.54mm×P110 气密扣套管, 井身结构如图 8-15 所示。

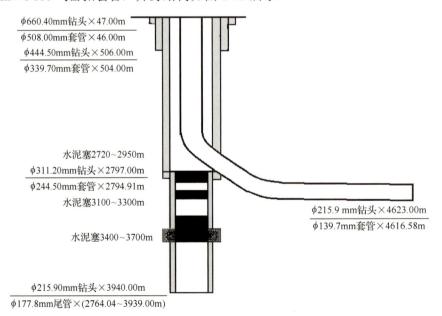

φ660.40mm钻头×47.00m
φ508.00mm套管×46.00m
φ444.50mm钻头×506.00m
φ339.70mm套管×504.00m

水泥塞2720~2950m
φ311.20mm钻头×2797.00m
φ244.50mm套管×2794.91m
水泥塞3100~3300m

水泥塞3400~3700m

φ215.9 mm钻头×4623.00m
φ139.7mm套管×4616.58m

φ215.90mm钻头×3940.00m
φ177.8mm尾管×(2764.04~3939.00m)

图 8-15 SC 井井身结构

侧钻井眼固井质量以优、良为主, 满足大型压裂施工需要, 有约 200m 水平段, 第二界面固井质量解释为合格(表 8-16)。

表 8-16 固井质量

第一界面		第二界面	
深度/m	固井评价	深度/m	固井评价
2695～2825	胶结优	2695～2752	胶结优
2825～2891	胶结良	2752～2889	胶结良
2891～3721	胶结优	2889～3567	胶结优
3721～4115	胶结良	3567～3740	胶结良
4115～4266	胶结优	3740～4117	胶结合格
4266～4425	胶结良	4117～4267	胶结良
4425～4525	胶结优	4267～4427	胶结合格
4525～4548	胶结良	4427～4506	胶结良
		4506～4548	胶结合格

　　结合录井显示、钻井液密度及微注试验值，估算该井地层压力系数为 1.1～1.3。依据实测温度统计资料，该井平均地温梯度为 2.70～3.30℃/100m。地表常年平均温度为 17.6℃，预测该井目的层筇竹寺组地层温度为 115～125℃（表 8-17）。

表 8-17 地层温度预测

层位	井段/m	实测地温/℃	地温梯度/(℃/100m)
嘉四段	1422～1433	57.383	2.79
嘉二段	1552～1631	70	3.30
寒武系	3475	122.91～129.53	3.03～3.22
震旦系	3693.365	133.83	3.15
寒武系	3669.7	136.3	3.23

8.3.2　压前储层参数综合分析

　　目的层为黑色粉砂质页岩夹深灰色泥质粉砂岩，充填有黄铁矿，可明显观察到节理的发育特征（图 8-16）。目的层主要发育微裂缝、有机微孔隙及黏土、黄铁矿晶间孔，孔隙直径一般为 5～750nm，平均为 100nm 左右，面孔率为 4.1%～24.7%。

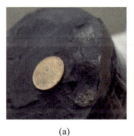   

(a)　　　　　　　　　(b)　　　　　　　　　(c)　　　　　　　　　(d)

图 8-16 目的层裂缝发育特征

(a)3295.52m，斑块状黄铁矿；(b)3296.34m，黄铁矿与化石伴生；
(c)3302.34m，节理、间距 4～5mm；(d)3309.65m，节理、间距 3～4mm

3237.5～3252.5m，储层裂缝发育，层理部分发育，静态图显示颜色较深，其中发育低角度缝 2 条，斜交缝 8 条，高角度缝 1 条，裂缝优势走向为北西—南东向；3261.5～3276.0m，储层裂缝发育，层理部分发育，静态图显示颜色较深，其中发育斜交缝 4 条，裂缝优势走向为北西—南东向；3280.0～3298.5m，储层裂缝发育，层理部分发育，静态图显示颜色较深，其中发育斜交缝 13 条，高角度缝 1 条，裂缝优势走向为北西西—南东东向。

寒武统筇竹寺组(3288.19～3311.9m)，石英含量为 20.6%～38.5%，黏土矿物含量为 11.2%～58.4%，脆性矿物含量平均为 56.2%(石英+长石+碳酸盐岩)。按照矿物组分计算目的层脆性指数为 0.35(只考虑石英)；考虑所有脆性矿物，计算脆性指数为 0.56，总体脆性中等。

顶板(3243～3287m)：硅质含量为 23%～60%，平均值为 34%；黏土矿物含量为 17.4%～66.8%，平均值为 55%。

①层(3287～3293.5m)硅质含量平均值为 34.10%，黏土矿物含量平均值为 52%。

②层(3293.5～3302m)硅质含量平均值为 36.31%，黏土矿物含量平均值为 42%。

③层(3302～3302.2m)为 20cm 的深灰色灰质页岩。

④层(3302.2～3322m)硅质含量平均值为 50.41%，黏土矿物含量平均值为 33.2%。

⑤层(3322～3330m)硅质含量平均值为 47.17%，黏土矿物含量平均值为 37.3%。

底界(⑥层)(3372～3387m)：硅质含量为 44%～55%，平均值 52%；黏土矿物含量为 28%～46%，平均值为 38%。

SC 井岩心实测 TOC 平均为 1.11%，最大值为 3.55%；纵向上，上部优质段 TOC 最高，实测平均 1.87%；井测得 R_o 为 2.77%～3.13%，平均 2.93%。

SC 井页岩段实测含气量值为 1.02～4.69m³/t，其中该井上亚段平均值为 2.03m³/t；地层元素(ECS)测井显示游离气占比为 55%～70%。

8.3.3 岩石力学及地应力分析

杨氏模量平均约为 17.82GPa，泊松比平均约为 0.22(表 8-18)。

表 8-18 岩石力学测试参数

采样编号	井深/m	块号	围压/MPa	泊松比	杨氏模量/MPa	差应力/MPa
5	3287.37	2-1/45	0.0	0.177	14248.2	25.8
13	3295.97	3-3/46	0.0	0.320	7190.8	33.8
14	3296.25	3-5/46	15.0	0.186	18103.5	74.1
15	3296.68	3-7/46	30.0	0.230	15760.0	57.9
22	3298.09	3-16/46	39.6	0.136	20163.9	80.4
23	3298.27	3-17/46	39.6	0.234	23948.0	79.8
24	3298.45	3-18/46	39.6	0.154	26562.5	105.0
25	3298.62	3-19/46	0.0	0.306	10240.6	37.3
32	3300.61	3-28/46	15.0	0.365	12328.3	109.0

续表

采样编号	井深/m	块号	围压/MPa	泊松比	杨氏模量/MPa	差应力/MPa
33	3301.20	3-31/46	30.0	0.340	26778.2	104.0
34	3301.53	3-33/46	0.0	0.105	12422.5	52.9
42	3303.48	3-44/46	15.0	0.199	15655.6	39.9
43	3303.62	3-45/46	30.0	0.139	19422.9	104.6
46	3305.05	4-9/34	39.7	0.263	21501.4	198.2
47	3305.20	4-10/34	39.7	0.125	28560.2	132.2
48	3305.85	4-14/34	39.7	0.158	16240.7	138.8
50	3306.37	4-18/34	15.0	0.301	16545.5	76.5
49	3306.09	4-16/34	30.0	0.307	15062.3	115.7

应力-应变曲线表现为脆塑性特征，据岩石力学参数计算脆性指数平均为 0.52。

最大水平主应力 S_H=80.3～80.9MPa，最小水平主应力 S_h=69.7～70.2MPa，垂向应力 S_v=81.2～82.2MPa，计算水平应力差异系数为 0.152（表 8-19）。

表 8-19 地应力测试结果

检测条件			地应力大小检测结果						
			Kaiser 点对应的应力值/MPa				三主应力大小/MPa		
围压/MPa	孔压/MPa	温度/℃	垂直	0°	45°	90°	垂直应力	水平最大主应力	水平最小主应力
0	0	室温	42.01	40.26	40.02	40.02	82.195	80.883	70.199
0	0	室温	41.43	39.89	30.33	30.68	81.176	80.332	69.730

根据微注测试解释，3302～3303m 目的层段闭合压力为 72.9MPa，地面破裂压力为 70MPa，井底破裂压力为 103MPa，估算渗透率为 0.000012mD，估算地层压力为 37MPa，地层压力系数为 1.1。

最大主应力方向北偏东 60°，水平轨迹与最小水平主应力夹角为 6°，天然裂缝与主应力夹角为 40°左右。

当水力裂缝与天然裂缝相交夹角为 0°～30°，无论水平应力差多大，天然裂缝都会张开，改变原有延伸路径，为形成缝网创造了条件。当二者夹角在 30°～60°时，低水平应力差下，天然裂缝会张开，具有形成网缝的条件；而在高应力差下天然裂缝不会张开，人工裂缝直接穿过天然裂缝，不具形成网缝的条件。当二者夹角大于 60°时，无论水平应力差多大，天然裂缝都不会张开和改变原有延伸路径，人工裂缝直接穿过天然裂缝向前延伸，不具有形成缝网的条件。

流体敏感性试验结果表明，储层无酸敏特征，水敏性呈中等偏弱。

8.3.4 页岩特征小结

1. 有利条件

(1)筇竹寺组页岩品质相对较好，岩性以灰黑色页岩为主，夹灰色粉砂质泥岩，上亚段含气平均值为 2.03m³/t(最高 4.1m³/t),孔隙度平均为 2.2%~4.8%。

(2)ECS 测井计算游离气占比为 55%~70%,对压后初产相对有利。

(3)水平段气测显示好,直导眼井气测显示的页岩厚度大(85m)。

(4)储层埋深和闭合压力适中。

(5)水平应力差异系数 0.24~0.26,取心观察层理、节理及天然裂缝较发育,利于形成裂缝和强化裂缝的复杂程度,提高采出程度。

2. 不利条件

(1)筇竹寺组以灰黑色页岩为主,夹灰色粉砂质泥岩,烃源岩主要发育在上部。

(2)黏土矿物含量较高,平均为 40.76%,石英含量平均为 27.64%,脆性矿物总含量为 56.2%,脆性条件中等,三轴压缩试验表现具有部分塑性特征。

(3)下部储层节理发育,会增加液体的滤失,裂缝延伸过程中的多缝竞争和垂向裂缝过度延伸同样会影响主缝的延伸,影响有效改造体积(ESRV)和最终采收率(EUR)。

(4)弱面缝开启临界净压力理论值 32MPa 相对较高,诱导应力作用范围相对有限,形成网缝难度大,需要较多的胶液用量。

(5)地层温度为 115~125℃,压裂液体系在高温下的稳定性需要特别考虑。

(6)预测地层压力系数为 1.1~1.3,页岩气藏压力系数相较偏低,对压裂后液体返排及生产测试有一定影响。

总体上,SC 井气测显示好、轨迹好,但脆性中等偏差、裂缝产状复杂、应力状态复杂、压力系数不高,形成大体积的网络裂缝有相当难度。

8.3.5 压裂方案设计

1. 设计思路及材料选择

立足于地质认识和商业发现,增加裂缝密度和网络裂缝复杂程度,以尽可能增大有效改造体积和采出程度,提高最终可采储量为目标;重点确保上部 Ⅰ 类 15m 优质页岩段获得充分改造及有效支撑,水平上尽量延展;结合固井质量,优化段簇间距,确保整体覆盖;结合水平井穿行轨迹,同类同段,W 型布缝,进行针对性射孔压裂设计;逐段总结、逐段优化、避免裂缝垂向上过度延伸和无效支撑;安全快速施工,一天两段,避免砂堵、套变和返排吐砂。

20cm 灰质页岩顶部的位置,属于低地应力部位,受底部高应力遮挡,建议采用以下工艺措施:胶液前置造缝后,变排量段塞注入低黏滑溜水和活性胶液,利用滑溜水黏性指进作用,实现纵向上裂缝覆盖和有效支撑。

20cm 灰质页岩底部的位置,属于较高地应力部位,建议采用以下工艺措施:先采用滑溜水携低砂液比粉陶注入控制节理过度向下延伸,再采用胶液进行造缝,随后提高排量进行滑溜水与胶液大段交替注入,适当增加胶液量,进行大段连续加砂,控制砂液比。

考虑 14m³/min 施工排量下套管抗内压安全系数及井口限压,要求压裂液体系(滑溜水+胶液)的降阻率应至少大于 65%。

预处理酸液采用以下配方：15%HCl+1.0%缓蚀剂+2.0%铁离子稳定剂；滑溜水采用SRFR-1高效滑溜水：0.2%高效降阻剂SRFR-1+0.1%复合防膨剂+0.1%复合增效剂+0.02%消泡剂。该滑溜水降阻效果好，现场检测降阻率大于70%；伤害率小于10%，黏度6~12mPa·s可调；易配制，满足连续混配要求；低表面张力、界面张力，易返排。

胶液采用SRLG-2活性胶液：0.4%低分子稠化剂+0.3%流变助剂+0.15%复合增效剂+0.05%黏度调节剂+0.3%温度稳定剂+0.02%消泡剂。胶液性能如下：黏度40~60mPa·s，降阻率为65%~75%，胶液水化性好，基本无残渣，悬砂好。

基于压后同步破胶考虑，胶液配方中黏度调节剂的加入及加量考虑温度场变化情况，按照浓度从0.025%~0.1%进行楔形追加。

预测SC井闭合应力68~73MPa，考虑支撑剂耐压性、抗破碎率、导流能力等因素，推荐采用低密度覆膜砂。该井采用100目粉陶+40/70目低密度覆膜砂+30/50目覆膜陶粒。性能指标：体密度为1.45~1.6g/cm^3，视密度为2.45~2.55g/cm^3，69MPa下破碎率小于5%。

2. 压裂工艺参数优化

依据水平段穿行在②~④层顶部，按储层类型将水平段分为两大类5段（A、B、C、D、E段），依据两大储层类型、工程条件的差别，工程地质结合建议分为16段压裂改造。

1）分簇分段优化

模拟条件：压裂段数分别取10、12、14、16、18、20，每段压裂2~3簇裂缝。产量随压裂段数增加而增大。压裂段数大于16段时累计产量递增减缓（图8-17），综合考虑推荐16段压裂。

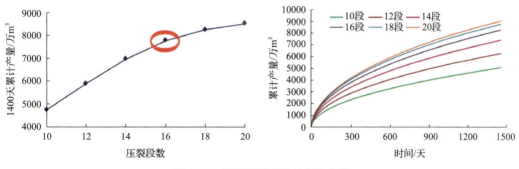

图8-17 不同压裂段数对应的产量

1160m水平段长，视单簇为一条横切缝，裂缝数为32~42较合理；根据实际地质选段进行簇射孔，单段2~3簇，优选压裂16段。

2）裂缝半长优化

模拟条件：压裂段数为16段，裂缝半长取值范围：180~330m，以30m间隔取值；产量随裂缝半长增加而增大。裂缝半长大于300m时累计产量递增减缓（图8-18），综合考虑推荐最优裂缝半长为270~300m。

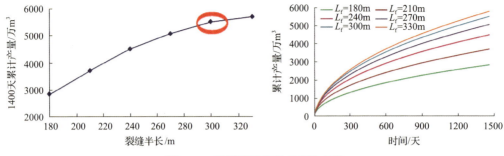

图 8-18　不同裂缝半长对应的产量

3) 导流能力优化

模拟条件: 压裂段数为 16 段, 裂缝导流能力取值范围为 0.1～15$\mu m^2 \cdot cm$。产量随导流能力增加而增大。导流能力大于 5$\mu m^2 \cdot cm$ 时累计产量递增减缓 (图 8-19), 综合考虑推荐最优导流能力为 5～10$\mu m^2 \cdot cm$。

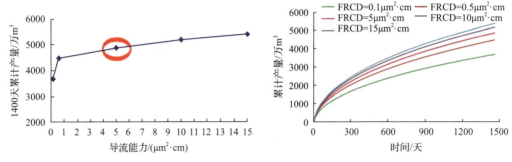

图 8-19　不同导流能力 (FRCD) 与产量

4) 布缝方式优化

模拟条件: 压裂段数为 16 段, 布缝方式分为: 均一布缝、W 型布缝和两端裂缝较长布缝。W 型布缝方式日产量和累计产量最高, 均一布缝则最小。两向水平主应力相差 17～22MPa, 考虑诱导应力作用, 簇间距为 20～30m, 一段 2～3 簇, 段间距 60～80m, 整体布缝以 W 型为主。分段原则: 以水平段地层岩性特征、岩石矿物组成、油气显示、电性特征 (GR、电阻率和三孔隙度测井) 为基础, 结合岩石力学参数、固井质量进行分段设计。

5) 规模优化

根据裂缝穿透比和无因次产率比模拟计算结果, 单段支撑剂量为 70～85m^3 左右。根据优化支撑裂缝半长、支撑剂量, 所需压裂液用量为 1600～1800m^3。

6) 射孔优化

采取深穿透射孔, 排量 12～14m^3/min, 对应的孔数在 60 孔以上时, 不同排量下对应的摩阻变化差别较小, 故建议单段射孔孔眼数不少于 60 孔; 同时, 孔数增加可弥补深穿透射孔由于较小孔眼尺寸所增加的流动摩阻 (图 8-20)。

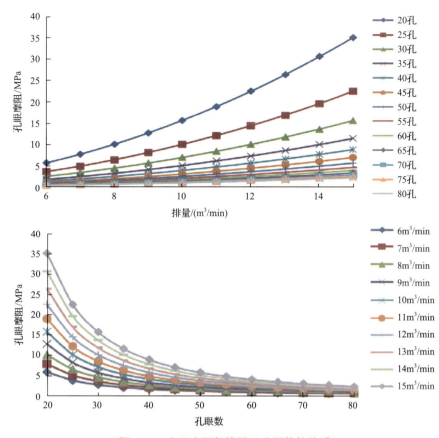

图 8-20　孔眼摩阻与排量及孔眼数的关系

7) 主压裂方案

(1) 分段数：16 段。

(2) 射孔簇：2～3 簇/级，单簇长为 1.5～1m，射孔密度为 20 孔/m，单段总孔数大于 60 孔。

(3) 单段规模：(综合砂液比 5%)1600m³(携砂阶段滑溜水：胶液=6∶4)+70m³ 支撑剂(一般规模)；1800m³(携砂阶段滑溜水：胶液=6∶4)+85m³ 支撑剂(加大规模)。

(4) 排量：12～14m³/min。

(5) 限压：井口额定工作压力 105MPa，井口限压 95MPa。

(6) 水马力：40000hhp(1hhp=745.7W)(1.5 功率储备系数)。

8) 返排方案

停泵后关井测压力降落 15～30min，具体时间视裂缝闭合情况决定，如果没有出现明显闭合点，延长停泵时间；根据页岩气压裂排液情况，一般正常的返排速率控制在 10～25m³/h，连续返排，直至见气为止；先用 3mm 油嘴控制压裂液放喷，初期排液速度不超过 12m³/h，根据井口压力实时变化情况更换 4～5mm 油嘴并逐步放大进行放喷；采用并联两套油嘴进行连续放喷，闸门控制使得更换油嘴放喷不间断；自喷出现困难立即进行液氮气举等人工助排方式；尽量提高返排率，并做好水样化验分析；初步压后返排周期

30 天，测试周期 7 天，累计 37 天。

8.3.6 压后分析

SC 井于 2014 年 11 月 13 日正式施工，至 11 月 27 日，按设计共完成全部 15 段压裂施工；共使用滑溜水 16214m³，胶液 10104m³，泵送桥共使用塞活性水 482.8m³，酸液 210m³，总共入地液量 27010.8m³；该井在施工 12 段创造 18m³/min 最大排量记录。

第 2、6、9、13 段单段总液量不小于 1700m³；第 3、4、6、9、10、11、13 段单段总砂量不小于 80m³，满足 W 型压裂缝布局要求(图 8-21)。

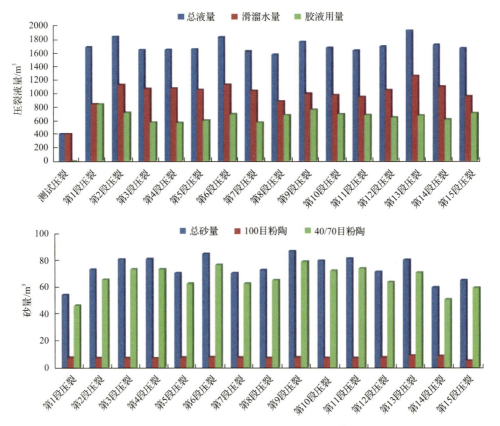

图 8-21　施工液量与砂量的统计数据图

单段综合砂液比为 3.22%～4.99%，平均为 4.2%，综合砂液比反映储层的加砂难度，如果施工困难，一般砂量少、液量多，整体砂液比就偏低。结合无量纲化处理后进一步计算得到储层的综合可压指数为 22%～56%，平均 45%(设计计算脆性指数 35%～50%)(图 8-22)。

施工泵压大致表现五个不同阶段，与地质划分的五个大段相对应，地质结合工程对地层的判断相对比较准确，高伽马位置施工压力较其他段略高 2～3MPa；结合可压性综合指数和停泵压力，C 段(第 8～11 段)的可压性最好，E 段(第 1～4 段)和 B 段(第 12、13 段)次之，D 段(第 5～7 段)和 A 段(第 14、15 段)相对较差。

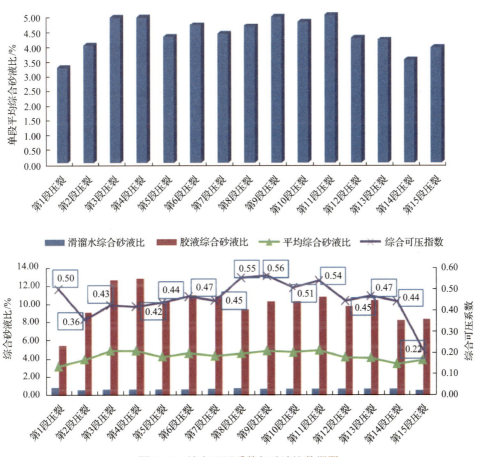

图 8-22　综合可压系数与砂液比数据图

阶梯降排量测试结果表明，相同排量（13m³/min）下滑溜水在管柱中的摩阻约为 17MPa，同排量清水在 5.5in 管柱中的摩阻为 71.7MPa，经计算降阻率大于 75%（图 8-23）。阶梯升排量显示裂缝延伸梯度较高，为 3.1MPa/100m。

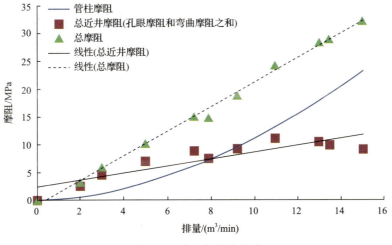

图 8-23　摩阻与排量关系

　　G 函数显示存在天然裂缝滤失，对应地质上 E 段解释部分天然裂缝发育；由于测试压裂所用单一滑溜水产生的净压力有限，对缝长和缝高的延伸均不利，推测此类储层产生大面积复杂网络裂缝必须考虑利用黏度来有效提升净压力（图 8-24）。

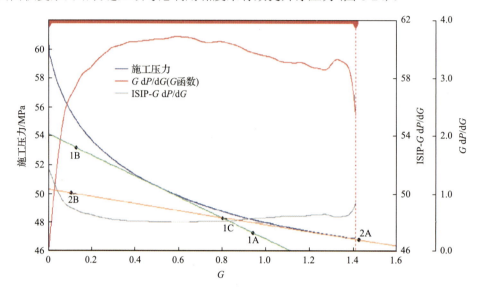

图 8-24　G 函数关系曲线
ISIP 为瞬时停泵压力

　　D 段较 E 段整体施工压力低 2～3MPa，井轨迹在灰质（3302.2m）以下，酸进地层压力降低，较 E 段更为明显，为 3～5MPa，地层显示脆性更好，与地质认识基本一致。C 段较 D 段整体施工压力低约 2MPa，井轨迹在灰质（3302.2m）以上，较 E 段更靠近底部 28m，酸进地层压力降低，较 E 段更为明显，地层显示脆性及可压性好于 E 段。B 段整体施工压力较高，尤其胶液高砂液比携砂阶段，压力涨幅较大，可压性显示一般。A 大段在第 14 段压裂位置出现后期压力异常，且与第 15 段存在明显差异，对应地层可能出现岩性变化（图 8-25）。

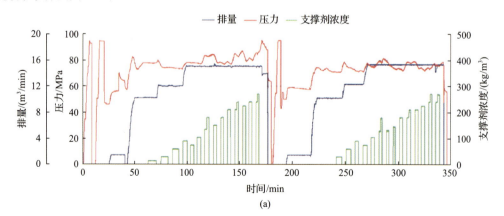

(a)

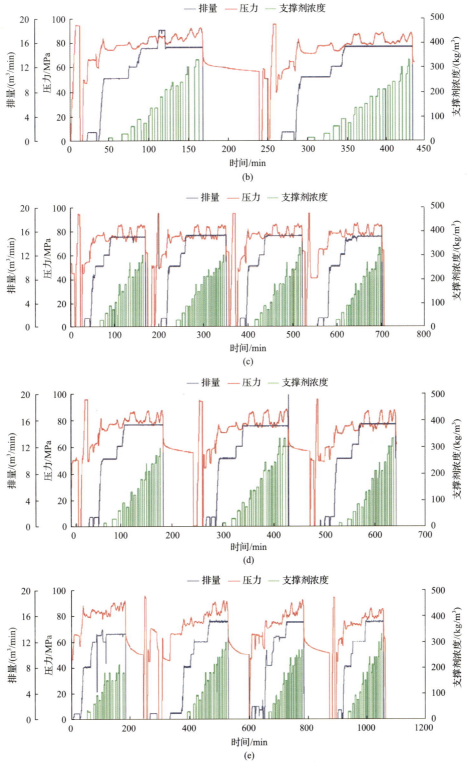

图 8-25　各大段施工曲线

(a)第 14、15 段(A 段)；(b)第 12、13 段(B 段)；(c)第 8~11 段(C 段)；(d)第 5~7 段(D 段)；(e)第 1~4 段(E 段)

压裂工艺适应性分析：滑溜水与胶液交替注入，实现了缝内高导流支撑剂非连续铺置，其效果类似于高通道压裂，优点在于有效减少隔离液用量，强化局部铺砂强度，压裂液效率显著提高。酸预处理后，滑溜水携 100 目粉陶以 1%砂液比注入约 1.5 倍井筒容积携砂液后，再用胶液造缝，缝高下延得到很好控制，液体效率得到明显改善。

SC 井压裂工艺成功率 100%，施工参数与设计符合率 100%。滑溜水最高携砂液比达 16%，降阻率高于 75%，是确保高排量施工的关键。

针对地质 E、C、A 段重点解决天然裂缝滤失、弯曲摩阻、高施工压力等难题，形成了"酸预处理+胶液前置造缝+滑溜水携粉陶打磨+胶液与滑溜水交替注入和携砂"压裂工艺模式。

针对地质 B、D 段重点解决下部间断发育节理影响、突破 20cm 灰质条带、潜在水平缝影响等难题，形成了"酸预处理+滑溜水探缝和携粉陶填堵+胶液前置造缝+滑溜水携粉陶打磨+胶液与滑溜水交替注入和携砂"压裂工艺模式。

成功探索了滑溜水与胶液混合压裂交替注入新工艺，有效提升压裂液效率的同时，进一步改善了缝内支撑剂铺置，确保裂缝高导流通道。

从 SC 井看，压裂施工压力表象与地质大段分类相匹配，也验证了地质认识，经施工参数反演可压性结果表明，C 段的可压性最好，E 段和 B 段次之，D 段和 A 段相对较差。

8.4　深层页岩气水平井压裂实例剖析

8.4.1　井基本情况

SL 井位于重庆市，构造位置属于川东南地区林滩场-丁山北东向构造带丁山构造北西翼。该井以五峰组—龙马溪组优质页岩气层段①～⑤号小层为目的层。完钻层位为中奥陶统宝塔组，完钻斜深 5322.00m，垂深 4095.46m，完钻层位下志留统龙马溪组。A 靶点斜深 4088.00m，垂深 3836.02m；B 靶点斜深 5322.00m，垂深 4095.46m，水平段长 1234.00m。

SL 井的导眼井钻井液使用情况如下(表 8-20)：上沙溪庙组—自流井组使用清水和空气钻钻进，须家河组使用钻井液密度为 1.18～1.27g/cm³。雷口坡组—飞仙关组一段使用钻井液密度为 1.30～1.36g/cm³，黏度 53～55mPa·s，失水 3.2～4.0mL。飞仙关组一段使用钻井液密度为 1.36～1.68g/cm³，黏度 55～58mPa·s，失水 3.2～3.4mL。茅口组—石牛栏组使用钻井液密度为 1.71～1.75g/cm³，黏度 58～70mPa·s，失水 2.4～4.0mL。长兴组—龙潭组使用钻井液密度为 1.68～1.71g/cm³，黏度 58～62mPa·s，失水 3.0～3.9mL。茅口组—石牛栏组使用钻井液密度为 1.71～1.75g/cm³，黏度 58～70mPa·s，失水 2.4～4.0mL。龙马溪组—宝塔组使用钻井液密度为 1.75～1.77g/cm³。

表 8-20　SL 井导眼井及水平井使用钻井液性能情况表

层位	钻井数据						备注
	井段/m	密度/(g/cm³)	黏度/(mPa·s)	失水/mL	pH	氯离子浓度/(mg/L)	
上沙溪庙组—下沙溪庙组	15.00～47.00						清水
下沙溪庙组—凉高山组	47.00～454.86						空气雾化钻
自流井组	454.86～490.30	1.17	42～70	4.0～5.0	9.5～10	1773～2482	
	490.30～876.37						空气钻
须家河组	876.37～1217.54	1.18～1.27	50～56	3.2～4.4	10～11	3191～4963	
雷口坡组—飞仙关组一段	1217.54～2370.00	1.30～1.36	53～55	3.2～4.0	10～11	3900～4963	
飞仙关组一段	2370.00～2417.50	1.36～1.68	55～58	3.2～3.4	11	4254～4963	
长兴组—龙潭组	2417.50～2593.50	1.68～1.71	58～62	3.0～3.9	10～11	4609～9217	
茅口组—石牛栏组	2593.50～3581.00	1.71～1.75	58～70	2.4～4.0	10～12	4254～10990	
龙马溪组—宝塔组	3581.00～3770.00	1.75～1.77	67～69	3.0	11	9572～11699	
韩家店组—龙马溪组一段[造斜段(水基)]	3300.00～3810.00	1.74～1.75	70～74	3.0	11～12	15953～23752	
龙马溪组一段[造斜段(油基)]	3810.00～3969.20	1.58～1.63	78～82	1.0	9		
龙马溪组一段[水平段(油基)]	3969.20～5322.00	1.75～1.80	78～80	0.2～1.0	9		

SL 水平井使用钻井液情况如下：韩家店组—龙马溪组一段使用钻井液密度为 1.74～1.75g/cm³，黏度 74～74mPa·s，失水 3.0mL。龙马溪组龙一段(造斜段)使用钻井液密度为 1.58～1.63g/cm³，黏度 78～82mPa·s，失水 1.0mL。龙马溪组龙一段(水平段)使用钻井液密度为 1.75～1.80g/cm³，黏度 78～80mPa·s，失水 0.2～1.0mL。

SL 水平井生产套管(外径 139.7mm)，下入深度 5319.32m，固井水泥浆返至地面，人工井底 5260m。11～3806.5m 为双层套管，二界面固井质量仅做参考。水平段第一界面：胶结良好 62.1%，胶结中等 37.2%；第二界面：胶结良好 5.8%，胶结中等 42.7%。本次固井质量综合评价为合格(表 8-21、表 8-22)。

表 8-21　SL 水平井生产套管(139.7mm 套管)固井质量解释成果表

井段/m	第一界面解释结论	第二界面解释结论
11～166	胶结差为主，部分良好、中等	差
166～1146	胶结良好、中等为主，少量差	差
1146～1155	胶结良好	胶结中等
1155～1332	胶结良好、中等为主	胶结差，极少量中等
1332～1343	胶结良好、中等各半	胶结中等
1343～1541	胶结良好、中等各半	差
1541～1570	胶结差为主，少量中等	差
1570～1666	胶结良好、中等各半	差
1666～1713	胶结差	差
1713～2016	胶结良好、中等为主，少量差	差

续表

井段/m	第一界面解释结论	第二界面解释结论
2016～2239	胶结良好、中等各半	差
2239～2295	胶结中等为主，少量差	差
2295～2603	胶结良好、中等为主，少量差	差
2603～2657	胶结差为主，少量中好	差
2657～2751	胶结中好为主，少量差	差
2751～2790	胶结差为主，少量中等	差
2790～2885	胶结良好、中等各半	差
2885～2908	胶结差	差
2908～2937	胶结良好、中等各半	差
2937～2957	胶结差	差
2957～3234	胶结良好、中等为主，少量差	差
3234～3807	胶结良好为主，部分中等	胶结差为主，少量中等
3807～3881.2	胶结良好	胶结中等为主，部分良好
固井质量统计	第一界面：胶结良好 43.4%，胶结中等 41.3%，胶结差 15.3%； 第二界面：胶结良好 0.6%，胶结中等 2.3%，胶结差 97.1%	

表 8-22 SL 水平井水平段生产套管(139.7mm 套管)固井质量解释成果表

井段/m	第一界面解释结论	第二界面解释结论
3795～3832	胶结良好、中等为主，少量差	胶结差，少量中等
3832～3937	胶结良好为主，少量中等	胶结中等为主，部分良好
3937～4027	胶结良好为主，少量中等	胶结中等、差各半
4027～4064	胶结中等为主，少量良好	差
4064～4119	胶结良好、中等各半	胶结中等为主，少量良好
4119～4248	胶结中等为主，少量良好	胶结差，少量中等
4248～4307	胶结中等为主，少量良好	胶结中等、差各半
4307～4388	胶结良好、中等各半	差
4388～4415	胶结良好、中等各半	胶结中等
4415～4433	胶结中等为主，少量良好	差
4433～4526	胶结良好、中等各半	胶结中等，少量良好
4526～4695	胶结良好，少量中等	胶结差，少量良好、中等
4695～4803	胶结良好为主，部分中等	胶结中等，少量差
4803～4932	胶结良好，少量中等	胶结差，少量中等
4932～5032	胶结良好，少量中等	胶结中等为主，少量差
5032～5141	胶结良好，少量中等	胶结差为主，少量中等
5141～5213	胶结良好，少量中等	胶结中等、差各半
5213～5260	胶结良好为主，部分中等	胶结良好为主，少量差
固井质量统计	第一界面：胶结良好 62.1%，胶结中等 37.2%，胶结差 0.7%； 第二界面：胶结良好 5.8%，胶结中等 42.7%，胶结差 51.5%	

　　SL 水平井钻遇地层自上而下为：中志留统韩家店组、下志留统石牛栏组、龙马溪组（未穿）。依据钻遇地层岩性组合特征，对比邻区分层标志，钻遇地层划分如表 8-23 所示。

表 8-23　SL 水平井实钻地层及岩性简述表

地层名称						实钻地层/m			岩性综述
系	统	组	段	亚段		底界斜深	底界垂深	斜厚	
志留系	中统	韩家店组				3331	3324.8		上部为灰色泥岩，下部为灰色灰质泥岩
	下统	石牛栏组				3630	3601.7	297	顶部为灰色含泥灰岩、灰岩，深灰色生屑灰岩；中部为灰色泥质灰岩夹灰色泥岩、泥质灰岩、泥灰岩；下部为深灰色灰质泥、泥灰岩；底部以一套黑灰色泥灰岩结束
		龙马溪组	龙二段—龙三段			3733	3680	103	上部灰质泥岩、含灰泥岩；下部黑灰色泥岩、粉砂质泥岩
			三亚段—二亚段	⑥～⑨		3896	3781	163	黑灰色泥岩、灰黑色泥岩、粉砂质泥岩、灰黑色粉砂质泥岩
			龙一段	④～⑤		3990	3806.39	94	灰黑色碳质泥岩、泥岩
				一亚段	①～③ A 靶点	4088	3836.02	98	灰黑色碳质泥岩，含碳质泥岩
					B 靶点	5322	4095.46	1034	

　　SL 水平井共钻遇 1489.50m/9 层不同级别的油气显示，其中石牛栏组 10.5m/4 层，龙马溪组三段—二段 5.0m/1 层，龙马溪组一段二亚段—一亚段 174.0m/1 层，龙马溪组一段一亚段 1258.0m/2 层，五峰组 42.0m/1 层。现场录井解释微含气层 5.00m/1 层，泥页岩含气层 174.00m/1 层，泥页岩气层 1300.00m/3 层。SL 导眼井及侧钻水平井钻进过程中未见硫化氢显示。SL 井（导眼井）钻进期间共发生 4 次井漏，其中须家河组裂缝型漏失 3 次，总计漏失钻井液 59.04m³，一开中完下套管前底层承压实验漏失 43.57m³，累计漏失钻井液 102.61m³；石牛栏组、五峰组—龙马溪组均未见井漏（表 8-24）。SL 水平井在钻井过程中未发生井漏。SL 井（导眼井）钻进过程中在全井段均未发生溢流、井涌情况。

表 8-24　SL 井（导眼井）井漏统计表

序号	层位	日期	井段/m	厚度/m	漏失量/m³	漏速/(m³/h)	累计漏失量/m³	相对密度	黏度/(mPa·s)	主要岩性	漏失类型	工程简况
1	须家河组	2016/6/21	866.65		25.50	117.70	25.50	1.18	50	灰色细砂岩	裂缝型漏失	划眼
2	须家河组	2016/6/25	908.47～908.55	0.08	14.00	8.28	39.50	1.27	55	灰色细砂岩	裂缝型漏失	堵漏
3	须家河组	2016/6/26	928.13～928.39	0.26	19.54	21.24	59.04	1.27	55	灰色细砂岩	裂缝型漏失	堵漏
4		2016/8/16			43.57		102.61	1.72	60		裂缝型漏失	地层承压

地层压力预测主要依据地震压力预测及实钻钻井液密度资料及邻井实测地层压力数据。SL 水平井五峰组—龙马溪组水平段使用钻井液密度为 1.75～1.80g/cm³，地震预测压力系数为 1.25～1.35。综合预测 SL 水平井龙马溪组地层压力系数为 1.25～1.50。SL 水平井水平段中部深度(垂深 3965.74m)地层温度在 139℃左右。

8.4.2 压前储层参数综合分析

SL 井导眼井五峰组—龙马溪组一段富有机质泥页岩孔隙度为 2.07%～5.59%，平均为 3.06%；渗透率为 0.04～6.04mD，平均为 0.34mD。优质泥页岩层段有效孔隙度为 3.00%～5.59%，平均为 3.93%；渗透率为 0.056～6.04mD，平均为 0.75mD。

根据斯伦贝谢公司 FMI 电成像及 LithoScanner 岩性扫描测井解释初步成果，SL 井(导眼井)五峰组—龙马溪组解释页岩气层 9 层，厚度共计 83.0m。具体解释成果如下：五峰组—龙马溪组一段泥页岩黏土矿物含量为 10.4%～48.5%，平均为 35.4%；硅质矿物含量为 20.7%～57.1%，平均为 35.4%；碳酸盐岩矿物含量为 6.9%～36.1%，平均为 14.9%。

优质页岩层段(五峰组—龙一段一亚段)黏土矿物含量为 10.4%～39.5%，平均为 26.4%；硅质矿物含量为 20.7%～57.8%，平均为 41.1%；碳酸盐岩矿物含量为 8.0%～36.1%，平均为 14.4%。优质页岩层段黏土矿物含量从上到下逐渐降低，各小层矿物含量具体数据如表 8-25 所示。

表 8-25 SL 井优质页岩层段各小层主要矿物含量统计表

小层	井深/m	黏土矿物含量/%	硅质矿物含量/%	碳酸盐岩矿物含量/%
④、⑤	3702～3716.3	23.7～39.5/32.0	20.7～50.4/37.9	8.4～32.6/14.1
③	3716.3～3726.2	11.6～31.4/22.8	35.0～53.0/42.3	8.0～19.2/14.2
②	3725.17～3727.17	13.9～17.0/14.9	46.0～57.1/53.4	8.7～18.3/12.2
①	3727.17～3730.9	10.4～29.9/17.7	29.7～57.8/48.7	9.8～25.5/14.2
平均		10.4～39.5/26.4	20.7～57.8/41.1	8.0～36.1/14.4

注：斜杠之前为矿物含量的范围，斜杠之后为矿物含量的平均值。

SL 水平井水平段地化录井有机碳含量均在 3%以上，大部分井段 TOC 在 3%～6%，平均 4.45%。SL 井导眼井五峰组—龙马溪组总有机碳测试样品 115 个(岩心样品)，岩性主要为深灰色含灰泥岩、灰黑色泥岩、灰黑色碳质泥岩。五峰组—龙马溪组页岩气层厚 88.9m，有机碳最小值为 0.59%，最大值为 5.86%，平均值为 1.79%。其中，优质泥页岩厚 28.9m，有机碳最小值为 1.28%，最大值为 5.86%，平均值为 3.26%。

SL 井导眼井五峰组—龙马溪组现场共测试含气量样品 77 块，总含气量为 0.416～8.980m³/t，平均为 2.051m³/t，且底部含气量明显增大。其中，优质页岩段总含气量为 2.355～8.980m³/t，平均为 5.174m³/t。

斯伦贝谢测井解释 SL 井五峰组—龙马溪组一段页岩气层段总含气量(压力系数 1.40)为 0.663～10.716m³/t，平均为 2.940m³/t。优质页岩层段总含气量(压力系数 1.40)为 0.903～10.716m³/t，平均为 5.299m³/t。

SL 井导眼井岩心描述和 FMI 成像测井资料显示：龙马溪组一段三亚段向上到石牛栏组高阻缝较发育，表明该段地层构造变形强烈，高阻缝有 120 条，高导缝欠发育，高阻缝优势走向为北东东—南西西向。裂缝主要分布于石牛栏组与龙马溪上段地层中，①～⑨号小层内发育高阻缝 40 条。

8.4.3　岩石力学及地应力分析

SL 井水平井段穿行③小层为主，占比 81%，杨氏模量平均值为 43817.8MPa，泊松比平均值为 0.2218，如表 8-26 所示。

表 8-26　SL 井导眼井取心岩石力学试验按小层统计参数表

小层	杨氏模量平均值/MPa	泊松比平均值	黏聚力/MPa	内摩擦角/(°)	抗拉强度/MPa
⑨	40131.67	0.252667	28.79	35.67	10.29
⑧	41651.58	0.244083	20.2	40.45	6.65
⑤	37054.67	0.252833	22.31	34.85	6.57
③	43817.8	0.2218	44.03	45.15	11.31
②	37993.4	0.248	21	47.6	10.25
①	51845.67	0.264			16.27
临湘组	45779.5	0.232167	23.12	47.18	13.33

五峰组—龙马溪组一段三向平均应力：S_H=110MPa，S_h=87.8MPa，S_v=91.7MPa，如表 8-27 所示。

表 8-27　SL 井导眼井取心测试地应力参数表

样品编号	小层	检测条件			地应力大小检测结果						
		围压/MPa	孔压/MPa	温度/℃	Kaiser 点对应的应力值/MPa				三主应力大小/MPa		
					垂直	0°	45°	90°	S_v	S_H	S_h
Dy4-8-14-98	⑨	0/30	0	室温	47.13	64.54	28.27	46.77	89.83	109.44	87.27
Dy4-9-33-46	⑧	0	0	室温	47.87	63.62	42.71	44.59	90.76	108.12	85.87
Dy4-10-16-111	⑧	0/30	0	室温	50.56	67.81	32.3	49.94	91.12	110.48	88.40
Dy4-12-20-27	⑤	0/30	0	室温	51.26		35.37	50.53	92.22		
Dy4-13-104-132	③	0	0	室温	51.86	68.85	36.17	50.6	92.99	111.98	89.73
Dy4-14-2-45	②	0/30	0	室温	49.66		34.68	48.21	93.26		

根据 SL 井导眼井测井资料修正地应力剖面（表 8-28），岩石力学及地应力参数如下（①～⑨小层平均值）：杨氏模量 43GPa，泊松比 0.24，最大水平主应力 109MPa，最小水平主应力 90MPa（0.0242～0.0257MPa/m），垂向应力 93MPa，水平应力差异系数为 0.21，可压指数 FI=37.95%～65.28%，平均为 47.33%。

表 8-28 SL 井(导眼井)测井解释数据表

小层	总伽马 GR/API	密度 DEN/(g/cm³)	脆性指数 BRIT	可压指数 FI/%	静态泊松比 SPIOS	静态杨氏模量 SMOD/MPa	最小主应力/MPa	垂向应力/MPa	最大主应力/MPa
⑨	141.87	2.66	0.54	37.95	0.23	43861	88.5	91.3	107.2
⑧	143.02	2.65	0.54	38.69	0.23	43417	88.7	91.8	107.5
⑦	144.02	2.65	0.56	39.98	0.25	45275	90.9	92.3	110.0
⑥	147.89	2.64	0.59	41.28	0.27	47749	93.6	92.5	113.1
④、⑤	154.93	2.60	0.65	46.17	0.24	43871	90.8	92.8	109.9
③	218.42	2.54	0.72	52.51	0.21	39778	88.4	93.1	107.1
②	370.85	2.42	0.85	65.28	0.22	38244	89.3	93.2	108.0
①	209.38	2.50	0.77	56.77	0.24	41971	91.0	93.3	110.0

结合 SL 井导眼井 FMI 电成像资料井壁崩落及钻井诱导缝发育特征,该井五峰组—龙马溪组页岩气层段的最大水平主应力方向为北西西—南东东方向,方位角为 95°(图 8-26)。

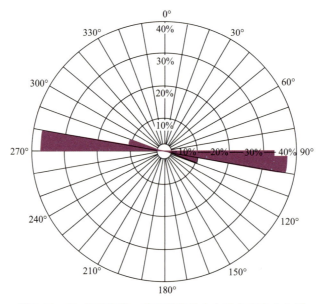

图 8-26 SL 井五峰组—龙马溪组最大水平主应力方向图

8.4.4 页岩特征小结

SL 水平井主要穿行①~③小层优质页岩段,根据其导眼井实钻数据显示结论。

(1)垂厚 28.9m,测井解释孔隙度 4.05%。

(2)录井 TOC=3.77%,现场测试含气量 5.174m³/t。

(3)优质页岩内 23 条高阻缝,顺层缝和层理缝发育。

(4)硅质含量为 41.1%,碳酸盐含量为 14.4%,脆性指数为 0.55(矿物)~0.65(岩石力学)。

(5)压力系数为 1.25~1.50,地层温度为 139℃。

(6) 平均最小主应力 87.8(试验平均值)~90MPa(测井平均值)。

(7) 水平两向应力差 19MPa,水平应力差异系数 0.21。

物性条件中等偏上,可压性中等条件。高阻缝和层理发育,具备形成复杂裂缝的基础条件。

8.4.5 压裂方案设计

1. 设计思路及材料选择

总体思路:采用全尺度网络压裂技术,优选三种黏度滑溜水及胶液作为主体压裂液,采取变排量变黏度泵注模式,以最大程度地提高有效改造体积。同时增加小粒径支撑剂比例,实现多尺度微裂缝和层理缝的饱充填,有效保持裂缝长期导流能力,为页岩气产出提供优势通道。预计最高施工压力为 94~108MPa,配备 140MPa 压裂井口。

主体技术为全尺度网络压裂:

(1) 多级造缝。主体采用变黏滑溜水,适当增加胶液比例,提高携砂浓度。

(2) 多级充填。适当增加小粒径支撑剂比例,高应力段采取低砂液比多级长段塞充填。

(3) 配套工艺。考虑深层造缝初期降低施工压力和压开地层需要,采取前置酸处理、粉陶段塞降滤打磨、变黏度+变排量净压力控制、早期控缝高等工艺措施。

(4) 分段测试。第 1~3 段采取预处理酸+胶液+滑溜水施工模式。第 4~6 段采取预处理酸+变黏滑溜水+胶液施工模式。注意第 1~3 段施工完毕后,进行一次放喷测试,测试结束后下实心桥塞封堵,再进行第 4~6 段施工。第 4~6 段施工完毕后,再进行一次放喷测试,以便对比两种压裂工艺对地层适应性。第 4~6 段结束测试后下入实心桥塞封堵,根据测试情况进一步优化射孔完井方式及压裂工艺模式,优选其中之一完成后面第 7~17 段的分段压裂施工。

配套完井方案详述如下:

(1) 完井方式,第 1 段连续油管射孔+压裂桥塞,其余段采用电缆射孔+压裂桥塞联作。

(2) 压裂井口,140MPa。

(3) 采气树,KYS78/65-105MPa,压力级别为 105MPa,抗硫级别为 DD 级。

(4) 地面流程,105MPa×70MPa×70MPa×DD 级三级节流管汇。

(5) 防喷器组合,两套 2FZ28-105MPa,级别在 DD 级。

(6) 压井液,密度为 $2.5g/cm^3$ 的压井液、体积不小于 $100m^3$、密度为 $2.0g/cm^3$ 的压井液、体积不小于 $150m^3$。

(7) 连续油管全程现场值班,工作能力能保证在井底深度 5260.6m、105MPa 压力的情况下长期安全施工。

考虑到 SL 井储层物性、岩性、脆性等参数特征,采用混合压裂液体系压裂,即滑溜水+胶液体系。压裂液要求:①摩阻低,悬砂性能稳定,伤害低,整体配伍性好;②滑溜水黏度可调,低黏度提高复杂性,中高黏度撑开微裂缝,增加裂缝复杂程度;③胶液高砂液比加砂,使网缝进一步加强与主裂缝通道连通性。

根据工艺要求，采取三种不同黏度滑溜水体系。

(1)低黏基本配方：0.03%SRFR-1 降阻剂+0.3%SRCS-1 黏土稳定剂+0.1%SRCU-1 助排剂。

(2)中黏基本配方：0.10%SRFR-1 降阻剂+0.3%SRCS-1 黏土稳定剂+0.1%SRCU-1 助排剂。

(3)高黏基本配方：0.20%SRFR-1 降阻剂+0.3%SRCS-1 黏土稳定剂+0.1%SRCU-1 助排剂。

通过不同浓度的降阻剂在清水中的溶解时间、表观黏度、降阻率测试实验，评价降阻剂使用浓度，根据实验结果，结合降阻率、表观黏度要求，0.03%、0.1%和0.20%降阻剂能够满足现场要求。

胶液体系主要由增稠剂、交联剂、助排剂、破胶剂等组成，并在涪陵、黔江、新疆、内蒙古等区块进行了应用，根据体系的应用情况，通过不断改进，进一步提高了胶液的各项性能，重点配套了配伍性好的黏土稳定剂，具体配方如下：0.38%SRFP-1 增稠剂+0.18%SRFC-1 交联剂+0.3%SRCS-1 黏土稳定剂+0.1%SRCU-1 助排剂+0.05%破胶剂，基液黏度不小于36mPa·s，胶液黏度为40～80mPa·s。

推荐 SL 井选用盐酸作为预处理酸液。酸预处理配方：15%HCl+2.0%高温缓蚀剂+1.0%助排剂+1.0%铁离子稳定剂。酸溶蚀率试验如表 8-29 所示。

表 8-29 SL 井(导眼井)酸溶蚀率试验

盐酸浓度/%	样重/g	试验数值		反应后质量/g	溶蚀量/g	溶蚀率/%
		总重	滤纸			
5	5.000	5.473	1.438	4.035	0.965	19.3
10	5.000	5.382	1.442	3.940	1.060	21.2
15	5.000	5.296	1.416	3.880	1.120	22.4
20	5.000	5.270	1.425	3.845	1.155	23.1

SL 井压裂支撑剂采用组合粒径：70/140 目粉陶+40/70 目低密度覆膜陶粒+30/50 目低密度覆膜陶粒。针对闭合应力 87.8～90MPa，考虑支撑剂耐压性、抗破碎率、导流能力和经济性等因素，70/140 目粉陶选择抗压强度 86MPa，40/70 目和 30/50 目低密度覆膜陶粒选择抗压强度 103MPa，支撑剂性能指标要求如表 8-30 和表 8-31 所示。

表 8-30 70/140 目粉陶支撑剂性能指标要求

序号	检验项目	指标要求
1	酸溶解度/%	≤7.0
2	破碎率/%	≤8
3	体积密度/(g/cm³)	≤1.65
4	圆度	≥0.8
5	球度	≥0.8

表 8-31　40/70 目低密陶粒和 30/50 目低密陶粒支撑剂性能指标要求

序号	检验项目	指标要求
1	酸溶解度/%	≤7.0
2	破碎率/%	≤5.0
3	视密度/(g/cm³)	—
4	体积密度/(g/cm³)	≤1.65
5	圆度	≥0.8
6	球度	≥0.8

2. 压裂工艺参数优化

1) 分簇分段优化

总分段数为 17 段，总簇数为 52 簇。需要指出的是，桥塞位置避开套管接箍，上返射孔沉沙口袋尽量较长；簇射孔位置均避免了测井和钻井给出的接箍位置，但电缆泵送桥塞磁定位测试接箍过程中，接箍深度可能还会发生变化，现场需进一步校正，簇射孔位置可微调，切勿在接箍处射孔。现场施工中若段与段之间干扰过大，影响下一段正常施工，则下一段簇射孔位置和簇数可进行调整。具体分段分簇参数如表 8-32 所示。

表 8-32　SL 水平井分段分簇参数表

段号	层位	井段/m 顶深	井段/m 底深	段长/m	段间距/m	射孔簇位置 簇号	射孔簇位置 顶深/m	射孔簇位置 底深/m	簇长/m	簇间距/m	孔数
1	③	5210	5260	50	33	1	5248	5249.5	1.5	13.5	24
						2	5233	5234.5	1.5	33	24
2	③	5148	5210	62	34	3	5199	5200	1	15	16
						4	5183	5184	1	14	16
						5	5168	5169	1	34	16
3	③	5080	5148	68	39	6	5133	5134	1	16	16
						7	5116	5117	1	13	16
						8	5102	5103	1	39	16
4	③	5013	5080	67	39	9	5062	5063	1	13	16
						10	5048	5049	1	14	16
						11	5033	5034	1	39	16
5	③	4940	5013	73	39	12	4993	4994	1	14	16
						13	4978	4979	1	14	16
						14	4963	4964	1	39	16
6	③	4869	4940	71	39	15	4923	4924	1	14	16
						16	4908	4909	1	14	16
						17	4893	4894	1	39	16

续表

段号	层位	井段/m 顶深	井段/m 底深	段长/m	段间距/m	簇号	顶深/m	底深/m	簇长/m	簇间距/m	孔数
7	③	4796	4869	73	38.25	18	4853	4854	1	14	16
						19	4838	4839	1	15	16
						20	4822	4823	1	38.25	16
8	③	4720	4796	76	36.25	21	4783	4783.75	0.75	13.25	12
						22	4769	4769.75	0.75	14.25	12
						23	4754	4754.75	0.75	14.25	12
						24	4739	4739.75	0.75	36.25	12
9	③	4640	4720	80	38	25	4702	4702.75	0.75	13.25	12
						26	4688	4688.75	0.75	14.25	12
						27	4673	4673.75	0.75	15.25	12
						28	4657	4657.75	0.75	38	12
10	③	4570	4640	70	36	29	4618	4619	1	15	16
						30	4602	4603	1	13	16
						31	4588	4589	1	36	16
11	③	4498	4570	72	41	32	4551	4552	1	15	16
						33	4535	4536	1	14	16
						34	4520	4521	1	41	16
12	③	4430	4498	68	39	35	4478	4479	1	14	16
						36	4463	4464	1	14	16
						37	4448	4449	1	39	16
13	③	4360	4430	70	39	38	4408	4409	1	14	16
						39	4393	4394	1	14	16
						40	4378	4379	1	39	16
14	③	4288	4360	72	40.25	41	4338	4339	1	14	16
						42	4323	4324	1	13	16
						43	4309	4310	1	40.25	16
15	①、②	4200	4288	88	38	44	4268	4268.75	0.75	18.25	12
						45	4249	4249.75	0.75	14.25	12
						46	4234	4234.75	0.75	15.25	12
						47	4218	4218.75	0.75	38	12
16	③	4135	4200	65	36.5	48	4179	4180	1	13	16
						49	4165	4166	1	15	16
						50	4149	4150	1	36.5	16
17	③	4088	4135	47		51	4111	4112.5	1.5	15.5	24
						52	4094	4095.5	1.5		24

2)射孔参数优化

单段长 60～75m（根据实际情况可以调整），每段射孔 2～4 簇，每簇 0.75～2m。射孔采用 89mm 枪弹，射孔密度为 16 孔/m，相位 60°，孔径不小于 13.9mm，除第 1、17 段射 2 簇，单簇 2m，总孔数为 64 孔，其余段射孔 3～4 簇，单段总孔数 48 孔。

3）压裂液规模优化

最优裂缝半长为 270～290m，规模模拟对应为 1900～2000m³ 规模，缝长为 277～293m，改造体积（SRV）156 万～174 万 m³。

4）支撑剂规模优化

支撑剂 63～72m³（综合砂液比 3.5%～4%），有效支撑的主裂缝平均导流能力达到 1.1～6.2μm²·cm，优质页岩层获得有效支撑。

5）排量优化

排量对裂缝形态和 SRV 影响较大，优化最优排量 12～16m³/min。施工排量 12～16m³/min 时，预计井口施工压力为 94～111MPa，如图 8-27 所示。

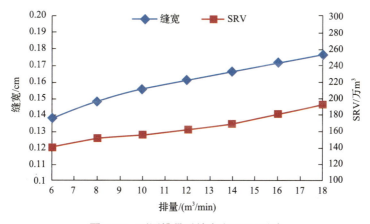

图 8-27　不同排量对缝宽和 SRV 影响

6）液体黏度优化

优选黏度在 100mPa·s 以内的液体作为主体压裂液（图 8-28）。

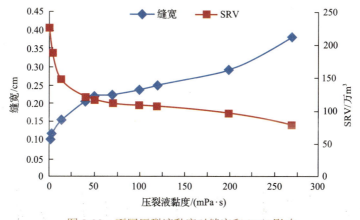

图 8-28　不同压裂液黏度对缝宽和 SRV 影响

7）泵注工艺优化

考虑提高初始缝宽便于后续加砂，在前置预处理酸之后采用胶液泵注来提高缝内净压力和增加缝宽,之后采用低黏滑溜水施工,此泵注方案在 1~3 段进行试验。

前置预处理酸之后采用低黏滑溜水替酸(控制排量,降低井口施工破裂压力),之后倒高黏滑溜水进行造缝。待高黏滑溜水结束后,采取低黏滑溜水交替注入,提升排量至 14~16m³/min,加入小粒径支撑剂,利用此不同黏度滑溜水交替注入,尽可能实现多尺度裂缝的开启和充填,从而增加改造体积。此泵注方案在 4~6 段进行试验。

其余段则根据地质情况和前 6 段压裂效果,按照前两个泵注方案进一步优化完善泵序后进行施工。

8)返排工艺优化

初期返排速率用针型阀或油嘴控制在 12~20m³/h,依靠连续返排,直至见气为止。

当压力降至小于裂缝闭合压力 5MPa 后可进一步提高返排速度(前三天,不超过 20m³/h)。

油嘴尺寸推荐为 3mm、4mm、6mm、8mm、10mm、12mm,总体原则"先慢后快,逐步放大"。

若套管排液差,不能正常弹性排液,则考虑下入连续油管气举返排。

8.4.6 压后分析

SL 井压裂总液量为 42070.6m³,其中酸液 267.9m³,高黏滑溜水 32225m³,胶液 9577.7m³。胶液平均占比 22.76%,滑溜水平均占比 76.6%。总砂量为 1210.1m³;其中 70/140 目砂量为 208.6m³;40/70 目砂量为 827.5m³;30/50 目砂量为 174m³。单段平均液量 2474.74m³,单段平均砂量 71.18m³。粉砂占比 8.31%~26.88%,平均为 17.24%;中砂占比 61.26%~73.75%,平均为 68.38%;粗砂占比 6.95%~21.04%,平均为 14.38%。

第 2~4、7~11、14、16、17 段自然伽马值大于 250API(其中 2、3、7~10、16 段自然伽马不小于 300API),总体施工压力相对较高,加砂阶段施工压力为 96~106MPa,压力波动大,粉砂敏感砂液比 8%,中砂敏感砂液比 7%~9%(图 8-29)。

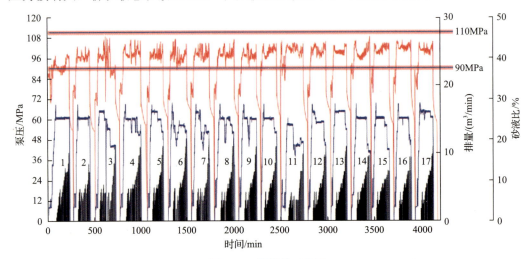

图 8-29 压裂施工曲线

第 1 段盐酸降压效果明显，判断主要与水平段 B 靶点污染堵塞物反应导致；后续压裂段由于携砂液打磨井筒和冲刷炮眼，盐酸进入地层后，反应时间快，降压效果一般。第 15、16 段酸液进入地层后有明显降压效果，判断主要是与②小层岩性有关(灰色含介壳含泥含灰白云岩)，碳酸盐岩平均含量 21.1%，酸岩反应作用明显(图 8-30)。

图 8-30　各压裂段酸降

根据停泵后压降分析，初始停泵压力、延伸压力和闭合压力总体趋势逐段上升，判断可能逐段大规模压裂导致段间诱导应力升高，压裂段彼此发生干扰所致(图 8-31)。

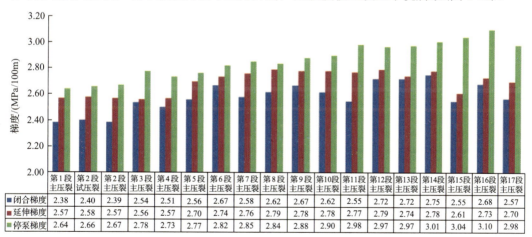

	第1段主压裂	第2段试压裂	第2段主压裂	第3段主压裂	第4段主压裂	第5段主压裂	第6段主压裂	第7段主压裂	第8段主压裂	第9段主压裂	第10段主压裂	第11段主压裂	第12段主压裂	第13段主压裂	第14段主压裂	第15段主压裂	第16段主压裂	第17段主压裂
闭合梯度	2.38	2.40	2.39	2.54	2.51	2.56	2.67	2.58	2.62	2.67	2.62	2.55	2.72	2.72	2.75	2.55	2.68	2.57
延伸梯度	2.57	2.58	2.57	2.56	2.57	2.70	2.74	2.76	2.79	2.78	2.78	2.77	2.79	2.74	2.78	2.61	2.73	2.70
停泵梯度	2.64	2.66	2.67	2.78	2.73	2.77	2.82	2.85	2.84	2.88	2.90	2.98	2.97	2.97	3.01	3.04	3.10	2.98

图 8-31　各压裂段闭合压力梯度、延伸压力梯度及停泵压力梯度

根据停泵后 30min 压降和 30min 压降速度分析，压力降幅大于 6MPa，压降速度大于 0.2MPa/min，判断压力扩散较快，裂缝连通性较好。由此推断 1、2、7、10、11、15～17 段效果较为理想(图 8-32)。

除前 4 段外，后续施工随单段液量的增加，总体上孔隙流体压力随之增大，围压作用增强，孔隙流体压力增大，会同时导致附加应力的增加，加之裂缝间距为 33～41m，平均为 37.8m，裂缝间的干扰作用也会随压裂的进行逐段增强(图 8-33)。

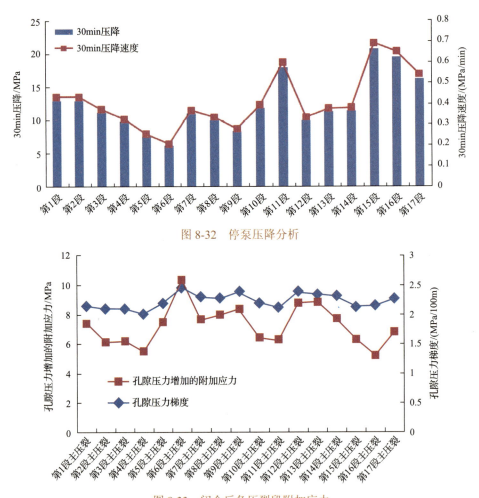

图 8-32　停泵压降分析

图 8-33　闭合后各压裂段附加应力

进一步分析孔隙压力与闭合压力的结果发现，二者呈一定正相关性，由此说明在地质条件不发生变化的情况下，孔隙流体压力增加导致附加应力的增加，一定程度上导致闭合压力随之增加。分析孔隙压力和 30min 压降速度关系表明，二者呈一定负相关性，由此说明高孔隙压力地层裂缝闭合慢，反过来也说明对应的裂缝延伸压力越高（图 8-34）。

根据施工压力反算两向水平应力差范围为 13～30.7MPa，平均为 21.5MPa，水平应力差异系数为 0.14～0.31，平均为 0.22；计算垂向应力与最小水平主应力差为−1.75～6.42MPa，垂向应力越接近最小水平主应力则裂缝延伸过程中开启水平页理缝的可能性越大。结合两向水平应力差和应力差异系数 k_h，判断第 1、6～8、10～12、14～17 段相对容易形成多缝（图 8-35）。

加砂前净前置阶段由于不考虑砂浆密度及摩阻等变化引起的压力波动，正常压力波动可以反映地层的破裂情况。根据前置液阶段施工压力进一步计算出净压力的变化，包括净压力波动次数（破裂次数）、平均降速，一定程度上可反映裂缝的复杂度；波动次数越多、压力降幅越大、降速越快则对应的初始起裂阶段的裂缝复杂度越高，由此判断第 1、6～8、10、11、14、15 段多点破裂特征相对明显（图 8-36）。

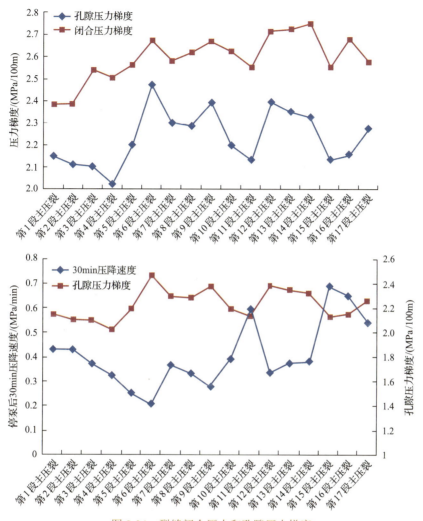

图 8-34 裂缝闭合压力和孔隙压力梯度

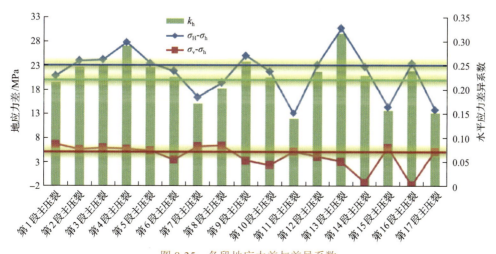

图 8-35 各段地应力差与差异系数

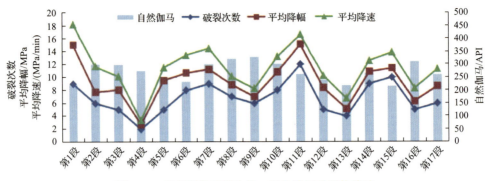

图 8-36 各压裂段破裂次数、平均降幅及平均降速

根据裂缝复杂指数计算结果表明,第 4、8、10、13~17 段复杂指数较高,对应裂缝扩展延伸阶段形成的裂缝复杂程度较高;根据裂缝复杂指数与滑溜水占比关系表明,二者存在一定的正相关性(图 8-37)。

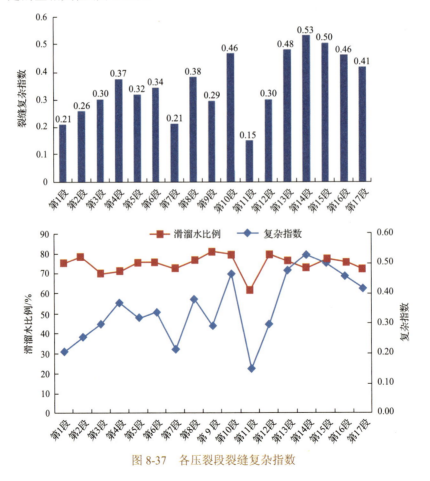

图 8-37 各压裂段裂缝复杂指数

SL 井脆性指数分布基本稳定,相对中深井,受温度、围压、构造应力等作用的影响,表现为力学(能量法计算的)计算脆性指数偏低(图 8-38);总体上,1、3、4、8、11、12、14、17 段脆性指数相对较高。

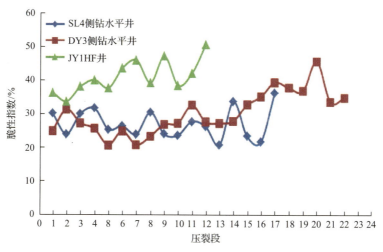

图 8-38 各压裂段脆性指数计算结果

根据施工参数计算可压指数，结果显示第 4~6、8~10、12~14、16、17 段可压性相对较高，裂缝复杂指数与可压指数二者存在一定正相关性(图 8-39)。

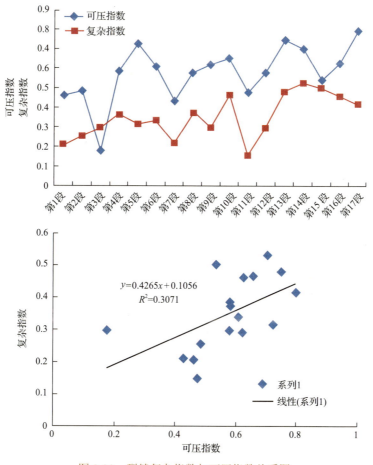

图 8-39 裂缝复杂指数与可压指数关系图

基于综合分析结果，判断第1、4、6～8、10～12、14～17段压裂改造形成复杂缝概率较高。其中，第1、8、10、11、14、15、17段复杂度相比其他段高。基于破裂特征和裂缝复杂性分析结果，复杂缝压裂段占比70.6%，其中复杂网缝压裂段占比41.2%。

阶梯降排量测试，每个降排量时间间隔20s，排量由12.1m³/min降到2m³/min，瞬时停泵压力67.5MPa，压降26.77MPa（沿程摩阻19.84MPa，炮眼摩阻6.93MPa），相同排量清水摩阻约84.86MPa（长度5210m，内径114.3mm），计算压裂液降阻率为76.62%。根据17段主压裂停泵压力分析，计算各压裂段在排量为11.1～15.2m³/min时对应的降阻率平均为77.7%～80.9%，胶液平均降阻率为75.8%。放喷返排液现场取样，测量黏度1～2mPa·s，无地层砂、无絮凝物，具备重复利用的条件。整体上液体性能良好，达到中等偏上水平。

计算每一段压裂施工净压力曲线（图8-40），对比消除孔隙压力影响后计算的两向水平应力差平均值以及天然裂缝开启临界净压力，SL井采取的前置胶液、中途1～2次倒胶、1～2级粉陶暂堵工艺达到了有效提升净压力、增加裂缝复杂程度的目的。

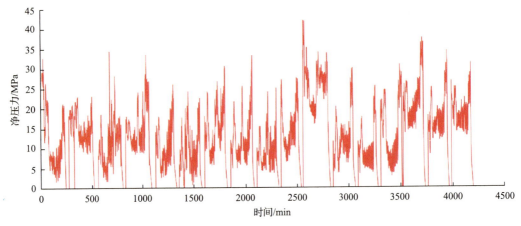

图8-40　SL井净压力曲线

通过压后裂缝参数反演，计算各压裂段地层中主裂缝平均缝宽、离散裂缝网络（DFN）平均缝宽、次生缝平均缝宽（图8-41），不同尺度平均缝宽频率分布表明，主缝宽为1～1.3mm，DFN缝宽为0.8～0.9mm，次生缝宽为0.5～0.6mm。SL井采用支撑剂粒径分别为70/140目（0.212～0.106mm）、40/70目（0.425～0.212mm）和30/50目（0.6～0.3mm），按照支撑剂粒径与平均缝宽的1/6匹配原则，小粒径支撑剂占比过低可能影响对缝网及分支缝的支撑效果。SL井17段施工70/140目支撑剂占8.31%～26.88%，平均为17.24%，根据复杂指数计算结果，该井平均复杂指数占比为35%（复杂缝与矩形缝面积比），由此推断粉陶占比可能不足以满足全尺度裂缝支撑需要。

SL井单段改造体积106万～224万m³，平均178万m³，总改造体积约为3024万m³。

以高黏滑溜水为主的混合压裂交替施工模式基本实现了深层页岩气高排量、高净压、高携砂、高导流、高效体积压裂。

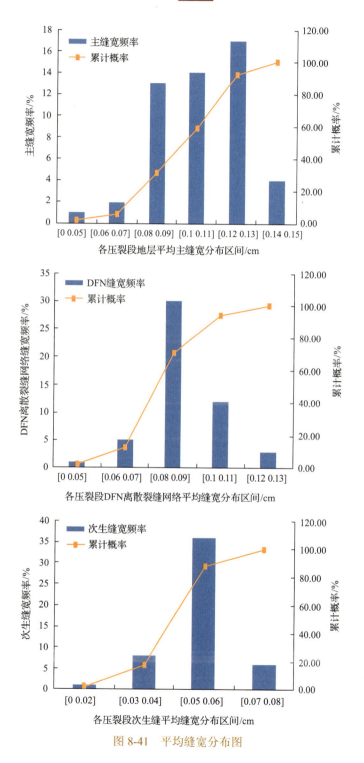

图 8-41　平均缝宽分布图

　　SL 井埋藏深、地应力高、岩石强度大、两向水平应力差异大，通过现场工艺的实施与调整，工程可压性得到较大改观，复杂裂缝占比达 70%。

　　前期低砂液比阶梯长段塞加砂和中途转粉陶及中途倒胶等工艺，实现了远井净压力的有效控制和缝宽提升(粗砂量占比提高至 15%),实现单段 2500m³ 压裂液+70m³ 砂的压裂规模,基本破解了深层页岩气加砂难题。为后续邻井压裂试气方案设计、施工配套及现场实施等提供了经验。

<h2 style="text-align:center">8.5 井工厂压裂实例剖析</h2>

页岩气井工厂压裂指的是一个平台上的井进行工厂化流水线式作业,常包括同步压裂和拉链式压裂。

8.5.1 国外同步压裂实例

2005 年以来,威廉姆斯海湾公司在 Barnett 页岩气田钻了 100 多口水平井[1]。Barnett 页岩气田是一个非常规天然气气田,这个气田位于 Fort Worth 盆地,覆盖了 19 个郡。滑溜水压裂是非常规水力压裂的主要技术。

近年来,威廉姆斯海湾公司和其他的一些公司尝试对两口或三口井进行同时压裂,目的在于使页岩受到更大的压力作用,并产生更复杂的裂缝网络,从而提高初始产量和储量。同时压裂技术费用很高,而且需要更多的设计、合作和后勤保障及更大的地面场地。

Barnett 页岩气为美国的页岩气资源做出了很大贡献,众所周知,Barnett 页岩气田是美国最大的陆上页岩气田。据估计,地层的生产部分覆盖了 19 个郡约 5000mi²①。根据得克萨斯铁路委员会于 2008 年 6 月公布的图可以看到,Barnett 页岩气田大约有 7700 口生产井以及 185 个生产商在对其进行开发,而且还有 4500 口补充井。目前,Barnett 页岩气田的产量超过了 1.05 亿 m³/d,这大约占得克萨斯天然气产量的 15%,而且 2000 年以来,大约有 1.08 亿 m³ 的天然气是产自 Barnett 页岩气田。

对成对的邻井进行同步压裂是目前 Barnett 页岩气田压裂的趋势之一,而且越来越多的生产商开始使用同步压裂。在这项技术中,几乎平行的两口或多口相邻井是同时压裂的。同步压裂的目的是为了使页岩受到更大的压力的作用,通过增加水力裂缝网络的密度以及增加压裂所产生的裂缝的表面积,从而产生更复杂的三维网络裂缝。如果生产商只钻了几口井,由于压裂过程中压裂液会被挤入两口井之间的空间,而这些空间是会被压开缝的,那么这些井中的每口井的排驱面积就会增加。

最初,在开始使用同步压裂时,Barnett 的同步压裂主要是用来在两口相邻的水平井间产生双裂缝。现在,生产商开始在一些施工中尝试着产生 3 倍裂缝甚至 4 倍裂缝。

Eastern Parker 郡对 4 口钻完井相似的水平井进行了顺序和同步压裂。这 4 口井都采用了近乎一样的压裂增产措施。顺序压裂/同步压裂后,初始产量(IPs)为 9.34 万~9.91 万 m³/d,并且 30 天内的平均产量在 5.95 万 m³/d 到 8.21 万 m³/d 之间变动。第四口井是一个单独的补偿水平井,其有效水平段长度为 731m,这距北部地区的距离不足 0.25mi,而且产量明显低于其他井,其初始产量为 6.51 万 m³/d,30 天内的平均产量为 3.40 万 m³/d。

---

① 1mi=1.609344km,1mi²≈2.59km²。

初始对比试验效果很不错，而且可以看出，对相邻的几口井进行顺序/同步压裂可以在地层中产生更复杂的裂缝网络，很大程度地改善井的生产动态。井 A 的水平段长度为 670.56m，井 A 是从一个单独的平台上进行钻进的；而井 B 和井 C 是从同一个平台上进行钻进的，井 B 的水平段长度为 579m，井 C 的水平段长度为 610m。井 A 和井 C 在跟部相距 274m，而在趾部相距最近，距离为 150m。第四口独立的水平井井 D，其有效的水平段长度为 731m，其位置在距北部地区不足 0.25mi 处。由于资金方面的限制，井 D 所在平台上只能钻一口井。

在井 A、B、C 中都实施了顺序压裂和同步压裂。井 A 压裂施工的第一个星期就完成了五段压裂。之后对井 B 和井 C 进行的同步压裂的第一个星期也是这种情况。

三口实施了顺序压裂/同步压裂的井(井 A、B、C)，其初始产量为 9.34 万～9.91 万 m^3/d，并且第一个月内的平均产量在 5.95 万～8.21 万 m^3/d 之间变动。而位于北部的独立的井 D，其初始产量明显低于其他的三口井，为 6.51 万 m^3/d，而且其第一个月内的平均产量也很低，为 3.40 万 m^3/d。进行了同步压裂/顺序压裂的井的初始结果取得了较好的效果，而且可以看出，对相邻的几口井进行顺序/同步压裂可以在地层中产生更复杂的裂缝网络，这样会很大程度上改善井的生产动态。

3 口进行了顺序压裂/同步压裂的井，它们 5 个月的平均产量几乎是独立的井 D 的两倍，而且井 D 具有经济效益的时间比其他的三口井要晚一个月左右。井 B 是 3 口井中产量最高的井，而且其最大的排驱面积可能接近东部。可能是受到后续的井 B 和井 C 的同步压裂的影响，井 A 的裂缝网络得到了加强，而这也使其产量有所增加。在三口井中，井 C 的产量最低，这可能是受到两口邻井干扰的影响。

多段连续的增产措施往往对初期措施有很大的影响，包括潜在的储层流动。初始断塞中的液体仍然处于某一驱替压力下，由于受压液体体积所受的应力不断增加，这就会使后续的断塞被挤走。通常认为，在地层中造新的裂缝网络会比对已存在的裂缝进行再次改造更有利。从 3 口井的生产数据中可以看出，与顺序压裂相比，同步压裂可以产生更有效的裂缝网络并获得更多的产量。这一点需要进一步的认识，而且要证实这一点还需要更多的数据。

表 8-33 给出的是采取同步压裂/顺序压裂的井与独立的井 D 的初始产量的对比。试实施了顺序压裂和同步压裂的井的第一个月内的平均产量几乎是单独压裂的井(井 D)的第一个月内的产量的 4 倍(表 8-34)。根据所钻的水平段的初始产量/线性长度的比值，同步压裂井的产量提高了 5 倍。

表 8-33 初始产量对比汇总表

井	实际水平段长度/ft	30 天的平均产量/(万 m^3/d)	初始产量/水平段长度/(m³/m)	当前产量/(万 m^3/d)
井 A(顺序压裂)	669	7.29	92.91	2.51
井 B(同步压裂)	596	8.11	135.64	2.52
井 C(同步压裂-加密井)	576	5.94	103.12	1.85
前三口井的平均值	613.67	7.11	110.5567	2.29
井 D(单独压裂井)	736	1.74	23.23	1.32

表 8-34　EUR 和采收率计算汇总表

井	实际水平段长度/m	EUR/亿 m³	EUR/水平段长度/(万 m³/m)	采收率/%
井 A(顺序压裂)	669	0.58	8.73	
井 B(同步压裂)	596	0.63	10.59	
井 C(同步压裂-加密井)	576	0.33	5.76	
前三口井的平均值	613.67	0.513	8.36	25.9
井 D(单独压裂井)	736	0.25	3.44	6.4

表 8-34 表示的是最终采收率(EUR)和采收率计算的结果。EUR 评估结果是基于递减曲线分析得到的,天然气储量是对水平井趾部到跟部范围内、排驱半径为 150m 的地层进行评估得到的。三口井(井 A、B、C)总共的排驱面积为 130 英亩①,而井 D 的排驱面积为 85 英亩。在储层毛厚度为 102m,储层孔隙度为 3%,计算得到的三口井(井 A、B、C)和井 D 的地质储量(GIP)分别为 5.97 亿 m³ 和 3.91 亿 m³。吸附的天然气的 GIP 是根据 2.72m³/t 的气体含量来得到的。

分析可以看出,井 D 的采收率为 6.4%,而同步压裂井的采收率几乎是其 4 倍,接近 26%。从 EUR/水平段长度之比也可以看到 2.5 倍的效益,同步压裂井的 EUR/水平段长度之比为 8.36 万 m³/m,而井 D 的 EUR/水平段长度之比为 3.44 万 m³/m。

该案例表明,与独立的井(不采取压裂的井)相比,同步压裂井在初始产量、EUR 和采收率等方面都有很大的提高。

重新审查压裂施工中的压裂数据是为了来估计同步压裂/顺序压裂优势产生的可能原因。一般认为,向不同的裂缝中交替注入压裂液可能会产生额外的效果,要么通过产生更高的净压力,要么通过加强裂缝内液体与其他填充了液体的裂缝相接处时的导流能力来增加裂缝的强度。

表 8-35 给出的是 4 口井的压裂液返排率和净压力的汇总表。这个结果表明,与其他两口井相比,井 A 和井 B 的生产动态较好,这两口井的净压力在 6.89～11MPa 范围内变动。

表 8-35　净压力和压裂施工中压裂液返排率和净压力汇总表

井	实际水平段长度/m	净压力/MPa	压裂液返排率			
			前 100h		前 300h	
			压裂液量/m³	返排率/%	压裂液量/bbl	返排率/%
井 A(顺序压裂)	669	6.89～11	271.47	20.80	563.56	43.30
井 B(同步压裂)	596	10.34～11	120.06	10.50	283.07	24.70
井 C(同步压裂-加密井)	576	2.76～6.20	35.92	3.00	36.83	
井 D(单独压裂井)	736	1.38～2.07	77.69	4.00	160.76	

---

① 1 英亩=4046.864798m²。

压裂液返排率似乎也与井的生产动态相关。一般认为，高速压裂液清洗井眼程度很高(＞50%)，这意味着地层中未产生明显的裂缝网络，只产生了一些简单的裂缝，这些简单的裂缝就像是气球，并且向井眼方向不断缩小。表 8-35 的数据与以上的认识不一致，因此，在这方面还需要进一步的分析。在返排过程的前 100h 内，井 A 和井 B 的返排率都很高，分别为 20.80% 和 10.50%，而另外两口井的返排率则很低，在 3.00%～4.00% 变化。然而，相对井 D，井 C 的开发动态会更好，但是井 C 的压裂液返排率更低一些。可能是由于同步压裂以及在井附近地层产生了更好的裂缝网络，部分的返排液体是从补偿井(井 A 和井 B)中排出的，所以这两口井中压裂液的返排率都很高。

8.5.2　国内拉链式压裂实例

井工厂拉链式压裂指的是有两口井或者更多的井在一个井场依次压裂和射孔。一套压裂车组连接各个井口，以两口井为例，即当第二口井第一段压裂时，第一口井处于泵送桥塞阶段，第二口第一段压裂完，第一口井泵送结束后开始压裂第二段，如此反复，直至两口井压裂完成。拉链式压裂有较大的好处，能在两口水平井间实现更大的网络裂缝，同时在地面上大幅度降低作业时间，其作业流程如图 8-42 所示。

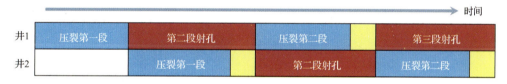

图 8-42　拉链式压裂流程

实现更大的网络裂缝的原理主要归因于诱导应力。由于水力裂缝沿最大主应力方向延伸，在三个主应力方向上裂缝面受均匀内压作用，会产生诱导应力，但影响大小有较大的区别。

把图 8-43 所示裂纹的长度方向看作高度方向，即把 xy 平面换作 xz 平面，则可得二维垂直裂缝所诱导的应力场：

$$\Delta\sigma_x = p\left\{\frac{r}{\sqrt{r_1 r_2}}\left(\cos\theta - \frac{\theta_1 + \theta_2}{2}\right) + \frac{c^2 r}{\sqrt{(r_1 r_2)^3}}\sin\theta\sin\left[\frac{3}{2}(\theta_1 + \theta_2)\right] - 1\right\} \tag{8-1}$$

$$\Delta\sigma_z = p\left\{\frac{r}{\sqrt{r_1 r_2}}\left(\cos\theta - \frac{\theta_1 + \theta_2}{2}\right) - \frac{c^2 r}{\sqrt{(r_1 r_2)^3}}\sin\theta\sin\left[\frac{3}{2}(\theta_1 + \theta_2)\right] - 1\right\} \tag{8-2}$$

$$\Delta\tau_{zx} = p\left\{\frac{c^2 r}{\sqrt{(r_1 r_2)^3}}\sin\theta\cos\left[\frac{3}{2}(\theta_1 + \theta_2)\right]\right\} \tag{8-3}$$

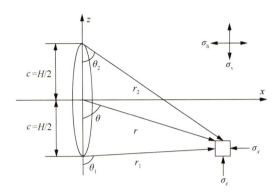

图 8-43 二维垂直裂缝的应力转化示意图

由胡克定律：

$$\Delta\sigma_y = \nu(\Delta\sigma_x + \Delta\sigma_z) \tag{8-4}$$

在式 (8-1)～式 (8-3) 中，p 为裂缝面上受到的净压力；H 为裂缝高度，半缝高 $c=H/2$，同时，各几何参数间存在以下关系：

$$\begin{cases} r = \sqrt{x^2 + z^2} \\ r_1 = \sqrt{x^2 + (z+c)^2} \\ r_2 = \sqrt{x^2 + (z-c)^2} \end{cases} \tag{8-5}$$

$$\begin{cases} \theta = \tan^{-1}(x/-z) \\ \theta_1 = \tan^{-1}\left[x/(-z-c)\right] \\ \theta_2 = \tan^{-1}\left[x/(-z+c)\right] \end{cases} \tag{8-6}$$

如果 θ、θ_1 和 θ_2 为负值，那么应分别用 $\theta+180°$、$\theta_1+180°$ 和 $\theta_2+180°$ 来代替，可以计算裂缝诱导应力大小。

根据上述计算模型，计算 JY1HF 井主裂缝产生的诱导应力如图 8-44 所示。JY1HF 井最小水平主应力为 52MPa，最大水平主应力 63MPa，水平主应力差 11MPa，当裂缝内净压力达到 12MPa 时，产生的诱导应力作用范围可达到 20m，当裂缝内净压力达到 14MPa 时，产生的诱导应力作用范围可达到 30m，当裂缝内净压力达到 16MPa 时，产生的诱导应力作用范围可达到 38m。

国外对两条裂缝间的诱导应力场开展了研究[2]，如图 8-45 所示，两条裂缝距离 492.13ft，在两条裂缝间设置一条裂缝来研究诱导引力场，研究发现，中间这条裂缝对整个诱导应力场作用非常大，缝长越大，引起的裂缝诱导应力场范围越大，图 8-46 为不同缝长对裂缝尖端剪切应力的影响，缝长达到 246.06ft 以上，剪切应力场发生叠加，这将易在这片叠加区域产生远井复杂裂缝。

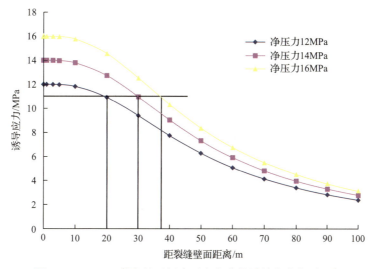

图 8-44 JY1HF 井主缝不同净压力产生的诱导应力作用距离

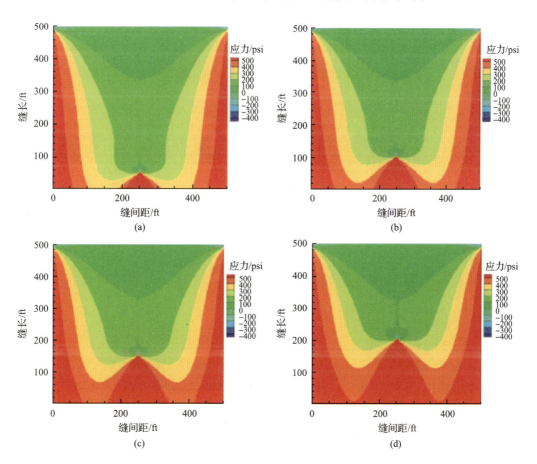

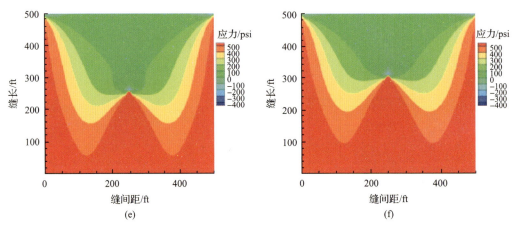

图 8-45　不同缝长在最小水平主应力方向产生的诱导应力场

(a)50ft；(b)100ft；(c)150ft；(d)200ft；(e)250ft；(f)300ft

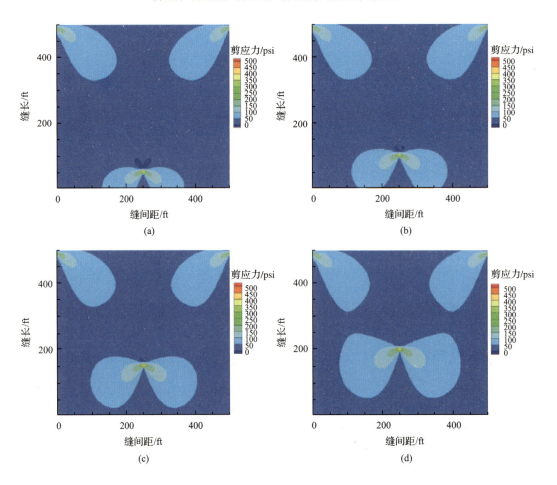

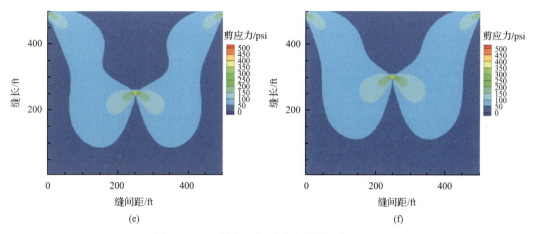

图 8-46　不同缝长引起裂缝尖端剪应力的变化
(a) 50ft；(b) 100ft；(c) 150ft；(d) 200ft；(e) 250ft；(f) 300ft

拉链式压裂主要有两种布缝方式，产生的效果有较大的不同，两种布缝模式如图 8-47 所示。

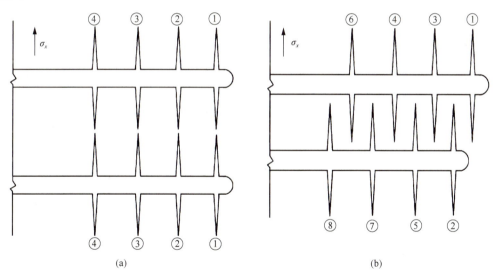

图 8-47　拉链式压裂裂缝布缝设计
(a) 对立布缝；(b) 错开布缝。①～⑧为裂缝编号

1. 对立布缝

两口井对立布缝设计，对立的两条裂缝延伸方向在一直线上或者离得较近，分析这种模式裂缝间的距离对诱导应力场影响如图 8-48 和图 8-49 所示，图 8-48 描述两条 492.13ft 缝长之间的距离引起最小水平主应力方向的诱导应力场变化，这种变化不太明显，图 8-49 描述同种条件下缝端剪切应力变化，这种变化相对较大，研究可以看出，在对立布缝缝间距离小于 15m(50ft)时，缝端剪切应力产生叠加，距离越小，叠加区域越

大，远井复杂裂缝形成的概率增大，但仅局限于缝端，同时也增加了井间压窜的可能，不利于生产。

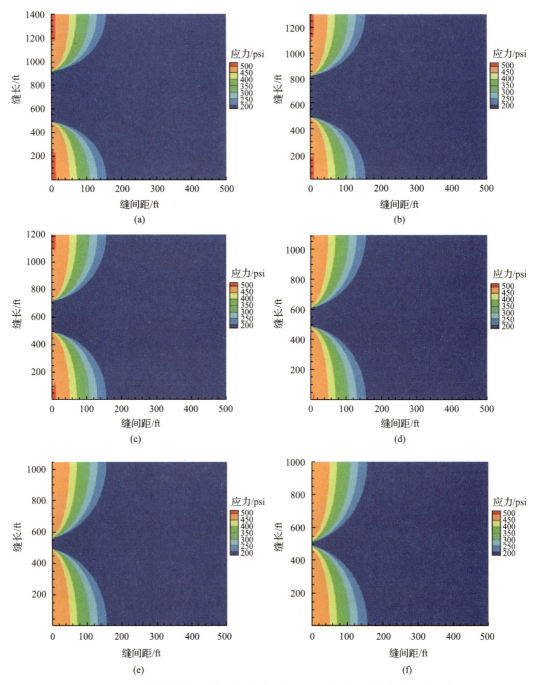

图 8-48 对立布缝缝间距离对最小水平主应力方向诱导应力场产生的变化

(a) 400ft；(b) 300ft；(c) 200ft；(d) 100ft；(e) 50ft；(f) 25ft

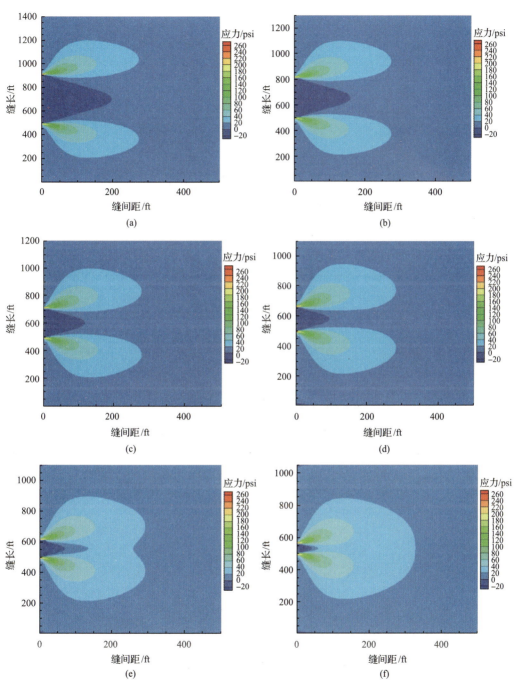

图 8-49　对立布缝缝间距离对缝端剪切诱导应力场产生的变化
(a)400ft；(b)300ft；(c)200ft；(d)100ft；(e)50ft；(f)25ft

2. 交错布缝

交错布缝设计主要是将两井间的射孔尽量避开，有一定的距离，使压裂的主裂缝平行，但相互间保持一定距离，如图 8-50 所示。针对这种情况，研究了不同井间距离，半缝长 492.13ft 的裂缝产生的诱导应力变化，井间距离在 551.18～984.25ft 变化时，井间内的区域诱导应力均产生叠加，叠加面积较大，随着井间距离在减小，叠加增强，这部分区域在远井更易形成复杂裂缝甚至网络裂缝，而且干扰面积较大，两井间压窜的概率降低，这种布缝模式相对对立布缝较优。

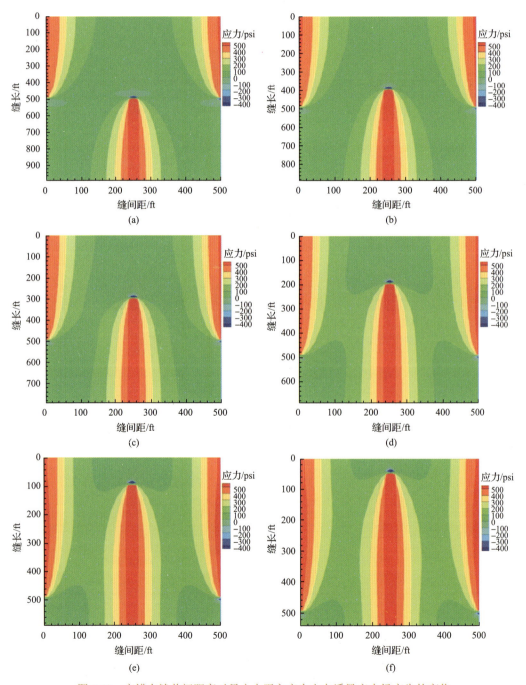

图 8-50　交错布缝井间距离对最小水平主应力方向诱导应力场产生的变化

(a) 1000ft；(b) 900ft；(c) 800ft；(d) 700ft；(e) 600ft；(f) 550ft

　　拉链式压裂主要工艺手段相对单井压裂并不复杂，需要配置一套车组，与两压裂井井口相连，两井上安排两套泵送桥塞工具，第一口井压裂时，第二口井泵送桥塞，第一口井压完，开始泵送桥塞，第二口泵送桥塞结束后开始压裂，拉链式压裂在提高压裂效率方面也起到了较好的作用，一套车组可压裂 4～6 段，大大节省了时间，这在美国非常规油气领域也是主流的压裂模式。

　　国内页岩气田按照错开布缝模式进行了两口井拉链式压裂，L1 井 A 靶点垂深 2607.43m，斜深 3048m；B 靶点垂深 2753.9m，斜深 4548m，水平段长 1500m。L2 井 A 靶点 2626.8m，斜深 3124m；B 靶点垂深 2723.95m，斜深 4564m，水平段长 1440m。两口水平井平行布置，井间距为 600m，两口井均设计压裂 18 段，页岩气井 L1 和 L2 的水平井分段示意图如图 8-51 所示。

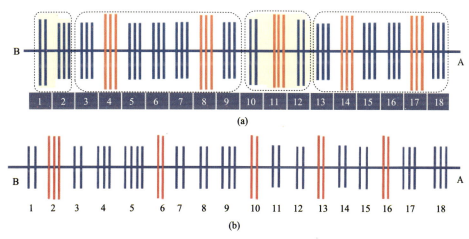

图 8-51　页岩气井 L1 和 L2 的水平井分段示意图
(a)L1 井；(b)L2 井

　　2015 年 7 月 2 日至 8 月 1 日，完成 L1 井压裂施工，施工共加入酸液 437m³，压裂用减阻水 31821.42m³，线性胶 1374m³，泵送桥塞 534.16m³，事故液量 350.7m³，施工总液量为 34517.28m³。设计液量 35200m³（其中酸液 390m³，压裂用减阻水 31100m³，线性胶 2710m³，泵送桥塞减阻水 1000m³），液量符合率 98.1%。施工加入 100 目粉陶 230.9m³，40/70 目树脂覆膜砂 636.5m³，30/50 目树脂覆膜砂 38.1m³，共计 905.5m³。设计支撑剂共计 1084.1m³（其中 100 目粉陶 182.4m³，40/70 目树脂覆膜砂 819.5m³，30/50 目树脂覆膜砂 82.2m³），砂量符合率 83.5%。

　　2015 年 7 月 7 日至 8 月 9 日，完成 L2 井压裂施工，施工共加入酸液 460m³，压裂用减阻水 30890.6m³，胶液 3271m³，泵送桥塞 445.4m³，施工总液量为 35067m³。设计液量 36140.05m³（其中酸液 390m³，减阻水 30655.05m³，胶液 5095m³）液量符合率 97%。施工加入 100 目粉陶 278.6m³，40/70 目树脂覆膜砂 477.1m³，30/50 目树脂覆膜砂 11.7m³，共计 767.4m³。设计支撑剂共计 1029.5m³（其中 100 目粉陶 197.2m³，40/70 目树脂覆膜砂 759.4m³，30/50 目树脂覆膜砂 72.9.m³），砂量符合率 74.5%。

　　L1 井 2015 年 8 月 22 日 9:00 开始求产测试，13:00 已完成 1 个制度测试，期间排液

17.8m³，累计排液 295.5m³，入井总液量 34563.74m³，返排率 0.85%。8 月 22 日 09:00～13:00 采用临界速度流量计装 12mm 油嘴 29mm 孔板放喷求产，取值时间 8 月 22 日 11:41，在井口压力 20.23MPa 下测得稳定产量 34.60 万 m³/d。

L2 井 2015 年 8 月 30 日 21:00 开始求产测试，截至 31 日 1:00 已完成 1 个制度测试，期间排液 17m³，累计排液 237.9m³，入井总液量 35113.46m³，返排率 0.68%。8 月 30 日 21:00 至 31 日 1:00 采用临界速度流量计装 12mm 油嘴 29mm 孔板放喷求产，取值时间 8 月 31 日 00:20，在井口压力 20.37MPa 下测得稳定产量 32.35 万 m³/d。

相比于邻井，两口井拉链式压裂获得初始产量与平均 30 天稳定产量均高出邻井 15%～30%，产出效率有较大程度的提高。通过压后分析，认识拉链式压裂中支撑裂缝产生的过程会导致地层中次生无支撑裂缝的产生，缝间干扰范围依赖于时间，如果逐次压裂的间隔时间很小，那么会发生更多的缝间干扰，可能导致多个次生裂缝的产生。

参 考 文 献

[1] Mtalik P N, Gibson B. Case History of Sequential and Simultaneous Fracturing of the Barnett Shale in Parker County[C]// SPE Annual Technical Conference and Exhibition, Denver, 2008.

[2] Rafiee M, Soliman M Y, Pirayesh E. Hydraulic Fracturing Design and Optimization: A Modification to Zipper Frac[C]// SPE Annual Technical Conference and Exhibition, San Antonio, 2012.